21世纪高等学校规划教材 | 计算机科学与技术

U0228264

面向对象程序设计与 Visual C++ 6.0教程

（第2版）

陈天华 编著

清华大学出版社
北京

内 容 简 介

本书将 C++语言和应用 Visual C++ 6.0 设计 Windows 应用程序紧密结合在一起,全面系统地讲述了 C++语言的基本概念、语法和面向对象程序设计的方法及应用,并对 C++面向对象语言的抽象性、封装性、继承性与多态性进行了全面介绍,内容包括 C++语法、函数、类与对象、数组与指针、继承与派生、多态性、模板、I/O 流库及异常处理机制。在此基础上,还介绍了用 Visual C++ 6.0 开发 Windows 应用程序的基本原理与概念,以及各种典型的 Windows 应用程序的设计方法。本书各章均配有丰富的例题和习题,在内容安排上循序渐进、深入浅出,力求突出重点、面向应用,提高读者解决问题的能力。

与本书第 1 版配套出版的《面向对象程序设计与 Visual C++ 6.0 教程题解与实验指导》可继续使用。本书可作为高等院校计算机、电子技术、通信、信息工程、自动化、电气类及相关专业的面向对象程序设计课程的教材,也可作为 IT 业工程技术人员或其他相关人员的参考书。

图书在版编目(CIP)数据

面向对象程序设计与 Visual C++ 6.0 教程/陈天华编著.--2 版.--北京:清华大学出版社,2013
(2022.9重印)
　21 世纪高等学校规划教材·计算机科学与技术
　ISBN 978-7-302-33928-1

　Ⅰ.①面…　Ⅱ.①陈…　Ⅲ.①面向对象语言－程序设计－高等学校－教材 ②C 语言－程序设计－高等学校－教材　Ⅳ.①TP312

中国版本图书馆 CIP 数据核字(2013)第 220384 号

责任编辑:郑寅堃　王冰飞
封面设计:常雪影
责任校对:时翠兰
责任印制:杨　艳

出版发行:清华大学出版社
　　　网　　　址:http://www.tup.com.cn,http://www.wqbook.com
　　　地　　　址:北京清华大学学研大厦 A 座　　　　　邮　　　编:100084
　　　社 总 机:010-83470000　　　　　　　　　　　　邮　　　购:010-62786544
　　　投稿与读者服务:010-62776969,c-service@tup.tsinghua.edu.cn
　　　质量反馈:010-62772015,zhiliang@tup.tsinghua.edu.cn
　　　课件下载:http://www.tup.com.cn,010-83470236
印 装 者:北京鑫海金澳胶印有限公司
经　　销:全国新华书店
开　　本:185mm×260mm　　　印　张:26　　　字　数:633 千字
版　　次:2006 年 1 月第 1 版　2013 年 12 月第 2 版　印　次:2022 年 9 月第 8 次印刷
印　　数:7301~7800
定　　价:69.00 元

产品编号:043702-03

出 版 说 明

随着我国改革开放的进一步深化,高等教育也得到了快速发展,各地高校紧密结合地方经济建设发展需要,科学运用市场调节机制,加大了使用信息科学等现代科学技术提升、改造传统学科专业的投入力度,通过教育改革合理调整和配置了教育资源,优化了传统学科专业,积极为地方经济建设输送人才,为我国经济社会的快速、健康和可持续发展以及高等教育自身的改革发展做出了巨大贡献。但是,高等教育质量还需要进一步提高以适应经济社会发展的需要,不少高校的专业设置和结构不尽合理,教师队伍整体素质亟待提高,人才培养模式、教学内容和方法需要进一步转变,学生的实践能力和创新精神亟待加强。

教育部一直十分重视高等教育质量工作。2007 年 1 月,教育部下发了《关于实施高等学校本科教学质量与教学改革工程的意见》,计划实施"高等学校本科教学质量与教学改革工程"(简称"质量工程"),通过专业结构调整、课程教材建设、实践教学改革、教学团队建设等多项内容,进一步深化高等学校教学改革,提高人才培养的能力和水平,更好地满足经济社会发展对高素质人才的需要。在贯彻和落实教育部"质量工程"的过程中,各地高校发挥师资力量强、办学经验丰富、教学资源充裕等优势,对其特色专业及特色课程(群)加以规划、整理和总结,更新教学内容、改革课程体系,建设了一大批内容新、体系新、方法新、手段新的特色课程。在此基础上,经教育部相关教学指导委员会专家的指导和建议,清华大学出版社在多个领域精选各高校的特色课程,分别规划出版系列教材,以配合"质量工程"的实施,满足各高校教学质量和教学改革的需要。

为了深入贯彻落实教育部《关于加强高等学校本科教学工作,提高教学质量的若干意见》精神,紧密配合教育部已经启动的"高等学校教学质量与教学改革工程精品课程建设工作",在有关专家、教授的倡议和有关部门的大力支持下,我们组织并成立了"清华大学出版社教材编审委员会"(以下简称"编委会"),旨在配合教育部制定精品课程教材的出版规划,讨论并实施精品课程教材的编写与出版工作。"编委会"成员皆来自全国各类高等学校教学与科研第一线的骨干教师,其中许多教师为各校相关院、系主管教学的院长或系主任。

按照教育部的要求,"编委会"一致认为,精品课程的建设工作从开始就要坚持高标准、严要求,处于一个比较高的起点上。精品课程教材应该能够反映各高校教学改革与课程建设的需要,要有特色风格、有创新性(新体系、新内容、新手段、新思路,教材的内容体系有较高的科学创新、技术创新和理念创新的含量)、先进性(对原有的学科体系有实质性的改革和发展,顺应并符合 21 世纪教学发展的规律,代表并引领课程发展的趋势和方向)、示范性(教材所体现的课程体系具有较广泛的辐射性和示范性)和一定的前瞻性。教材由个人申报或各校推荐(通过所在高校的"编委会"成员推荐),经"编委会"认真评审,最后由清华大学出版社审定出版。

目前，针对计算机类和电子信息类相关专业成立了两个"编委会"，即"清华大学出版社计算机教材编审委员会"和"清华大学出版社电子信息教材编审委员会"。推出的特色精品教材包括：

(1) 21世纪高等学校规划教材·计算机应用——高等学校各类专业，特别是非计算机专业的计算机应用类教材。

(2) 21世纪高等学校规划教材·计算机科学与技术——高等学校计算机相关专业的教材。

(3) 21世纪高等学校规划教材·电子信息——高等学校电子信息相关专业的教材。

(4) 21世纪高等学校规划教材·软件工程——高等学校软件工程相关专业的教材。

(5) 21世纪高等学校规划教材·信息管理与信息系统。

(6) 21世纪高等学校规划教材·财经管理与应用。

(7) 21世纪高等学校规划教材·电子商务。

(8) 21世纪高等学校规划教材·物联网。

清华大学出版社经过三十多年的努力，在教材尤其是计算机和电子信息类专业教材出版方面树立了权威品牌，为我国的高等教育事业做出了重要贡献。清华版教材形成了技术准确、内容严谨的独特风格，这种风格将延续并反映在特色精品教材的建设中。

清华大学出版社教材编审委员会
联系人：魏江江
E-mail：weijj@tup.tsinghua.edu.cn

第2版前言

软件技术发展的一个主要表现就是程序设计方法的不断改进,从早期的结构化程序设计到现在的面向对象程序设计,程序设计方法一直处于发展之中。面向对象程序设计语言自身也在不断发展与变革,例如,从最早的Smalltalk到现在广泛使用的C++、Java和C#。作为C语言的继承者,C++目前仍然是应用最广泛的面向对象程序设计语言,而Visual C++则是使用人数最多的C++编程环境。

本书是作者在从事多年软件开发和讲授C++语言的基础上撰写而成的,吸收了面向对象程序设计的最新发展成果,自第1版出版以来已被很多高等院校选为教材,且取得了良好的教学效果。本书先后经过多次重印,得到了很多教师、大学生和读者的广泛认可,并被评为"北京市高等教育精品教材"。从服务教学、服务读者的角度考虑,本书在这次再版中,广泛听取了国内一线教师、同行和读者的意见和建议,保留了第1版的基本风格、基本框架和基本内容,并对面向对象技术的相关内容进行加强,新增和调整了少量例题和习题。

本书共12章,在内容安排上按照循序渐进的原则,依次介绍C++语言的基本概念、原理、程序设计要点及Visual C++的典型应用程序设计方法。在各章节内容的安排上,本书充分考虑了C++语言的逻辑进程、程序设计规律、读者的学习习惯和接受能力,使整个学习过程按照从简单到复杂的顺序进行。C++语言是为处理大规模程序的开发而推出的程序设计语言,是典型且得到广泛应用的面向对象的程序设计语言。如何学好C++语言是广大读者非常关心的问题,也是作者一直在思考的问题。作者认为,要学好C++语言,应注意以下两点:

一是深刻地理解C++面向对象的基本思想和概念(如类的封装性、继承性和多态性等),如不能真正地掌握和理解C++的基本思想和概念,程序设计将难以深入。

二是要在应用中学习,要结合具体应用进行学习。学习C++语言的目的是为了应用和解决实际问题,在掌握C++语言的基本理论之后,还需加强实践和练习,因此,建议读者一边学习,一边上机实践,只有这样,才能加快学习进度、提高学习效率。

为了实现这个目标,使读者能够尽快地应用C++解决实际问题,本书每一章均给出了大量具有代表性、应用性的例题和习题,所有例题和习题均在Visual C++环境下测试完成。这些例题对于读者掌握C++的语法、深刻理解其特点和程序设计的要领是非常有益的,希望读者通过完成这些习题,进一步熟悉和加深对面向对象程序设计要点的理解,并能举一反三、活学活用。

无论是国内还是国外,程序设计都是信息类专业大学生的一项基本技能,随着社会经济的发展和信息技术的深入应用,社会对软件人才需求的质量要求越来越高。君欲善其事,必先利其器,要想成为一名优秀的软件开发人员,需要在程序设计语言、算法、程序设计环境等方面训练有素。现行高校开设的"C++面向对象程序设计"符合这3个方面的需要,本书正是为满足这一要求而编写的。

在本书再版过程中,清华大学出版社给予了很大的帮助,在本书写作及再版过程中,中国高等教育学会教育信息化分会理事长、清华大学蒋东兴主任给予了大力支持和帮助,在此一并表示衷心的感谢。

由于计算机科学与技术一直处于快速发展之中,加之作者水平有限,书中缺点和疏漏之处在所难免,恳请读者不吝赐教。

作　者

2013 年 9 月

随着信息技术和计算机科学的发展,计算机技术已渗透到各学科的研究和应用之中,C++语言不再像诞生的初期,只被少数专业开发人员使用,而已经被各专业的工程技术人员广泛应用于国民经济的各行各业之中。

面向对象程序设计方法所强调的基本原则之一是直接面对客观世界中存在的问题进行软件开发,使软件开发方法更符合人类的思维习惯。由于面向对象编程语言所具有的许多优点,目前它已经成为开发大型软件的主流方法,而 C++是面向对象的程序设计语言中应用最广泛的一种,成为了国内外高等院校程序设计的一门专业必修课程,同时也是编程人员最广泛使用的工具。学好C++,可以很容易地触类旁通 Java、C♯ 等其他语言。Visual C++是具有强大功能的可视化开发工具,它将面向对象、网络技术、事件驱动、数据库及应用程序向导完美地结合在一起,使用户可以快捷、可视化地开发应用程序,它已经成为基于 Windows 应用程序开发的主流平台。本书较好地实现了将 C++面向对象编程语言与可视化工具的结合,力求使学生具有良好的程序设计素养和能力。

许多学生虽学过 C++,却疏于编程,作者在教学中深刻地认识到了这一点。要学好程序设计,学生不仅需要掌握编程语言,也需要掌握基本的数据结构和程序设计方法,才能更好地分析问题和解决问题。面向对象程序设计方法是软件分析、设计和实现的一种新方法,本书以面向对象的程序设计方法贯穿始终,不仅详细介绍了 C++语言本身,而且剖析了常用的数据结构和算法,着重从程序设计方法的角度介绍语法及应用,力求使读者既能熟练掌握C++程序设计语言,也能具有运用面向对象方法解决实际问题的能力。

本书共 12 章,从内容上可以分为三大部分。第一部分(第 1 章～第 3 章)是面向对象程序设计的基本概念和基本方法,介绍从 C 语言到 C++语言的过渡及 C++语法。第二部分(第4 章～第 10 章)是 C++语言实现面向对象程序设计的基本方法,通过对概念和原理的准确描述,并结合典型的例题,由浅入深地介绍 C++的类与对象、数组与指针、继承与派生、多态性、模板、I/O 流库、异常处理机制等概念,通过实例掌握面向对象程序设计的原理、思想和方法内核。第三部分(第 11 章～第 12 章)是 Visual C++ 6.0 平台下 Windows 应用程序的开发,在介绍 Windows 程序设计的基本理论与概念的基础上,详细介绍了包括输入输出处理(文本输入输出及绘图)、菜单、工具栏、状态栏、对话框、控件及数据库应用程序的设计方法,通过典型的实例和详细的步骤,掌握基于 MFC 的各种典型 Windows 应用程序设计的方法,为 Windows 程序的深入应用奠定坚实的基础。

本书作者一直从事和面向对象程序设计及相关的教学与科研工作,主讲过程序设计方面的多门课程,深刻了解学生在学习中的难点和对教材内容的需求。本书凝集了作者多年教学和科研实践经验,全书以面向对象的思维贯穿始终,选材新颖,注重内容的科学性、适应性和针对性,符合当今计算机科学的发展趋势。本书设计了许多与实际有关的例题和习题,并且它们彼此相关,环环相扣。全部程序都在 Visual C++ 6.0 调试通过,并给出了程序运行结果。全部程序风格统一,对关键性语句进行了注释,对类名、函数名等标识符的命名做到"见名知义",且绝大多数程序给出了设计要点分析。

本书内容深入浅出,将复杂的概念用简洁浅显的语言来讲述,使读者可轻松入门,循序渐进地提高,在有限的学时中,全面掌握基本理论和基础知识。在此基础上,再进一步通过实验熟练掌握开发环境的使用以及程序设计的技巧和方法。面向对象程序设计课程是一门既要求理论,又强调实践的课程。希望读者认真实践教材的每一道例题与习题。

为方便读者使用本书,《面向对象程序设计与 Visual C++ 6.0 教程题解与实验指导》将与本书配套出版,与此同时,还提供与教材配套的电子教案及教材的全部源程序。

本书可以作为高等院校计算机、电子技术、通信、信息工程、自动化、电气及相关专业的面向对象程序设计课程教材,也可作为 IT 业工程技术人员或其他相关人员的参考书。

使用本教材约需 80 学时,其中实验 30 学时左右,各学校可根据实际情况和内容安排学时。在本书的写作过程中得到了清华大学计算机与信息管理中心蒋东兴主任的大力支持和帮助,此外,周玉英、陈茜、丁灿飞、文静、陈鸣红、吴玑中、周海英、宋义召、樊星、谢娇颖、杨成、王蜀毅、林欣欣、王娟、许飞、倪国英等同志在文稿录入和校对方面承担了许多工作,在此表示衷心的感谢。

由于作者水平有限,缺点和疏漏之处在所难免,恳请读者批评指正。欢迎读者对本书提出任何意见和建议。作者的联系方式如下:

cth188@sina.com,cth188@hotmail.com

作　者

2005 年 8 月

目　录

第 1 章　面向对象程序设计概述

　　面向对象程序设计是一种全新的软件工程技术，它使程序设计方法更符合人类的思维方式，更能直接地描述客观世界。在面向对象程序设计中，通过提高代码的可重用性、可扩充性和程序自动生成功能来提高编程效率，并且大大减少软件维护的开销，目前，面向对象技术已经被越来越多的软件技术人员所接受和采用。本章首先概要地介绍面向对象程序设计语言的产生和特点、面向对象程序设计的基本概念与基本特征，并介绍面向对象与面向过程程序设计的区别、面向对象的软件工程，同时简要介绍目前得到广泛应用的 C++ 和 Java 等面向对象程序设计语言。

1.1　程序设计语言的发展

　　计算机系统包括硬件和软件系统，计算机自诞生以来，功能越来越强大，其强大的功能不仅仅是因为它拥有基于现代微电子技术的硬件系统，同时，也是因为计算机具有越来越强大和完善的软件系统。软件简单地说就是按约定的语法形式编写的代码集，也就是人们通常所说的程序，计算机的工作是由其程序（系统软件和应用软件）控制的，而程序是一系列程序设计语言指令的集合，没有程序，计算机就不可能工作。在自然界，语言是表达思维的工具，或者说思维是通过语言来表达的。计算机程序设计语言同样如此，它是描述人类思维、使计算机按人的意愿工作的载体和工具。因此，计算机语言指由一系列字符组成、具有描述问题的能力、且计算机能识别和执行的代码或指令系统。

1.1.1　机器语言

　　自 1946 年 2 月人类历史上第一台名为 ENIAC 的电子计算机诞生以来，计算机已有近 60 年的历史，计算机科学与技术得到了迅速发展，计算机越来越普及，其应用领域已渗透到社会的各个层面，成为人类经济活动与社会活动不可缺少的重要工具。

　　计算机是按照人的意愿进行计算和工作的。用户必须以计算机所能接受的语言——计算机程序设计语言与其通信，告诉计算机对什么数据进行怎样的运算或操作等。第一代计算机语言是机器语言，它是一种依赖于计算机硬件的语言，即不同的计算机有不同的机器语言。机器语言由一系列机器指令组成，在每一条指令中要规定机器做什么运算（由操作码指示）和对哪个存储单元中的数据进行运算（由地址码指示）。而且，数据和指令必须分别存放，即存放在不同的单元中。

第一代计算机编程语言即机器语言,又称为二进制语言。由于计算机只能存储和识别二进制指令,所以在机器语言中,每条指令的操作码和地址码都采用二进制或八进制编码,存放数据和指令的地址也采用二进制或八进制编码,计算机处理的数据需要先转换为二进制。

机器语言直接采用二进制编码编写程序,因此,计算机可以直接识别和执行机器语言所编写的程序,程序执行效率高。其缺点是程序编写十分烦琐,即便是专业人员也容易出错,而且不同计算机使用不同的机器语言,程序不能通用。

1.1.2　汇编语言

计算机程序设计使用的第二代语言称为汇编语言,又称为符号语言。它是用符号代替第一代机器语言中的二进制编码,并保持了机器语言执行速度快等主要优点,同时克服了机器语言晦涩难懂等一些明显的缺点。汇编语言相对于机器语言,其程序容易编写,便于阅读,而且不容易出错。

汇编语言的功能很强,能发挥出计算机各硬件的功能,但在使用汇编语言编写程序时,要求程序编写者熟悉计算机内部的结构和组成,特别是要熟悉计算机微处理器的结构和处理器指令及相关外围硬件设备等。

计算机不能直接识别和执行汇编语言程序,汇编语言程序必须经过一个汇编程序(系统软件)转换为机器语言(即目标程序)以后,计算机才能识别和执行,其过程如图1-1所示。

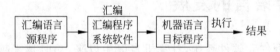

图 1-1　汇编语言的汇编与执行过程

虽然汇编语言是在第一代机器语言的基础上发展而来的,但它仍然依赖于机器,不同计算机使用不同的汇编语言,不能通用。并且汇编语言与机器语言是一一对应的,一个复杂的大型程序包括庞大的汇编语言指令,程序设计依然十分烦琐,因为它的抽象层次太低,程序员需要考虑大量的机器细节。

尽管如此,从机器语言到汇编语言是计算机软件技术的巨大进步。这意味着人与计算机的硬件系统不必非得使用同一种语言,程序员可以使用较适合人类思维习惯的语言,而计算机硬件系统仍只识别机器指令。汇编语言需通过汇编程序将程序员编写的助记符汇编代码转换为机器指令,这样计算机才可以识别和执行。

1.1.3　高级语言

高级语言的产生是计算机程序设计语言进步的一个显著标志,它提高了程序设计语言的概括性和抽象性,程序可以采用具有一定含义的标识符命名方法和符合人类思维习惯、容易理解的程序代码语句,并且屏蔽了机器的内部结构和实现细节,从而使程序设计更容易。正是由于高级语言的出现,程序设计才被越来越多的人接受和掌握。

计算机高级语言的发展历史是不断接近客观世界和符合人类思维习惯的过程。自20世纪60年代开始出现的结构化编程语言由于采用了数据结构化、语句结构化、数据抽象和过程抽象等概念使程序设计在符合客观事物与逻辑的基础上更进了一步,因而使高级语言程序设计开始变得普及,并在很大程度上促进了计算机技术的普及性应用。结构化程序设计的思路是自顶向下、逐步求精。程序结构由具有一定功能的若干独立的基本模块(单元)组成,各模块之间形成一个树状结构,模块之间的关系比较简单,其功能相对独立,模块化通过子程序的方式实现。高级语言的结构化程序设计由于采用了功能抽象、模块分解与组合,以及自顶向下、逐步求精的方法,因此能有效地将日常现象中各种相对复杂的任务分解为一系列相对容易控制和实现的子任务,更有利于软件的开发和维护。

高级语言程序设计方法直接体现了人类的探索精神、反映并凝聚了人类的智慧,从高级语言的开始阶段发展到结构化阶段经历了较长的过程,在这个过程中,计算机的应用开始变得越来越普及。但结构化程序设计并非十全十美,其存在的主要问题是程序的数据和操作相互分离,不完全符合人类认识世界的客观规律。目前应用比较广泛的几种高级语言有Basic、Fortran、Pascal、C 及 C++等,但 C++与其他面向过程的高级语言有着本质的区别。

1.1.4 面向对象语言

面向对象程序设计(Object Oriented Programming,OOP)语言与以往各种编程语言的根本区别是程序设计的思维方法不同,面向对象程序设计是为了更直接地描述客观世界存在的事物(即对象)及事物之间的相互关系。实际上,面向对象是一种计算机程序设计架构,OOP 的一条基本原则是计算机程序由单个能起到子程序作用的单元或对象组合而成。面向对象程序设计达到了软件工程的重用性、灵活性和可扩展性 3 个主要目标,为了实现整体运算,每个对象都能够接收信息、处理数据和向其他对象发送信息。面向对象技术所强调的基本原则,就是直接面对客观事物本身进行抽象,并在此基础上进行软件开发,将人类的思维方式与表达方式直接应用到软件设计中。

软件设计的基本目标是为了解决日常生活中存在的各种实际问题,面向对象的程序设计将客观事物看作具有属性和行为的对象,通过对客观事物的抽象找出同一类对象的共同属性(静态特征)和行为(动态特征),从而形成类,并通过类的继承与派生及多态技术提高软件代码的可重用性,因而大大缩减了软件开发的有关费用及软件开发周期,并有效提高了软件产品的质量。因此,面向对象技术的编程语言使程序能够比较直接地反映客观世界的真实情况,软件设计人员能够利用人类认识事物的规律及所采用的一般思维方法来进行软件设计。

面向对象程序设计语言经历了一个很长的发展阶段。例如,LISP 家族的面向对象语言、Simula 67 语言、Smalltalk 语言以及 CLU、Ada、Modula-2 等语言,都不同程度地采用了面向对象方法和基本概念,其中,Smalltalk 是第一个真正的面向对象的程序设计语言。

虽然 C++不是第一个面向对象程序设计语言,但是,由于 C++是从应用最广泛、最深入的 C 语言的基础上发展而来的,以及 C++对 C 的兼容和 C++自身强大的功能,C++理所当然地成为了目前应用最广泛的面向对象程序设计语言之一。

1.2 面向对象程序设计的基本概念

程序设计语言是软件开发的工具,程序设计语言的发展过程客观地反映了程序设计方法的发展过程。面向对象程序设计是一种全新的软件设计方法,从最早的面向对象程序设计语言——Simula 到现在广泛使用的 C++、Java 和 C♯,已经经过了几十年的发展,面向对象程序设计已发展成为一种比较成熟的程序设计方法,并逐步成为应用最广泛、最高效的软件开发技术。采用面向对象程序设计技术,可以将客观世界直接映射到面向对象程序方法中,为软件设计和信息技术带来了深远的影响。

1.2.1　面向对象方法的产生

在面向对象的方法产生以前,程序设计主要采用面向过程的设计方法。计算机在产生初期主要用于科学计算,如用于气象预报、飞机设计或计算导弹的飞行轨迹等,这些问题的求解主要是过程计算,因此,软件设计的主要目标和工作就是设计求解问题的过程。

随着微电子技术和计算机技术的快速发展,计算机的应用已经深入到人们日常生活的各个方面,当计算机技术不再仅限于科学计算,计算机所处理的问题变得日益复杂并越来越庞大时,结构化程序设计的面向过程方法的局限性就越来越明显。结构化程序设计方法将数据和处理数据的过程分离,当数据结构改变时,其相关的处理过程在绝大多数情况下需要进行全部或部分修改,因此程序代码的重用性差。

同时,随着以 Windows 为代表的操作系统的广泛应用,图形用户界面变得普及,这使得软件应用越来越方便,而开发起来越来越困难。例如,大家熟悉的文字处理软件(Word)及电子数据表格软件(Excel)等,可以根据用户的操作随时响应用户的任何操作与请求,使用起来非常方便,几乎可以随心所欲,但这种典型软件的功能却很难用面向过程的语言来实现,如果仍使用面向过程的程序设计方法,今天的文字处理和电子数据表格等软件也许依然只能按规定的操作步骤进行操作,开发和维护也将变得十分困难。面向对象程序设计正是为了适应这一需求应运而生的。

在编程语言发展的数十年中,程序设计语言对抽象机制的支持度一直在不断提高(从机器语言到汇编语言,再到高级语言,直到面向对象语言),汇编语言的出现,使程序员避免了直接使用 0、1 编程,而是利用符号来表示机器指令,方便了程序的编写;当程序规模不断变大时,出现了 Fortran、C 和 Pascal 等高级语言,这些高级语言使得编写复杂的程序变得容易,程序员们可以更好地应对日益增加的复杂程序,而不是代码本身。然而,如果软件系统达到了一定的规模,即使应用结构化程序设计方法,这种局势仍将变得不可控制。因此,作为一种降低复杂性的工具——面向对象语言产生了,面向对象程序设计方法也随之产生。

1.2.2　面向对象与面向过程的区别

面向过程的程序设计方法将客观事物中本质上密切相关、相互依赖的数据和对数据的操作相互分离,这种实质上的依赖与形式上的分离使得大型程序既难以编写,也使得程序难以调试、修改和维护,代码的可重用性和共享性差。

那么,什么是面向对象程序设计方法呢?面向对象程序设计方法是一种以对象为基础,以事件或消息来驱动对象执行相应处理的程序设计方法,它将数据及对数据的操作封装在一起,作为一个相互依存、不可分离的整体——对象。然后采用数据抽象和信息隐蔽技术将这个整体抽象成一种新的数据类型——类,类中的大多数数据只能通过本类进行操作和处理。面向对象程序设计是以数据为中心而不是以功能为中心来描述系统,因为数据相对于功能而言更具稳定性,一般认为类的集成度越高,越适合大型程序的开发。

类通过一个简单的外部接口与外界发生关系,对象与对象之间通过消息进行通信。这样,程序模块之间的关系比较简单,模块之间的独立性和数据安全性得到了更好的体现。面向对象程序的控制流程根据运行时各种事件的实际发生来触发,而不再由预定顺序来控制,更客观、更符合软件的实际应用情况。事件驱动程序的执行围绕消息的产生与处理,靠消息循环机制来实现。并且,通过采用继承与多态性技术,可以大大提高程序的可重用性,面向对象程序设计方法使得程序结构清晰、简单,提高了代码的重用性,有效地提高了软件的开发效率,使得软件的开发和维护都更加方便。

此外,面向对象程序设计方法可以充分利用不断扩充的微软基础类库——MFC(Microsoft Foundation Classes),在软件开发时可以采用搭积木的方式完成程序代码的编写,站在“巨人”的肩膀上实现自己的目标。

在程序结构上,面向对象程序与面向过程程序有很大的不同。面向对象程序由类的定义和类的使用两部分组成,在主程序内定义对象,并确定对象之间消息的传递规律,程序中的所有操作都通过向对象发送消息来实现,对象接到消息后,通过消息处理函数完成相应的操作。

类与对象是面向对象程序设计中最基本、最重要的两个概念,它们将贯穿面向对象程序设计和各种应用软件开发的全过程。面向对象程序设计方法所强调的基本原则之一是直接面对客观世界中存在的问题进行软件开发,使软件开发方法更符合人类的思维习惯。因此,从本质上讲,面向对象编程方法的出现是程序设计方法的一个接近和符合自然规律的过程。

1.2.3　类与对象的概念

在客观世界中,“类”这一术语是对一组相似对象的抽象和描述,在面向对象程序设计语言中也是如此,类(Class)与对象(Object)是面向对象程序设计中最重要的基本概念。与人类认识客观世界的规律一样,面向对象程序设计的基本思想认为客观世界是由各种各样的对象组成,每一类型的对象都有各自的内部状态和行为规律,不同对象间的相互联系和作用构成了不同的系统,形成了客观世界。一般认为,对象是客观世界存在的具体事物,它可以是有形的汽车和飞机等,也可以是无形的计算方法等。对象是构成世界的一个独立单位,它具有自己的静态特征(用数据描述)和动态特征(对象的行为或功能)。

面向对象程序设计方法中的对象,是构成软件系统的一个基本单位,是系统用于描述客观事物的一个实例。对象由一组属性(Attribute)和一组行为(Action)构成,对象只有在具有属性和行为的情况下才具有意义,其中,属性是用来描述对象静态特征的数据项,行为是用来描述对象动态特征的一系列操作。对象是包含客观事物本质特征的抽象实体,是具有属性和行为的封装体,可以形象地认为“对象=数据+作用于这些数据上的操作”。

面向对象中的类是具有相同属性和行为的一组对象的集合,它为属于同一类的所有对象提供了统一的抽象描述。类是对象的集合和再抽象,把众多的事物归纳、划分成一些类,是人类认识客观世界时经常采用的思维方法。分类所依据的基本原则是抽象,即忽略事物的非本质特征,只注意那些与当前目标有关的本质特征,从而找出同类事物的共性,把具有共同性质的事物划分为一类。

在面向对象方法中,类(Class)定义了一件事物的抽象特点。通常来说,类定义了事物的属性和它可以实现的行为,为属于该类的所有对象提供了统一的抽象描述,其内部包括属性和行为两个主要部分。类与对象的关系犹如模具与用这个模具铸造出来的铸件之间的关系,一个属于某类的对象称为该类的一个实例(Instance)。类给出了属于该类的所有对象的抽象定义,而对象则是符合该类特征的一个实体。因此,对象又称作类的一个实例。

在面向对象程序中,客观世界被认为是由一系列完全自治、封装的对象组成,这些对象通过外部接口访问其他对象。可见,对象是面向对象程序设计方法中的一个基本元素,而类是创建对象的样板,在整体上代表一组对象。另外,是设计类而不是设计对象,可以避免重复编码,类只需编码一次,就可以创建本类的各种对象。因此,在面向对象程序设计中,类的确定与划分非常重要,是软件开发中的关键环节,科学合理地划分将有效提高程序质量和代码的可重用性。总之,在分析和处理实际问题时,需要正确地分析一个类究竟表示哪一组对象,即进行合理的分"类"。

类的确定和划分是面向对象程序设计的重要步骤,然而类的划分并没有统一的标准和固定的方法,主要依靠软件开发人员的经验、技巧及对实际问题的深刻理解。其基本的方法是,将目标任务中具有共性的成分确定为一个类。确定某事物是否是一个类可以按以下方法进行初步分析:第一,要判断该事物是否有一个以上的实例,如果有,则它可以被确定为一个类;第二,要判断类的实例中有没有绝对的不同点,如果没有,则它同样可能被确定为一个类。另外,还要知道什么事物不能被划分为类。在确定了类之后才可以创建对象,对象是类的实例,和客观世界中的对象一样,面向对象中的对象也同样具有 3 个基本特征:用一个名字来唯一标识该对象;用一组状态(数据)来描述其特征;用一组操作(函数)来实现其功能。

1.2.4　消息与事件的概念

在面向对象程序设计中,消息(Message)是描述事件发生的信息,是对象之间发出的行为请求,事件(Event)一般由多个消息组成。在面向对象方法中,消息是向某个对象提出执行该对象具有的特定服务的申请,不同对象之间通过发送消息向对方提出服务请求,接受消息的对象主动完成所请求的服务。当一个消息发送给某一对象时,包含有请求接受对象去执行被请求服务的消息,接受到消息的对象经过解释消息,然后予以执行,这种通信机制称为消息传递。

消息封装使对象成为一个相对独立的实体,而消息机制为它们提供了一个相互间动态联系的途径,使它们的行为能互相配合,构成一个有机的运行系统。通常,一个消息由接受消息的对象、消息名称和若干消息参数(可以是零个参数)3 个部分组成。发送消息的对象不需要知道接受消息的对象如何对消息进行响应。

一般情况下,消息通常具有以下 3 个性质:同一个对象可以接受不同形式的多个消息,产生的消息各不相同;相同形式的消息可以发送给不同的对象,产生的响应可以各不相同;一个对象可以立即响应发送给它的消息,也可以暂时不予响应消息。程序的执行取决于事件发生的顺序,完全由所产生的消息来驱动程序的执行,编程人员无须预先确定消息产生的顺序,因而更符合客观世界的实际情况。

1.3 面向对象程序设计的特点

面向对象程序设计方法强调在软件开发过程中面向待求解的问题域中的事物,即面向客观世界本身,运用人类认识客观世界的普遍的思维方法,直观、准确、自然地描述客观世界中的相关事物。面向对象程序设计方法的基本特征主要包括抽象性、封装性、继承性和多态性。在本书的后续章节中,会不断地帮助读者加深对这些概念的理解,以达到熟练掌握和运用的目的。

1.3.1 抽象性

将自然世界中的各种事物进行归纳、分类是人类认识客观世界时经常采用的思维方法,古语"物以类聚,人以群分"即含有分类的意思,分类所依据的重要原则是抽象(Abstract)。抽象是指分析和提取事物中与当前目标有关的本质特征、忽略与当前目标无关的非本质特征,找出事物的共同特性,形成一个抽象的概念,即将具有共性的事物分为一类。

大家对学生和学校的情况比较熟悉,若采用面向对象程序设计方法来设计大学生管理系统,在分析和解剖系统功能时,由于管理的对象是大学生,分析的重点应放在学生上,通过分析大学生管理系统的各种功能、操作和大学生的主要属性(班级、学号、姓名、年龄等),找出其共性,不能只停留在关注个体的其他次要信息上,要将大学生作为一个整体对待,并抽象成一个类别,即面向对象中的类(即大学生类)。将大学生群体抽象为类与对象的过程如图 1-2 所示。作为这个类的实例,可以建立许多大学生个体,而各个体的大学生就是该类中的对象。在此基础上还可以派生出研究生类、博士生类等,实现代码的重用。

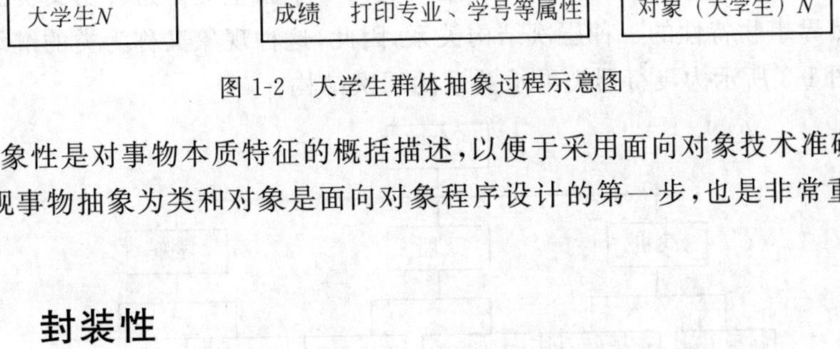

大学生类

大学生1	属性:	行为:	对象(大学生)1
大学生2	专业	输入专业、学号等属性	对象(大学生)2
大学生3	学号	修改专业、学号等属性	对象(大学生)3
⋮	班级	查询专业、学号等属性	⋮
	姓名		
	性别	⋮	
大学生N	成绩	打印专业、学号等属性	对象(大学生)N

图 1-2 大学生群体抽象过程示意图

因此,抽象性是对事物本质特征的概括描述,以便于采用面向对象技术准确地描述客观事物。将客观事物抽象为类和对象是面向对象程序设计的第一步,也是非常重要和关键的一步。

1.3.2 封装性

封装(Encapsulation)是面向对象方法的一个重要原则,即将对象的属性和行为代码封装在对象的内部,形成一个独立的单位,并尽可能地隐蔽对象的内部细节。C++面向对象方法的封装性包含两层含义:第一层含义是将对象的所有属性和行为封装在对象内部,形成一个不可分割的独立单位,对象的属性值(公有属性值除外)只能由这个对象的行为来读取和修改;第二层含义是"信息隐蔽",即尽可能地隐蔽对象的内部细节,对外形成一道屏障,只保留有限的对外接口与外部发生联系。

面向对象程序设计方法的信息隐蔽作用体现了自然界中事物的相对独立性,程序设计者与使用者只需关心其对外提供的接口,而不必过分注意其内部细节,即主要关注能做什么,如何提供这些服务等。如同被封装的集成电路芯片(如 CPU)一样,使用者无须关心它的内部结构(实际上内部电路是不可见的),只需关心芯片引脚的个数、有关电气参数、机械特性及其具有的功能,通过这些引脚,可以将该芯片与其他芯片及各种不同的电路连接起来,集成为具有不同功能的实际系统。

封装性使对象以外的事物不能随意获取对象的内部属性,从而有效地避免了外部错误对它产生的影响,大大减轻了软件开发过程中查错的工作量,有效地减小了排错的难度。同样,当需要修改对象的内部数据时,由于封装性,同样减小了因内部修改对外部的影响。

面向对象技术的封装性使对象的使用者与设计者可以分开,使用者不必知道对象行为实现的细节,只需用设计者提供的外部接口让对象去做即可。因此,封装性事实上隐蔽了程序设计的复杂性,并提高了代码重用性,降低了软件开发的难度。

需要指出的是,用户在进行软件开发时也不能走向另一个极端,即不能一味地强调封装,对象的任何属性都不允许外部直接访问,从而使程序设计得不偿失,并可能导致程序代码的无谓增加。因此,在面向对象程序设计的过程中应合理地平衡封装性和可见性等特点,使对象有合理的可见性,与客观世界的实际情况保持一致。

1.3.3　继承性

客观事物既有共性,也有个性(即特性)。如果只考虑事物的共性,而不考虑事物的个性,就不能真实地反映出客观世界中事物之间的层次关系,不能完整地、准确地对客观世界进行抽象描述。抽象本身即意味着舍弃对象的次要特性,提取事物的本质的共性,形成类。如果在类的基础上,根据目标的需要合理考虑一部分对象的个性特征,则可形成一个新的类,新类具有父类(前一个类)的所有特征,是父类的一个派生类。这种由父类派生出新类的现象符合自然界事物特性的一种层次结构关系,因此,这种现象又称为类的继承结构或类的层次结构。图 1-3 所示为飞行器类继承关系的层次结构。

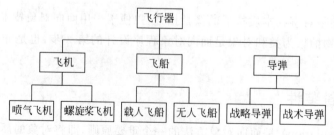

图 1-3　飞行器类继承的层次结构关系

继承(Inheritance)性具有重要的实际意义,它简化了人们对事物的认识和描述。例如我们认识了飞行器的特征之后,在考虑飞机、飞船和导弹时,由于它们都具有飞行器的共性,都必须合理地考虑其空气动力学等特征。同样,当深入研究了飞机的共性之后,在设计派生类螺旋桨飞机或喷气飞机时,可以认为它理所当然地具有飞机的一般本质特征,从而只需要把精力用于发现和描述螺旋桨飞机和喷气飞机独有的特征即可。

继承是连接类与类的一种层次模型,是面向对象程序设计能够提高软件开发效率的重要原因之一。继承意味着派生类中无须重新定义在父类中已经定义的属性和行为,而是自动地、隐含地拥有其父类的所有属性与行为。继承允许和鼓励类的重用,提供了一种明确地表述共性的方法。派生类既有自己新定义的属性和行为,又有继承下来的属性和行为。当派生类又被它下层的子类继承时,它继承的及它自身定义的属性和行为又被下一级子类继承下去,即继承是可以传递的,体现了大自然中特殊与一般的关系。

继承对于软件重用有着重要的意义,特殊类继承一般类,本身就是软件复用。如果将已开发好的类作为构件放到构件库中,在开发新系统时便可以直接使用或继承使用。在软件开发过程中,继承性实现了软件模块的可重用性、独立性,缩短了开发周期,提高了软件开发的效率,同时使软件易于维护和修改。这是因为要修改或增加某一属性或行为,只需在相应的类中进行改动即可,其派生的所有类会自动地、隐含地拥有改动后的父类的功能和属性。

由此可见,继承是对客观世界的直接反映,通过类的继承,能够实现对问题的深入和抽象描述,反映了人类认识问题的发展过程。

1.3.4　多态性

客观世界具有多态性,例如不同的对象个体在获得相同的信息(即消息)时可以产生各种不同的行为和结果,面向对象程序设计借鉴了客观世界的多态性。

面向对象程序设计的多态性(Polymorphism)是指父类中定义的属性或行为,派生类继承之后,可以具有不同的数据类型或表现出不同的行为特性。例如,类中的同名函数可以对应多个具有相似功能的不同函数,可使用相同的调用方式来调用这些具有不同功能的同名函数。

多态性使得同一个属性或行为在父类及其各派生类中具有不同的语义。在此以图 1-4 为例进行介绍,程序设计者可以首先定义一个一般的"几何图形"类,它具有"计算图形面积、周长或绘图等"行为,但这个行为并不具有具体含义,也就是说,并不确定执行时究竟计算什么几何图形的面积或绘制一个什么样的图形。然后再定义一些派生类,如"正方形"、"矩形"、"圆形"、"梯形"等,它们都继承父类"几何图形"的计算或者绘图行为,因此自动具有了"计算或绘图"功能。接下来,程序设计者可以在这些子类中根据具体需要重新定义"计算或绘图",使之分别实现对"正方形"、"矩形"、"圆形"、"梯形"类图形的计算或绘图等功能。这些派生类均继承于"几何图形"等派生类,但其功能却各不相同,这样同一个消息发出后,"正方形"、"矩形"、"圆形"、"梯形"等类的对象接收到这个消息后,分别执行不同的计算功能或绘图等功能,这就是多态性的表现,即面向对象方法中的多态性。

因此,面向对象的多态性使软件开发更科学、更方便和更符合人类的思维习惯,能有效地提高软件开发效率、缩短开发周期、提高软件可靠性,使所开发的软件更健壮。

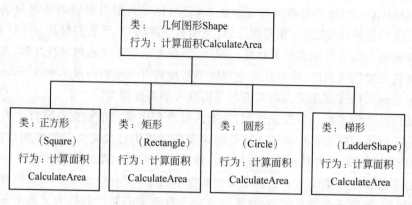

图 1-4   多态性示意图

1.3.5   C++的面向对象特性

C++作为目前应用最广泛的、典型的面向对象程序设计语言,具有类、对象、消息和事件等概念,全面支持面向对象程序设计的抽象性、封装性、继承性和多态性。

1. C++支持抽象性

C++的抽象性是指通过从特定的实例中抽取共同的性质形成一般化概念的过程,它包括行为抽象和数据抽象两个方面。C++的行为抽象是指任何一个具有明确功能的操作,即便这个操作是由一系列更简单的操作来支持,使用者都可以将其视为单个实体;其数据抽象性表现在定义了数据类型和对该类对象的操作,并规定了对象的值只能通过规定的操作进行调用和修改。在C++程序设计中,对具体问题的分析和抽象是通过类的定义和应用来实现的。

2. C++支持封装性

封装性又称数据隐藏,用户无须知道程序实现的细节和内部工作流程,只要知道接口和操作就可以了。C++一般用类来实现封装性,并通过设置对数据的访问权限来控制对内部数据的访问,即通过利用封装性,将类的部分成员作为类的外部接口,将其他必要的成员隐藏起来,实现对数据成员的合理控制,使程序不同部分之间的相互影响尽可能降到最低。

3. C++支持继承性

C++允许从一个或多个已经定义的类中派生出新的类(派生类)并继承其数据和操作,被继承的类称为基类或父类,派生出的新类称为派生类。同时,在新的派生类中既可以重新定义,也可以增加新的数据与操作,很好地体现了程序代码可重用的思想。

4. C++支持多态性

多态性指在一般类中定义的属性或行为,被派生类继承之后,可以具有不同的数据类型或表现出不同的行为。C++的多态性分为编译时多态和运行时多态,其中,编译时多态是指在程序的编译阶段由编译系统根据操作数或返回值的不同确定需要调用哪个同名的函数；运行时多态是指在程序的运行阶段才根据程序运行中产生的信息确定需要调用哪个同名的函数。这些同名函数虽然名字相同却具有不同的功能，因此将产生不同的操作。在C++中，编译时多态是通过函数重载和运算符重载实现的，运行时多态是通过继承和虚函数来实现的。

因此，C++全面支持面向对象程序设计的抽象性、封装性、继承性和多态性等主要特征，并且可以充分利用MFC类库，采用C++语言进行软件开发，具有开发周期短、程序高效、可靠性高、可扩充性好等优点。

1.4　面向对象程序设计语言

面向对象程序设计有许多优点，然而面向对象程序设计并非是今天才有的编程方式。早在20世纪60年代，Simula 67等语言就具有了类和对象的概念，在20世纪70年代初，美国Xerox Palo Alto研究中心推出了世界上第一个真正面向对象程序设计的工具——Smalltalk语言，它完整地体现并进一步丰富了面向对象的概念。此外，CLU、Ada、Modula-2或多或少地引入了面向对象概念，LOOPS、Flavors和CLOS是与人工智能语言相结合形成的面向对象程序设计语言，Java语言是适合网络应用的面向对象程序设计语言。C++语言从名字上可以看出是由C语言发展而来的，它是一种混合型面向对象程序设计语言。下面简要介绍目前应用广泛的C++和Java面向对象程序设计语言。

1.4.1　混合型面向对象语言C++

C++是Bell实验室于20世纪80年代在C语言的基础上成功开发出来的，是目前已经得到广泛应用的混合型面向对象程序设计语言。C++保留了C语言的所有优点，弥补了其缺陷，并增加了面向对象的机制，支持面向对象程序设计方法。C++既可以用于结构化程序设计，又可以用于面向对象程序设计，因此是一种混合型面向对象程序设计语言。

C++是对C语言的“革命”，是基于面向对象的大型程序设计语言，而对C语言的继承又使C++得到广泛的应用。AT&T、Borland、Apple、Sun和Microsoft等许多公司提供了各种版本的C++编译系统，国内比较流行的有Borland C++和Visual C++。C++的类库包括Borland的OWL(Object Windows Library)和Microsoft的MFC(Microsoft Foundation Class)，特别是MFC在国内外都具有众多的开发商和使用者，具有广泛的用户基础。

C++几乎被应用到了各种应用领域，并且被广泛应用于高等院校计算机教育和科学研究。C++诞生早期的主要应用之一是系统程序设计，Compbell、Hamilton、Rozier、Berg和Parrington等操作系统或全部或部分采用了C++编写。C++的另一个重要的应用领域是用于设备驱动程序、需要直接操作硬件的软件系统及动态链接库(DLL)等。图形学和用户界面也是C++得到深入应用的领域，如Apple Macintosh或Windows的基本用户界面都是用C++开发的。此外，许多系统采用C++设计了其重要部分或核心部分，如美国的长途电话核心控制系统等，一些应用广泛的、支持UNIX中X的库也是采用C++编写代码的。

1.4.2 Java 语言

Java 是 1995 年 6 月由 Sun 推出的一种纯粹的面向对象程序设计语言。Java 的推出对程序设计语言的作用是革命性的,因为用传统的程序语言编写的软件往往与具体的实现环境有关,一旦环境变化,就需要对软件做较大的修改,耗时费力,而用 Java 编写的软件具有执行代码上的兼容性,只要计算机提供了 Java 解释器,用 Java 编写的软件就可以在各种系统上运行。

1995 年,Java 一经推出就被美国的著名杂志 *PC Magazine* 评为当年十大优秀科技产品,它是一种优秀的、标准的面向对象程序设计语言。首先,Java 作为一种解释型程序设计语言,具有面向对象性、平台无关性、可移植性、安全性、动态性等特点,并且提供了并发机制,具有极强的健壮性。其次,Java 与 Internet 和 Web 相得益彰,Java 应用程序(Applet)可在网络上传输,可以说是网络世界的通用语言。此外,Java 提供了丰富的类库,软件开发人员可以方便地建立自己的系统。因此,Java 具有强大的图形、图像、动画、音频、视频、多线程及网络交互能力,使其在开发交互式、多媒体网页和网络应用程序方面大显身手。

Java 语言的出现源于人们对独立于平台的语言的需要,将用 Java 编写的程序嵌入各种家用电器设备的芯片上,非常方便并易于维护。Java 程序有两种类型:一类是可在网页上运行的 Applet 小应用程序(Applet 不能单独运行,必须嵌入在 HTML 文件中,由 Web 浏览器执行,为了适应网络环境、连接速度等原因,Applet 一般都比较小,适合客户端下载,很多网站利用 Java 开发商业网络平台,可实现交互运行);另一类是可单独执行的 Java 应用程序,能够完成各种各样的功能及应用。

Java 的出现标志了真正的分布系统的到来。Java 避免了 C、C++ 中的不合理因素,例如只能对特定的 CPU 芯片进行编译和连接等,因此,对于事先写好的程序,一旦设备更换了芯片有可能不能正常运行。而 Java 语言可运行于各种操作系统和芯片,真正实现了与平台无关。Java 除具有跨平台特性之外还具有一系列优点:Java 具有纯面向对象特性,Java 中的一切都是对象;Java 只支持单重继承,因而类之间的继承关系更加清晰,不容易造成混乱;Java 不直接操作指针,通过 new 运算符返回的对象引用来操作对象,可防止因指针误操作所产生的错误;Java 可自动管理内存,无须程序员显式地释放所分配的内存。目前,Java 已经成为应用最广泛的网络编程语言之一。

1.5 面向对象软件开发

软件开发是一项系统工程,软件开发的真正决定性因素来自开发人员前期对所解决问题的分析、抽象和概念问题的提出,而非后期的程序源代码的实现。只有正确地识别、深刻地理解了目标问题的内在逻辑和本质特征,才可能圆满地解决问题、设计出优秀的软件。因此,在软件开发与设计的全过程中,程序代码设计只是相对较小的一项工作。

在计算机产生的早期,计算机的应用领域相对简单,因此,软件开发所面临的问题也比较简单,从对问题的分析到编程实现并不是太难的事情。随着计算机应用领域的扩展和应用的深入,计算机所处理的问题日益复杂,软件系统的规模和复杂度日益庞大,以至于软件的复杂性和软件开发过程中可能产生的隐含错误达到软件设计人员自身无法控制的程度，这就是 IT 业曾经一度出现过的"软件危机"。"软件危机"的产生，促进了软件工程学的形成，推动了软件工程的发展。

对于面向对象软件的开发与设计的全面掌握，必须建立在对软件设计与维护的深刻理解的基础上，因此，开发人员必须了解面向对象的软件工程的基本概念。面向对象的软件工程是面向对象方法在软件工程领域的全面应用，它包括面向对象分析（OOA）、面向对象设计（OOD）、面向对象编程（OOP）、面向对象测试（OOT）和面向对象软件维护（OOSM）等重要内容。

1.5.1 面向对象分析

面向对象分析是指在深入、全面理解问题本质需求的基础上，确定类与对象、确定属性、分析对象模式及类对象的关联关系、确定行为等要素。

为了全面、正确地理解问题的实质和要素，在面向对象程序软件开发的分析阶段，系统分析员应与客户一起工作，应从目标问题的分析和描述入手，建立一个符合系统内在逻辑、能客观反映系统重要特性的准确的数学模型。面向对象的系统分析应能很好地反映客观事物本身，直接分析问题中客观存在的事物建立模型中的对象，无论是分析系统中的单个事物还是分析事物之间的关系，都保留它们内在的逻辑关系不变，不进行人为的转换，也不能打破事物自身的规律进行重新组合。

面向对象软件开发的系统分析阶段不应停留在对如何实现系统目标的浅层、表面的关注，而要准确地抽象出系统必须做什么，提炼出面向对象软件开发中关键问题的各种要素。

1.5.2 面向对象设计

从面向对象分析到面向对象设计是一个逐渐扩充模型的过程，在这一阶段，开发人员需要对分析阶段所建立的对象模型进行精雕细凿，并加入必要的实现细节。

在面向对象设计的过程中，应遵循软件工程中关于软件设计的基本准则，这些准则包括以下内容：

- 模块化；
- 抽象；
- 信息隐蔽；
- 低耦合度与高内聚性；
- 可扩充性；
- 可重用性。

因此，面向对象设计阶段是面向对象方法应用于被解决问题的一个具体实现，它包括两方面的工作，一是把 OOA 模型直接搬到 OOD，作为 OOD 的一部分；二是针对具体实现中的人机界面、数据存储和任务管理等因素补充一些与实现有关的要素。

1.5.3 面向对象编程

面向对象编程即面向对象实现，即在面向对象分析和面向对象设计的基础上，使用面向对象程序设计语言进行程序代码编写,并最终实现一个可供实际使用的软件系统。在这一阶段,基础和核心的工作是面向对象分析等阶段所确定的类的具体设计和实现等。

软件代码设计是面向对象的软件开发最终实现的重要阶段。程序的开发通常要经过编辑、编译、连接、运行调试几个步骤,其过程如图1-5所示。

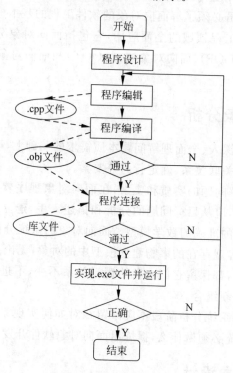

图1-5　源程序的开发过程

软件设计人员要开发出优秀的面向对象软件,首先需要运用面向对象方法对问题进行分析,在 OOA 和 OOD 阶段完成系统分析与设计方面的工作,而 OOP 的工作就是采用面向对象的程序设计语言具体实现 OOD 模型中的各部分。因此,学习面向对象的程序设计语言应注重程序的分析和思考过程,而不能仅仅停留在程序实现的技巧上,应当认真理解程序的设计思路,这样才能真正理解和掌握面向对象程序设计的基本方法和核心思想。

1.5.4　面向对象测试

软件测试的目的是检查和排除软件开发中存在的各种隐含错误,任何一个软件产品在交付使用之前都要经过多次严格的测试。面向对象的软件测试应在符合面向对象的概念与原则的基础上进行测试,以对象的类作为基本测试单位,可以更准确地发现程序错误,提高测试效率。一般情况下,大型商用软件项目需要经过内部反复测试、小范围试用、大范围试用和再测试等多个环节,必要时上述过程需要反复进行。

1.5.5　面向对象软件维护

由于软件代码规模越来越庞大,无论经过多少次测试,也无论经过了多么严格的测试,软件中依然难免存在各种各样的隐含错误。因此,软件在使用的过程中,需要开发人员或专业软件维护人员进行必要和合理的维护。

使用面向对象程序设计方法开发的软件,其程序与被解决的问题是一致的,软件工程各个阶段的分析、描述、表达和实现是一致的,从而减少了维护人员理解软件的难度。无论是发现了程序中的错误而追溯到问题本身,还是因需求发生变化而追溯到程序代码,都相对比较简单和方便,而且,面向对象的封装性使一个对象的修改对其他对象的影响较少。因此,运用面向对象程序设计方法可以大大提高软件维护的效率。

1.6　本章小结

计算机程序设计语言与人类使用的语言一样,是描述人类思维、使计算机按人的意愿工作的工具和载体。计算机语言指由一系列字符组成、具有描述问题的能力、且计算机能识别和执行的代码或指令系统。所有的信息在计算机内都是以二进制形式表示的,因此,第一代计算机程序设计语言为机器可以直接识别的机器语言,又称为二进制语言。在机器语言的基础上,程序设计语言还经历了汇编语言、高级语言和目前最流行的面向对象程序设计语言等几个重要阶段。

面向对象技术源于人类的思维方式和分析、处理问题的习惯,是人类思维在程序设计领域的直接反映和体现。现在,面向对象程序设计方法已经发展成为软件开发领域中的一种新的方法论,它使计算机分析与解决问题的方式更加接近于人类的思维方式,更能直接描述客观世界,通过提高软件的可扩充性、可重用性和程序自动生成能力来提高软件的设计效率,降低软件维护的复杂和成本,例如程序员可利用不断扩充的 MFC 框架快速构建各种系统软件和应用软件。

面向对象程序设计是一种以对象方法为基础,以事件或消息驱动对象执行相应的消息处理函数的程序设计方法。它与面向过程的程序设计方法的最大不同在于,它以数据为中心而不是以功能为中心,将数据及属性(即操作)封装在一起,抽象成为一种新的数据类型——类。另外,面向对象程序的控制流程由运行时各种事件的实际发生来触发,而不是通过预定事件的顺序来控制流程。事件驱动程序的执行围绕消息的产生与处理,靠消息循环机制来实现。

类是具有相同属性和行为的对象的集合。类是对象的抽象,对象是类的实例,对象与类的关系如同模具与用这个模具生产出来的铸件之间的关系一样,也如同变量与变量类型的关系,体现了特殊与一般的关系。消息是向对象发出的服务请求,事件由多条消息构成。

面向对象程序设计具有抽象性、封装性、继承性和多态性等基本特征。抽象性是指忽略事物中与当前目标无关的非本质特征;封装性是指将对象的属性和行为(操作)封装在一起,并尽可能隐蔽对象的内部细节等特征;继承性是指特殊类(派生类)的对象拥有一般类(父类)的属性和行为的类与类之间的层次关系;多态性是指使用相同方式调用具有不同功能的同名函数的特征。

目前有许多具体的面向对象程序设计语言,其中,Java 是一种纯粹面向对象的网络程序设计语言,Visual Basic 也被认为是一种简单的可视化面向对象程序设计语言,C++是一种混合型面向对象程序设计语言。C++继续保留了 C 语言的强大的操作硬件能力的优势,是目前使用最为广泛的面向对象语言之一,已经发展成为一种功能强大的可视化面向对象程序设计语言 Visual C++ ,并在 .NET 技术的强大支持下更显"旗舰"的作用。

面向对象的软件工程是面向对象程序设计方法在软件工程领域的全面应用,它包括面向对象分析(OOA)、面向对象设计(OOD)、面向对象编程(OOP)、面向对象测试(OOT)和面向对象软件维护(OOSM)等主要内容。面向对象分析的主要内容包括,在深入、全面地理解问题本质需求的基础上发现对象类,确定属性、确定对象模式、确定对象类的关联关系、确定服务等要素。面向对象设计是指在面向对象分析的基础上对被求解问题逐渐扩充模型、对对象模型进行精雕细凿、加入必要的实现细节,并注意问题的模块化、抽象、信息隐蔽、可扩充性和可重用性,使之不断接近问题的过程。面向对象编程又称面向对象的实现,通过使用面向对象程序设计语言进行程序代码的编写,并最终实现一个可供实际使用的软件系统。面向对象的软件测试是指在符合面向对象的概念与原则的基础上,以对象的类作为基本测试单元所进行的软件综合测试。

1.7 思考与练习题

1. 什么是结构化程序设计方法?这种方法有哪些优点和缺点?

2. 面向对象程序设计主要有哪些特点?

3. 面向对象程序设计与面向过程程序设计有哪些不同?

4. 什么是面向对象方法的封装性?它有何优点和缺点?

5. 什么是类?类有哪些主要特点?

6. 面向对象程序设计为什么要应用继承机制?

7. 什么是面向对象程序设计中的多态性?

8. 什么是运行时多态?C++语言是如何实现运行时多态的?

9. 什么是面向对象中的消息?一条消息由哪几部分组成?

10. 为什么说 C++ 是混合型面向对象程序设计语言?

11. C++ 支持多态性主要表现在哪些方面?

12. 面向对象的软件工程包括哪些主要内容?

13. 目前常用的面向对象程序设计语言有哪些?各有哪些特点?

14. 什么是 .NET?

15. 面向对象分析要做的主要工作包括哪些方面?

16. 面向对象设计应遵循哪些主要原则?

17. 面向对象程序设计实现的一般过程是什么?

18. 什么是面向对象的封装性?

第 2 章
C++程序设计基础

C++语言是目前在世界范围内应用最广泛的面向对象程序设计语言,C++既支持面向过程的程序设计,也支持面向对象的程序设计,是混合型的大型程序设计语言。本章首先简要回顾 C++语言的产生过程及其特点,并在此基础上,通过一个简单的 C++程序介绍 C++程序的组成,然后介绍 C++的基本字符集、数据类型、运算符、表达式、简单的输入/输出、程序的3 种基本控制结构,以及包括结构体、联合体和枚举类型在内的自定义数据类型等相关内容和知识。

2.1　C++语言概述

C++是在 C 语言的基础上发展产生的,是一种优秀的面向对象程序设计语言,它继承了 C 语言的优点、兼容了 C 语言的语法,并有效地弥补了其缺点,增加了面向对象程序设计的能力,从某种意义上讲,它比 C 语言更容易被人们学习和掌握。C++以其独特的语言功能在计算机科学的各个领域中得到了广泛的应用。面向对象的设计思想是在原来的结构化程序设计方法基础上的一个质的飞跃,C++完美地体现了面向对象的各种特性,以 C++为代表的面向对象程序设计语言化解了曾经出现过的"软件危机"。

2.1.1　C++的产生

C++是国际上已经广泛流行、应用非常深入的面向对象程序设计语言,它由 C 语言发展演变而来,因此,介绍 C++有必要简要地回顾一下 C 语言的历史。C 语言是由贝尔实验室的 D. M. Ritchie 于 1972 年在 B(BCPL)语言的基础上开发出来的,并在 PDP-11/20 上实现了 C 语言,此后经过多次改进。1973 年,K. Thompson 和 D. M. Ritchie 合作将 UNIX 的 90% 以上代码用 C 语言改写,1985 年,C++第一次在欧美投入商业市场,从此,C 语言开始引起人们的广泛注意和受到普遍重视,并逐渐在世界范围内流行。现在,各种流行的 C 语言版本基本上都是以 1983、1998 年颁布的 ANSI C 为基础的。

C 语言具有一系列显著的优点,如运算符和数据结构丰富,具有结构化控制语句,程序执行效率高,同时兼具高级语言的便利和汇编语言的底层功能,其语言简洁灵活、功能强大。C 语言具有很强的硬件操作能力,可以直接访问机器的物理地址,且比汇编语言更容易操作和使用,程序代码具有更强的可读性和可移植性。因此,C 语言一经推出就在国际上得到了广泛的应用,C 语言具有多种代码库和开发环境,有难以计数的程序员在应用 C 语言开发软件。但C语言毕竟是一个面向过程的编程语言,与其他面向过程的编程语言一样有其自身的不足,尤其是程序设计方法不完全符合人类认识自然的规律。面向对象程序设计语言的软件开发方法更符合人类的思维习惯和认识自然的规律,为了适应这一要求,1980年,AT&T公司的贝尔实验室的Bjarne Stroustrup博士在C语言的基础上开发出了C++,它全面支持面向对象程序设计方法。

推出C++的一个重要目标是使C++首先是一个比C语言更好的程序设计语言,所以,C++根除了C语言中存在的有关问题。C++的另一个重要目标就是全面支持面向对象的程序设计方法。类和对象是面向对象程序设计中最重要的概念之一,因此,在C++中引入了类和对象的概念,这也是为什么最初的C++被称为"带类的C",直到1983年它才被正式命名为C++。C++语言的标准化工作从1989年开始,于1994年制定了ANSI C++标准的草案,以后又经过不断修改和完善,成为目前广泛使用的C++语言。

2.1.2　C++的特点

C++程序设计语言具有许多特点,其特点主要表现在两个方面,一是全面兼容C语言,这是C++得以广泛流行的基础;二是全面支持面向对象程序设计方法,完全符合现代面向对象软件工程的理念和要求,可适应系统软件和大型商业应用软件的开发要求。

C++由C语言发展而来,但在功能上全面超过了C语言。它保持了C语言的简洁、灵活、高效和接近汇编语言等特点,对C语言的类型系统进行了革新和扩充,因而C++比C语言更安全,C++的编译系统也比C语言更严格,能检查出程序中的更多错误。因此,C++是一个人们公认的优秀的程序设计语言。

C++虽然在功能上完全超过了C语言,但C++与C语言保持兼容,因而C语言代码不经修改就可以直接被C++所应用,用C语言编写的库函数和实用软件可用于C++中。另外,由于C语言已被广泛使用,因而极大地促进了C++的普及和面向对象技术的广泛应用。

C++是一种支持面向对象的混合型大型程序设计语言,C++最具革新和最有应用价值的方面是支持面向对象的程序设计方法。当初面向过程程序设计方法的提出是为了解决40年前曾经一度出现过的"软件危机",但这个目标并未完全实现,而面向对象的程序设计方法的出现真正解决了"软件危机"。需要注意的是,虽然C++兼容C语言,同时支持面向过程和面向对象技术,但面向对象才是C++的主要成分,在程序设计的理念上,C++完全体现了面向对象程序设计的概念、原理和方法,和C语言是完全不同的程序设计语言,应按照面向对象的思维方式设计程序。

2.1.3　C++字符集

任何程序设计语言都有自己的字符集,字符集是组成程序设计语言的基本元素,C++也不例外。在用C++语言设计软件代码时,程序中的所有成分只能由标准字符集内的字符构成。C++语言的字符集由单字符(即单一符号字符)、关键字、标识符、操作符等组成。

1. 单字符

C++语言的单字符由下列字符构成。

- 大小写各 26 个英文字母：A~Z,a~z。
- 数字字符：0~9。
- 特殊字符：空格、!、#、%、^、&、>、<、+、-、* 、/、=、~、\、_（下划线）、,、;、'、 "、.、()、[]、{}。

2. 关键字

关键字(Keyword)是 C++ 系统预定义的单词,它们具有明确的含义,在程序中具有不同的使用方法。下面是 C++ 中的关键字(按字母顺序排列)：

auto	bool	break	case	catch	char	class
const	const_cast	continue	default	delete	do	double
dynamic_cast	else	enum	explicit	extern	false	float
for	friend	goto	if	inline	int	long
mutable	namespace	new	operator	private	protected	public
register	reinterpret_cast	return	short	signed	sizeof	static
static_east	struct	switch	template	this	throw	true
try	typedef	typeid	typename	union	unsigned	using
virtual	void	volatile	while			

C++ 中的大部分关键字和 C 语言中的关键字相同,对于这些关键字的意义和用法,将在相关章节中介绍和应用。

3. 标识符

标识符(Identifier)是软件设计人员为实现程序目的或提高程序的可读性,在程序设计中声明的、能表达一定含义的单词,它一般用于表示程序中的函数名、变量名、类名、对象名等基本单元。C++ 标识符的构成应符合以下四项规则：

- 只能由字母、下划线(_)或数字组成；
- 只能以字母或下划线(_)开始；
- 大写字母和小写字母代表不同的字符；
- 不能是 C++ 关键字。

例如,Rectangle、startp、C_str、c_str、Draw_line、_array1 都是合法的标识符,而 3startp、class、if、sp * 等则是不合法的标识符。

4. 操作符

操作符(运算符)是程序用于实现各种数学计算或逻辑运算的符号,例如+、-、* 、/、%、…等都是操作运算符。

2.1.4　C++程序的组成

当所设计的程序代码编写完成之后,需要将源程序保存,以供以后修改、完善和其他人使用,C++源程序文件的扩展名为.cpp,即 C Plus Plus 的首字母缩写。对于扩展名为.cpp 的 C++源程序文件,还需要经过编译系统的编译、连接,在排除编译、连接过程中产生的各种错误之后,系统将自动生成扩展名为.exe的可执行文件,这时才基本完成了程序的编写。本书的所有例题都在 Visual C++ 6.0 集成环境下调试完成,对于开发环境的使用方法,读者可以参考本书附录。

下面,我们来看一个简短的程序实例。

【例 2-1】　简单的 C++ 程序。

```
//examplech201.cpp
# include < iostream.h >                    //编译预处理命令
void main()                                 //main 函数
{
    char name[30];                          //定义字符数组
    cout <<"Welcome to C++!";               //输出问候语
    cout <<"please input your name:";
    cin >> name;                            //从键盘输入名字
    cout <<"Hello,"<< name <<"!"<< endl;
    cout <<"You Are Welcome!"<< endl;
}
```

程序运行结果:

```
Welcome to C++!
please input your name:
LiMing
Hello, LiMing!;
You Are Welcome!
```

本例分析:该程序是一个非常简单的 C++ 程序,仅仅含有简单的输入语句和输出问候语的输出语句,但读者从该程序仍然可以清楚地看出,C++ 程序由编译预处理、程序主体和注释 3 个部分组成。

在运行结果中,下划线部分表示程序运行过程中由用户输入的数据与信息,其他各章与此相同,以后不再特别注明。

1. 编译预处理部分

C++ 程序的编译过程和 C 程序一样,分为编译预处理和正式编译两步。程序中的 "#include <iostream.h>"语句称为文件包含命令(编译指令),指示编译器在对程序进行预处理时,将文件 iostream.h 的标准代码嵌入到程序中的该指令所在之处。在 C++ 系统中,iostream.h 头文件中声明了输入和输出操作的相关信息,cout 和操作符"<<"的相关信息就是在该文件中声明的。由于该类文件常被嵌入在程序的开始处,所以称之为头文件,即 head 的首字母。在 C++ 程序中,如果使用了系统提供的一些功能,必须嵌入相关的头文件。

2. 程序主体部分

由于该程序非常简单,因此,程序主体部分就是 main()主函数。main 表示主函数名,包括主函数在内的任何函数体均用一对大括号将函数体内的语句包含在其中。函数是组成 C++ 程序的最小的功能单位,每一个 C++ 程序,有且只能有一个 main()主函数,它表示了

C++程序执行的开始点。main()函数之前的 void 表示 main()函数没有返回值。程序由语句组成，每条语句以分号";"作为结束标志。

cout 和 cin 都是 C++预定义的流类对象，用来实现输入/输出功能。输出操作由系统预定义的插入运算符"<<"表示，其作用是将紧随其后的双引号内的字符原样输出到标准输出设备(显示器)上。"<<"可以连续使用，并连续向标准输出设备输出所指定的内容，如"cout<<"Hello,"<<name<<"!"<<endl;"即在输出 Hello 之后继续输出变量 name 的内容以及惊叹号"!"。关键字 endl 的作用是输出换行。

操作符">>"是和 cin 结合使用的系统预定义的提取运算符，其功能是暂停执行程序，等待用户从标准输入设备(键盘)输入数据，用户在输入数据时需注意所输入的数据类型应与接受该数据的变量类型一致，否则将导致产生错误或使输入操作失败。当输入多个数据时，用空格键或 Tab 键将不同的数据分开。当所有数据输入完成以后，按回车键(Enter)表示输入结束。直接使用 cin>>和 cout<<可以实现简单的输入/输出，关于输入/输出的格式控制及详细用法将在后续章节逐一介绍。变量 name 表示字符数组，需要先定义数组的大小，用于存储由键盘输入的字符，为了能表示不同长度的字符，数组大小应适当。

读者需要特别注意的是 C++空格字符的含义与作用。空格又称为空白字符，它是程序关键字、标识符及各独立字符之间的界限和分隔符。空格可以由空格键、制表符(Tab 键产生的字符)、换行符(Enter 键所产生的字符)产生。

通常情况下，C++程序的一个空格和多个空格是完全等价的，因此，C++程序代码可以不必严格地按行紧凑地书写，即程序中凡是可以出现空格的地方都可以出现任意多个空格，也可以换行书写程序代码。例如：

```
char name[30]; 与 char    name        [30]等价；
cin>> name; 与 cin>>    name;等价；
cout <<"Hello,"<< name <<"!"<< endl; 与
cout <<"Hello,"        << name <<"!"<< endl;等价，而且与
cout <<"Hello,"
<< name <<"!"
<< endl;完全等价
```

尽管如此，程序员在编写程序时仍要遵循程序设计的普遍规则与习惯，力求程序代码清晰、明了和易读，以便于修改、维护和其他人阅读程序。

3. 注释部分

注释在程序中的作用是对程序整体的有关功能或程序语句进行注解和必要的说明，以便于读者阅读代码。C++编译系统在对源程序进行编译时并不对注释部分进行编译，因此，注释对于程序的功能不起任何实质性的作用。而且由于编译时忽略注释部分，所以注释部分不会增加最终产生的可执行文件的大小。合理地使用注释，能够提高程序代码的可读性。

C++语言有两种注释方法：一种是以"/*"开头、以"*/"结束的注释方法，指"/*"和"*/"之间的所有字符都被作为注释处理，例如"/* this is integer */"就属于这种注释方法；另一种是使用双斜杠(//)的注释方法，指从双斜杠(//)开始直到本行的结束部分作为注释处理，如例 2-1 中的所有注释都属于这种注释方法。

2.2　C++基本数据类型

　　自然界中任何事物的基本面一般应具有两个方面的信息,一是所表示对象的名称,二是所表示对象的量的特性,量即数据,由此可见数据的重要性。设计程序的目的是为了解决实际生活中存在的各种问题,任何程序都需要一定的数据支持,数据是程序处理的基本对象,数据可以按其自身的特点进行分类,如数学有整数、实数等概念,在日常生活中还需要用字符串来表示人名和地址等。此外,自然界中的许多问题只能以"是"和"否"、"对"与"错"等逻辑数据表示。不同类型的数据有不同的处理方法,例如,整数和实数可以参加算术运算;字符串可以截取和拼接;逻辑数据可以进行"与"、"或"、"非"等逻辑运算。

2.2.1　基本数据类型

　　C++语言和其他高级语言一样,具有丰富的数据类型和运算操作。C++中的数据类型可以分为基本数据类型和非基本数据类型(又称为自定义数据类型),基本数据类型是C++编译系统内置的数据类型。C++的数据类型的组成如图2-1所示。

　　基本数据类型是指C++系统内部预定义的数据类型,非基本数据类型是指在软件设计过程中程序员根据需要自己定义的数据类型,因而又称为用户自定义数据类型。C++的基本数据类型有 bool(布尔型)、char(字符型)、int(整型)、float(单精度浮点型,简称单精度型)、double(双精度浮点型,简称双精度型)。w_char 是 ANSI C++定义的宽字符型。字符型数据从本质上说也是整型数据类型,它是长度为 1 个字节的整数,用来存放字符的 ASCII 码。

　　C++的基本数据类型常用的修饰符有 signed(带符号)、unsigned(无符号)、short(短)和long(长) 4 个关键字。signed 和 unsigned 可以用来修饰 char 型和 int 型,有符号整数在计算机内是以二进制补码形式存储的,其最高位为符号位,"0"表示"正","1"表示"负"。无符号整数只表示正数。在默认情况下,int 型表示有符号整型数据。long 只能用于修饰double 型数据。

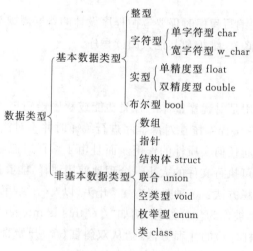

图 2-1　C++数据类型

在基本数据类型前加修饰符的目的是,方便程序员根据程序设计的实际需要限定数据的意义,使之更适合特定问题的处理需要,例如告诉编译系统该数据类型需要多少存储空间以及数据中需要存储什么类型的数值等。如在 Visual C++ 6.0 中,字符型为 1 个字节,用 short 修饰的整型数据为两个字节,int 和 long 均为 4 个字节,double 为 8 个字节,用 long 修饰的 double 型数据也只占 8 个字节,基本数据类型可表示的数据范围如表 2-1 所示。

表 2-1　基本数据类型可表示的数据范围

类 型 名	长度(字节)	取 值 范 围
bool	1	false、true
char(signed char)	1	$-128 \sim 127$
unsigned char	1	$0 \sim 255$
short(signed short)	2	$-32\ 768 \sim 32\ 767$
unsigned short	2	$0 \sim 65\ 535$
int(signed int)	4	$-2\ 147\ 483\ 648 \sim 2\ 147\ 483\ 647$
unsigned int	4	$0 \sim 4\ 294\ 967\ 295$
long(signed long)	4	$-2\ 147\ 483\ 648 \sim 2\ 147\ 483\ 647$
unsigned long	4	$0 \sim 4\ 294\ 967\ 295$
float	4	$3.4 \times 10^{-38} \sim 3.4 \times 10^{38}$
double	8	$1.7 \times 10^{-308} \sim 1.7 \times 10^{308}$
long double	8	$1.7 \times 10^{-308} \sim 1.7 \times 10^{308}$

这里列出的是目前广泛应用的 Visual C++ 6.0 编译环境下的情况,不同的编译系统或不同类型的计算机,同一种数据类型所占的存储空间可能略有差异、不完全一致。一般而言,short 型和 long 型的字节数是固定的,任何支持标准 C++ 的编译系统都是如此。因此,在程序设计中应尽量使用 short 型或 long 型数据,从而使所设计的程序具有更好的可移植性。

bool 型(布尔型,也称逻辑型)数据只有 false(假)和 true(真)两个值。在 Visual C++ 6.0 编译环境中 bool 型数据占 1 个字节,bool 型数据所占的字节数在不同的编译系统中也可能不一样。

C++ 程序所处理的数据不仅具有不同的类型,而且每种基本数据类型还可以分为常量与变量。

2.2.2　常量

所谓常量是指在程序的运行过程中,其值(包括通常意义上的数据及字符等)不能被改变的量,常量包括整型常量、实型常量、字符常量、字符串常量和布尔型常量等,例如 5、8、18、'A'、false 和 true 等都是常量。

1. 整型常量

整型常量指程序运行过程中其值不会改变的整型数据,又称为整型常数,包括正整数、负整数和零。整型常量的表示方法有十进制、八进制和十六进制 3 种形式。

(1)十进制整型常量。其一般形式与数学中的十进制的习惯表示方法相同,由"+"、"-"和 0~9 十个数字表示。十进制数据不能以 0 开始,通常情况下正号可以省略。例如

1568、−1588 等。

（2）八进制整型常量。以 0 开头的数是八进制数据，其余与数学中的八进制的习惯表示方法一致，由"＋"、"−"和 0～7 八个数字表示。例如 0126、016 和数学中的 $(126)_8$、$(16)_8$ 具有完全相同的含义，分别表示十进制数据 86 和 14。

（3）十六进制整型常量。以 0x 开始的数据是十六进制数据，由"＋"、"−"、0～9 十个数字和 A～F 六个英文字符表示。例如 0x1A 表示十进制数据 26。

整型常量可以用后缀字母 L（或 l）表示长整型，后缀字母 U（或 u）表示无符号型，后缀字母 L 和 U（大小写均可）可同时使用。

2. 实型常量

实型常量即带小数的实型常数，又称为实数，它具有十进制小数形式（一般形式）和指数形式两种表示方法。

（1）十进制小数形式。由数字和小数点组成，必须有小数部分。例如 12.5、−12.8、.8 等都是用十进制表示的实型常量。

（2）指数形式。由数字、小数点和表示指数含义的字符 E 组成，字母 E 大小写均可。例如，0.38E＋2 表示 0.345×10^2，−3.84E−3 表示 -3.84×10^{-3}，都是标准的指数表示方法，而 38.8E＋2 表示 38.8×10^2，但不是标准形式（规范形式）。当以指数形式表示一个实数时，整数部分和小数部分可以省略其一，但不能都省略。例如，.126E−1（省略整数部分），12.E3（省略小数部分）都是正确的，但不能写成 E-3 这种形式。

默认情况下，实型常量为 double 型，如果带有后缀 F（或 f）则表示为 float 型。

3. 字符常量

字符常量是指用单引号括起来的一个字符，如 'a'、'D'、'x'、'?'、'$' 等都是符合 C++规定的字符常量。

字符常量包括可显示字符和不可显示字符，不可显示字符不同于以上可显示字符，这些字符在计算机屏幕上是无法显示的，也无法通过键盘输入，例如响铃、换行、制表符、回车符等。

对于不可显示字符及其他特殊功能的字符，C++提供了一种转义字符表示这些具有特殊含义的字符。表 2-2 所示为 C++系统预定义的转义字符。

表 2-2　C++预定义的转义字符

字符常量形式	ASCII 码	含　义
\a	7	响铃
\b	8	退格
\n	10	换行
\f	12	换页
\r	13	回车符
\t	9	水平制表符
\v	11	垂直制表符
\\	92	反斜杠字符"\"
\'	39	单引号字符
\"	34	双引号字符

无论是一般字符还是不可显示字符,都可以用 3 位十六进制或八进制 ASCII 码来表示。其表示方法如下:

```
\nnn      八进制形式
\xnnn     十六进制形式
```

例如,'\101'表示 ASCII 码为 65(十进制)的字符"A",'\x061'表示 ASCII 码为 97(十进制)的字符"a"。

根据表 2-2,由于单引号是字符的界限符,所以单引号本身要用转移字符'\''表示。

需要指出的是,C++系统并不是将字符本身存储在内存中,而是将字符的 ASCII 码存储在内存中,每个字符占 1 个字节,使用 7 个二进制位。因此,从本质上说,字符型数据和整型数据是一致的。

【例 2-2】 转义字符的使用。

```
//examplech202.cpp
# include< iostream.h>
void main()
{
    cout <<"This is C++program"<< endl;
    cout <<"This\tis\tC++\tprogram"<< endl;
    cout <<"This\nis\nC++\nprogram"<< endl;
}
```

程序运行结果:

```
This is C++ program
This    is      C++      program
This
is
C++
program
```

本例分析:该程序的第二行输出语句使用了转义字符"\t",其作用是跳到下一个制表位置,在 C++系统中,一个制表区占 8 列,第二个制表位置从第 9 列开始,其余制表位以此类推。转义字符"\n"的作用是输出换行,使输出位置移到下一行的起始位置,因此,最后一行输出语句引号内的字符被分为 4 行输出。

4. 字符串常量

字符串常量是用一对双引号括起来的字符序列,简称字符串,例如,"ab"、"C++"、"China"、"This is a string"、"This is C++Program"等都是字符串常量。由于双引号是字符串的界限符,所以如果字符串本身含有双引号则需要使用转义字符表示。例如,"Please Input\"Y\"or\"N\""表示的是以下字符串:

```
Please Input"Y" or "N"
```

字符串与字符是不同的,读者不要将字符串常量和字符常量混淆。字符串在内存中的存放形式是：按字符串中字符的自然排列次序顺序存放，每个字符占 1 个字节，并在末尾添加'\0'作为字符串结束标记。图 2-2 分别表示字符串"CHINA"、"C++"、"A"和字符'A'在计算机中的存储形式，从图可以看出，字符串"A"和字符'A'是完全不同的。

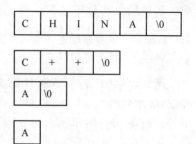

图 2-2　字符串及字符的存储形式

'\0'是指 ASCII 码为 0 的字符，从 ASCII 码表可以查到 ASCII 码为 0 的字符是"空操作字符"，因此，以此作为字符串结束标志既不会产生任何可显示字符，也不会使计算机产生任何控制操作。

5. 布尔型常量

C++系统的布尔型常量比较简单，只有 false(假)和 true(真)两个常量。

2.2.3　变量

在程序的执行过程中其值可以变化的量称为变量，变量在程序设计中需要通过标识符来命名。同常量具有各种类型一样，变量也具有类型，它包括整型变量、实型变量、字符型变量等类型。C++中没有字符串变量，而是通过采用字符数组来存储字符串。

在 C++程序设计中，变量可以在程序的任何地方定义，但必须先定义后使用，即使用前需要首先声明其类型和名称。变量名称是一种标识符，因而在给变量命名时，应该遵循 C++标识符的命名规则。

1. 变量的定义和赋初值

变量在程序中是用于存放数据的，不同类型的数据需要定义不同类型的变量。变量的定义形式如下：

> 数据类型 变量名 1,变量名 2, … 变量名 n;

数据类型由 C++中表示数据类型的关键字表示，如 int、float、double、bool 和 char 等。以下语句均是合法的变量定义形式：

```
int a,b,c;              //表示 a,b,c 为整型变量
long int x,y            //表示 x,y 为长整型变量
float u1;               //表示 u1 为单精度实型变量
double u2;              //表示 u2 为双精度实型变量
char c1                 //表示 c1 为字符型变量
```

【例 2-3】　变量的定义与使用。

```
//examplech203.cpp
main()
{
    int a,b,c,x;
    unsigned int u;
    float u1;
```

```
        double u2;
        a = 12;
        b = - 18;
        u1 = 51.8;
        u2 = 58.8;
        c = 28; u = b + c;
        x = a + b;
        u2 = u1 + u2;
        cout <<"x = "<< x << endl;
        cout <<"u = "<< u << endl;
        cout <<"u2 = "<< u2 << endl;
}
```

程序运行结果:

```
x = - 6
u = 10
u2 = 110.6
```

本例分析:该程序定义了 int、float 和 double 共 3 种类型的变量,在程序运行时,系统给每一个所定义的变量分配内存空间,用于存放对应类型的数据(如程序中的变量 a 用于存放整型数据),实际上,变量名就是相应内存单元的名称,即已经定义的变量名与内存单元之间存在严格的映射关系。

当程序定义了某一类型的变量时,表示该变量用于存放所定义的类型数据。在声明一个变量的同时,还可以给变量赋初值,这实质上是给对应的内存单元赋值。例如:

```
int x = 8;
float y = 158.8;
char c = 'z';
```

给变量赋初值还可以采用以下形式:

```
int x(8);
float y(158.8);
char c('z');
```

需要注意的是,将一个字符型常量存放到一个变量中,实际上并不是将该字符本身存放到内存单元中,而是将字符对应的 ASCII 码存放到存储单元之中。因此,在 C++ 中,字符型数据和整型数据本质上是相同的,可以通用。

【例 2-4】 字符型变量的应用。

```
//examplech204.cpp
include < iostream. h>
void main()
{
        int a1,a2;
        char c1,c2,c3,c4;
        a1 = 97;
        a2 = 65;
```

```
        c1 = a1;
        c2 = a2;
        c3 = 'B';
        c4 = 66;
        cout <<"a1 = "<< a1 << endl;
        cout <<"a2 = "<< a2 << endl;
        cout <<"C1 = "<< c1 << endl;
        cout <<"C2 = "<< c2 << endl;
        cout <<"C3 = "<< c3 << endl;
        cout <<"C4 = "<< c4 << endl;
    }
```

程序运行结果:

```
a1 = 97
a2 = 65
c1 = a
c2 = A
c3 = B
c4 = B
```

本例分析: 该程序的运行结果说明,在 C++ 系统中,字符型数据在内存中是以 ASCII 码形式存放的,因此,既可以给字符型变量赋字符常量,也可以直接给字符型变量赋整型常量,两者的效果是相同的,但要求其范围在字符型数据所表示的范围之内,当超出范围时,系统会自动截取其相应的低位数据。

2. 变量的访问

变量的访问方式包括通过变量名访问、地址访问、指针访问和引用访问 4 种方式。由于变量名访问比较简单、相对容易理解,而地址访问与指针访问属于相同的性质,因此,在此只对指针访问和引用访问进行介绍。

(1) 指针访问。指针(Pointer)是用于存放其他数据地址的变量。这些数据可以是基本类型的数据,也可以是数组、指针、类等用户自定义的数据类型。在声明指针的同时要指出它所指向的数据类型(这里仅仅介绍通过指针访问变量,关于指针的深入介绍见后续章节)。通过指针变量可以间接访问地址所代表的存储空间中的内容。

指针变量的定义格式如下:

```
类型 *指针变量名;
```

例如:

```
char * p1
int * p2;
double * p3;
```

分别定义了指向字符型、整型和双精度型的指针变量。C++ 提供了一个取变量或类对象内存地址的运算符"&",其使用格式如下:

```
指针变量名 = & 变量名;
```

（2）引用访问。引用是 C++ 独有的类型，引用实际上是变量或对象的别名，它是一种访问变量的方法。在使用引用时需要对变量进行初始化，并将引用绑定到相应的变量名上。通过引用名和通过被引用的变量名访问变量是一样的，因此，对于引用的改动就是对变量本身的修改，反之亦然。

引用通过"&"进行声明，其声明格式如下：

```
类型 & 引用名 = 变量名;
```

此处的变量名必须是已经定义的变量，同时注意区分引用声明"&"和取变量地址运算符"&"的区别。引用不仅适用于表示基本数据类型的变量，同样适用于包括类对象在内的自定义数据类型。

【例 2-5】 通过指针与引用等方式访问变量。

```cpp
//examplech205.cpp
# include< iostream. h >
void main()
{
    double n = 1.8;
    double &n1 = n;
    n1 = 1.18;
    cout <<"n = "<< n <<","<<"n1 = "<< n1 << endl;
    double &n11 = n1;                        //引用的传递效应
    n1 = 1.118;
    cout <<"n = "<< n <<","<<"n1 = "<< n1    //通过变量名及其引用分别访问
        <<","<<"n11 = "<< n11 << endl;
    double *  ptr = &n;
    double *  &p = ptr;
     * p = 1.218;
    cout <<"n = "<< n <<","<<"n1 = "<< n1
        <<","<<"n11 = "<< n11 <<","<<" * ptr = "<< * ptr
        <<","<<" * p = "<< * p << endl;       //通过指针访问
    cout <<"&n = "<< &n << endl;
    cout <<" * &n = "<< * &n << endl;         //通过地址访问
}
```

程序运行结果：

```
n = 1.18,n1 = 1.18
n = 1.118,n1 = 1.118,n11 = 1.118
n = 1.218,n1 = 1.218,n11 = 1.218, * ptr = 1.218, * p = 1.218
&n = 0x0066FDFD
 * &n = 1.218
```

本例分析：这是一个典型的变量访问程序，具有变量的各种访问方式。运行结果表明，

通过变量名、引用名和指针访问是完全等价的,对引用名进行修改或通过指针对变量进行修改就是对变量本身的修改。运行结果还表明,引用具有传递效应。

2.2.4　符号常量

在程序设计中可以给常量命名,经过命名以后的常量称为符号常量。符号常量必须在使用前先定义,即先定义后使用,这一点与变量的使用原则相似。

定义常量的语句如下:

```
const   数据类型   常量名 = 常量值;
```

const 也可以置于数据类型之后,即采用以下形式定义:

```
数据类型 const   常量名 = 常量值;
```

圆周率是程序设计中经常使用的实型常量,因此可以定义为符号常量。其定义方法如下:

```
const float pi = 3.1415926;
```

需要强调的是,符号常量在定义时一定要对其赋初值,而且在程序中不能改变其值。例如,下列语句是不允许的:

```
const float pi = 3.14;
pi = 3.1415926;                              //常量不能重新赋值,因而错误
```

在 C++ 中,对符号常量的命名没有进行特殊的规定,因此,只要是符合标识符命名规则的符号常量均可,但符号常量的命名应当具有一定的实际意义,以利于提高程序的可读性。与直接使用常量相比,当程序中多处用到同一个常量(如圆周率 3.14)时,采用符号常量可以使程序设计更简单、更直观,若 pi 的某一定义值不能满足精度要求,则需要增加该常量的有效数字位数,例如改为 3.1416,若程序没有定义符号常量,则需要对多处常量值进行修改,这样往往顾此失彼,一旦遗漏一处没有修改,将使程序产生不一致或致使结果产生错误。当使用符号常量时,由于只在定义时赋以初值,因此只需修改一次,即修改定义时的初值,应用起来十分简单,从而可以避免直接修改常量值带来的麻烦与不一致。

此外,C++ 还兼容 C 语言的宏常量定义方式,例如:

```
#define Max = 200;
```

虽然使用宏定义的常量和使用 const 定义的常量表面上相似,但功能上存在一定的差别:使用宏定义的常量是一种纯粹的置换关系,对于以上代码,若编译预处理时遇到 #define 指令,便以 200 替代 Max,它没有数据类型;而使用 const 定义的常量具有数据类型特性,如"const int Max=100;"中 Max 属于整型数据。定义数据类型的常量便于编译系统进行数据类型的检查,使程序可能出现的错误更容易排除,因此,和 #define 相比,使用 const 定义常量消除了程序的不安全性。

2.3　运算符与表达式

任何程序都需要对数据进行处理与计算,在利用 C++ 编写程序解决实际问题时也是如此。运算符和表达式是 C++ 语言用于处理数据的工具。C++ 不仅具有丰富的数据类型,而且具有丰富的运算符,除输入/输出和控制语句以外的几乎所有的基本操作都由运算符支持和处理,例如表示数组的方括号也作为下标运算符等。

2.3.1　表达式

表达式即程序中用于计算的算式,是指通过各种运算符(包括括号)将常量、变量及函数等有关操作数连接起来并符合 C++ 语法规定的算式。这种算式可以很简单,也可以很复杂。例如,以下都是合法的表达式:

```
a
a + b
a + b/(x + y)
```

表达式是程序中计算求值的基本单位,简单表达式可以组成复杂的表达式。一个常量或标识符本身就是一个最简单的表达式,其值是常量或对象自身的值;一个表达式可以参与其他操作与运算,即用作其他运算符的操作数,因而可以形成更复杂的表达式;包含在括号中的表达式仍然是一个表达式,其类型和值与未加括号时的表达式相同。

2.3.2　运算符及性质

C++ 的运算符由以下类型的运算符组成:

- 算术运算符;
- 关系运算符;
- 逻辑运算符;
- 位运算符;
- 赋值运算符;
- 条件运算符;
- 逗号运算符;
- 指针运算符;
- 求字节数运算符;
- 强制类型转换运算符;
- 分量运算符;
- 下标运算符;
- 其他运算符。

运算符具有 3 个要素,即运算符的含义、优先级和结合性。在运算符中需要两个操作数的运算符称为二元运算符(或双目运算符),只需要一个操作数的运算符称为一元运算符(或单目运算符)。

运算符的优先级是指当一个表达式中包含两个以上的运算符时,先进行优先级高的运算,再进行优先级低的运算。如果表达式中出现了多个相同优先级的运算,运算顺序就要根据运算符的结合性判断。所谓结合性是指,当一个操作数左、右两边的运算符优先级相同时,运算顺序的进行方式包括自左向右(左结合性)和自右向左(右结合性)两种方式。

1. 算术运算符与算术表达式

C++的算术运算符包括基本算术运算符和自增、自减运算符。由算术运算符、操作数和括号构成的表达式称为算术表达式。

(1) 基本算术运算符。

- ＋：加法运算符,用于符号运算时表示正值。
- －：减法运算符,用于符号运算时表示负值。
- ＊：乘法运算符。
- /：除法运算符。
- ％：取余运算符,又称为模运算符。

基本算术运算符的含义与数学中相关运算的含义是一致的,它们之间的相对优先级关系也与数学中一致,即先乘除、后加减,同级运算自左至右进行。

需要指出的是,两个整型数相除的结果为整数,如"7/3"的结果为 2,其结果仅取商的整数部分,小数部分被自动舍弃。因此,表达式"1/3"的结果为 0,这一点需要特别注意。

"％"是取余运算,只有整型数据才可以进行取余运算,表达式"x％y"的结果是 x 除以 y 的余数,如"7％3"的值是 1。取余运算本质上是除法运算,因此取余运算符"％"的优先级与"/"的相同。

(2) 自增、自减运算符。

- ＋＋：自增运算符。
- －－：自减运算符。

C++中的(自增)"＋＋"、(自减)"－－"运算符是使用极其方便、高效的两个运算符,它们都是一元运算符,其功能是使变量增1或减1。这两个运算符都有前置和后置两种使用形式,并且在功能上有一些差异。

- ＋＋i、－－i：使用 i 之前使 i 的值增1或减1。
- i＋＋、i－－：使用 i 之后使 i 的值增1或减1。

无论是前置还是后置形式,它们的作用都是将操作数的值增1(减1),并将改变以后的值重新写入变量存储单元中。如果变量 i 原来的值是 17,表达式"i＋＋"运算以后,其结果为 18,并且在以后的应用中,i 的值也为 18。如果变量 i 原来的值是 18,表达式"i－－"运算以后,其结果为 17,并且 i 的值也为 17。但是,当自增、自减的运算结果被用来继续参与其他操作时,前置与后置时的情况就完全不同了。

【例 2-6】 自增、自减运算符的应用。

```
//examplech206.cpp
#include<iostream.h>
void main()
{
```

```
    int x,y;
    x = 17;
    y = 17;
    cout <<"x + += "<< x + + << endl;
    cout <<"x = "<< x << endl;
    cout <<"x - - = "<< x - - << endl;
    cout <<" + + y = "<< + + y << endl;
    cout <<" - - y = "<< - - y << endl;
}
```

程序运行结果：

```
x++ = 17
x = 18
x-- = 18
++y = 18
 -- y = 17
```

本例分析：该程序很好地体现了自增、自减运算符在表达式中前置、后置的差异。如果变量 x 的初始值为 17，第一条输出语句"cout<<"x+="<<x++<<endl"的作用是输出 x 之后，使 x 的值增 1（即先输出，后计算表达式"x++"的值），因此，这时 x 的值为 17，而表达式的值为 18。同样，由于 y 的初始值为 17，语句"cout<<"++y="<<++y<<endl"的作用是输出 y 之前使 y 的值增 1，因此，这时所输出值为 18。

2. 赋值运算符与赋值表达式

最简单的赋值运算符是"="，称为赋值运算符，C++的赋值运算符既包括简单运算符"="，也包括以简单赋值运算符为基础的复合赋值运算符。带有赋值运算符的表达式被称为赋值表达式，例如，"x=y+8"就是一个赋值表达式。

赋值运算符的作用是将等号右边的表达式的值赋给等号左边的对象。当赋值运算符左、右两端的类型不一致时，赋值表达式的类型为"="左边对象的类型，其结果为"="右边表达式的运算结果，赋值运算符的结合性为右结合性（自右向左）。

除"="以外，C++还提供了 10 种复合赋值运算符，分别是 +=、-=、* =、/=、%=、<<=、>>=、&=、^=和|=。

其中，前 5 个是赋值运算符与算术运算符复合而成的，后 5 个是赋值运算符与位运算符复合而成的（关于位运算符，稍后将介绍）。这 10 种复合赋值运算符都是二元运算符，复合赋值运算符与简单赋值运算符"="的优先级相同，结合性为右结合性（自右向左）。下面举例说明复合赋值运算符的功能，例如：

x += 8	等价于	x = x + 8
x * = y + 8	等价于	x = x * (y + 8)
x/ = y + 18	等价于	x = x/(y + 18)
x % = 8	等价于	x = x % 8

C++的复合赋值运算符简化和精练了程序代码，提高了编译效率，有利于编译系统生成高质量的目标代码。

3. 逻辑运算符与逻辑表达式

无论是数学计算还是解决工程实际问题,经常需要对各种各样的条件与问题进行判断,有时还需要对复杂的条件进行逻辑分析。C++提供了丰富的逻辑运算符,包括用于比较与判断的关系运算符和用于逻辑分析的逻辑运算符。

(1) 关系运算符。关系运算是逻辑运算中比较简单的一种运算,关系运算符及其优先次序如下:

任何通过关系运算符将两个表达式连接起来的式子都是关系表达式。例如,以下表达式是关系表达式:

```
a > b
x < = a + b
```

关系表达式是一种简单的逻辑表达式,其结果类型为 bool,值只能为 true 或 false。当 a 大于 b 时,表达式"a>b"的值为 true,否则为 false。当 x 小于或者等于 $a+b$ 时,表达式"x<=a+b"的值为 true,否则为 false。

(2) 逻辑运算符。在程序设计中,仅仅依靠关系运算符往往不能满足实际需要,有时还需要用逻辑运算符将各种关系表达式连接起来,构成各种复杂的逻辑表达式。逻辑表达式的结果为 bool 类型,其值只能为 true 或 false。C++具有 3 种逻辑运算符,其优先次序如下:

```
!     (逻辑非)    ┐  高
&&    (逻辑与)    │
||    (逻辑或)    ↓  低
          优先级
```

"!"是一元运算符,其使用形式如下:

```
!操作数
```

逻辑非运算的作用是对操作数取反。如操作数 x 的值为 true,则表达式"!x"的值为 false;如操作数 x 的值为 false,则表达式"!x"的值为 true。

"&&"的作用是求两个操作数的逻辑与,只有当两个操作数的值都为 true 时,运算结果才为 true,其他情况的运算结果均为 false。

"||"的作用是求两个操作数的逻辑或,只有当两个操作数的值都为 false 时,运算结果才为 false,其他情况的运算结果均为 true。"&&"和"||"都是二元运算符。逻辑运算的真值表如表 2-3 所示。

在 C++中,数值 0 代表 false,数值 1 表示 true,实际上,其他非 0 值都被作为 true。例如:$a=58$,$b=18$,则!a=false,a&&b=1。

表 2-3　逻辑运算符的真值表

a	b	!a	!b	a&&b	a||b
true	true	false	false	true	true
true	false	false	true	false	true
false	true	true	false	false	true
false	false	true	true	false	false

4. 逗号运算符与逗号表达式

在 C++系统中,逗号也可以作为运算符,通过它可以将两个表达式连接起来。逗号运算符的应用形式如下:

```
表达式 1,表达式 2
```

逗号运算符又称为"顺序求值运算符"。顾名思义,其求值顺序进行,即先求解表达式 1,再求解表达式 2,最终结果为表达式 2 的值。例如:

```
x = 3 * 6, x * 2
```

结果为 x=36。

逗号运算符可以连续使用,其扩展形式如下:

```
表达式 1,表达式 2, …,表达式 n
```

逗号运算符是所有 C++运算符中优先级最低的运算符。读者应该注意的是,并非任何出现的","都是运算符,例如以下语句中的逗号不是运算符,而是变量之间的分隔符。

```
int x,y,z;
```

5. 条件运算符与条件表达式

条件运算符是 C++中唯一的三元运算符,使用它可以实现简单的选择功能。条件表达式的使用形式如下:

```
表达式 1?表达式 2:表达式 3
```

表达式 1 必须是 bool 类型,表达式 2 和表达式 3 可以是任何类型,其执行过程如图 2-3 所示。

条件表达式的执行过程是先求解表达式 1,若表达式 1 的值为 true,则以表达式 2 的值为最终结果,若表达式 1 的值为 false,则以表达式 3 的值为最终结果。

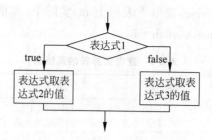

图 2-3　条件表达式的执行过程

例如,通过以下表达式可以求取最大值:

max = x > y?x : y

条件运算符的优先级高于赋值运算符,低于关系运算符和逻辑运算符;结合方向为右结合性(自右向左)。

6. sizeof 运算符

sizeof 运算符用于计算有关类型的对象在内存中所占的字节数。该运算符的使用格式如下:

```
sizeof(类型名或表达式)
```

sizeof 并不对括号内的表达式本身进行求值运算,其结果为"类型名"所指定的类型或"表达式"的类型所占的字节数。

【例 2-7】　使用 sizeof()函数测试 C++的常见数据类型的长度。

```cpp
//examplech207.cpp
#include<iostream.h>
int main()
{
    cout <<"int 型数据的长度是:\t\t"<< sizeof(int)<<"字节;\n";
    cout <<"short 型数据的长度是:\t\t"<< sizeof(short)<<"字节;\n";
    cout <<"long 型数据的长度是:\t\t"<< sizeof(long)<<"字节;\n";
    cout <<"float 型数据的长度是:\t\t"<< sizeof(float)<<"字节;\n";
    cout <<"double 型数据的长度是:\t\t"<< sizeof(double)<<"字节;\n";
    cout <<"long double 型数据的长度是:\t"<< sizeof(long double)<<"字节;\n";
    cout <<"char 型数据的长度是:\t\t"<< sizeof(char)<<"字节.\n";
    return 0;
}
```

程序运行结果:

```
int 型数据的长度是:          4 字节;
short 型数据的长度是:        2 字节;
long 型数据的长度是:         4 字节;
float 型数据的长度是:        4 字节;
double 型数据的长度是:       8 字节;
```

　　long double 型数据的长度是：　　　8字节；
　　char 型数据的长度是：　　　　　　1字节；

　　本例分析：本章 2.2.1 节介绍了 C++ 基本数据类型的字节数，通过该程序进一步验证和加深了读者对基本数据类型长度的了解。此外，该程序的每行均使用了转义字符"\t"，其作用是使输出的字节数整齐、美观，long double 型数据这行代码只使用了一次转义字符，有兴趣的读者可以试一试使用两次 \t 转义字符，由于该行代码相对较长，该行会更加偏右。

7. 位运算符

　　位运算符即二进制位运算符，C++ 语言继承了 C 语言的位运算符，具有汇编语言的功能，具有位运算能力是 C++ 优点的一个体现。C++ 提供了 6 个位运算符，可以对整数进行各种位运算操作。

　　(1) 按位与运算符。按位与运算符(&)的功能是将两个操作数对应的每一个二进制位分别进行逻辑与操作。如果两个对应的位均为 1，则该位为 1，否则为 0。例如，计算"6&7"：

```
6  ──────────→  00000110
7  ──────────→  00000111
&                00000110
```

　　其结果为 6。因此，使用按位与运算可以将操作数中的某些位置 0，或者取一个数中的某些指定的位。

　　(2) 按位或运算符。按位或运算符(|)的功能是将两个操作数对应的每一个二进制位分别进行逻辑或操作。两个相应的二进制位中只要有一个为 1，则该位的结果为 1，只有两个二进制位全为 0，结果才为 0。例如，计算"8|9"：

```
8  ──────────→  00001000
9  ──────────→  00001001
|                00001001
```

　　其结果为 9。因此，通过按位或运算可以将一个操作数的某些位置 1，例如，若想使某一数据的低 8 位全为 1，只需将该数据和 255 进行与运算即可。

　　(3) 按位异或运算符。按位异或运算符(^)的功能是将两个操作数对应的每一个二进制位进行异或运算。其运算规则是，若对应位相同，则该位的结果为 0；若对应位不同，则该位的结果为 1，按位异或又称为 XOR 运算。例如，计算"31^22"：

```
31 ──────────→  00011111
22 ──────────→  00010110
^                00001001
```

　　其结果为 9。通过按位异或运算可以将一个操作数中的某些特定位翻转(取反)。如果某一位与 1 异或，其结果是对该位原来的值取反。如果某一位与 0 异或，其结果则是该位的原值。例如，要使某一数的低八位取反，只需将该数据与 11111111 进行异或运算即可。

　　(4) 按位取反运算符。按位取反运算符(～)的功能是对一个二进制数的每一位取反，

它是一个单目运算符。例如,计算"～025":

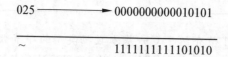

其结果为八进制数 177752。又如,要想将整型数据 x 的最低位置 0,可以采用以下表达式:

    x = x&～1

（5）左移运算符。左移运算符(<<)的功能是将某一个操作数的各二进制位全部左移指定的位。左移运算符是二元运算符,其移位规则是:左移之后低位补 0,将移出的高位舍弃。例如,若整型变量 x 的值为 6,计算"x<<2"的值,其结果为 24。因此,当没有高位被舍弃时,左移 1 位相当于原数乘以 2,左移两位相当于原数乘以 4。

（6）右移运算符。右移运算符(>>)的功能是将某一个操作数的各二进制位全部右移指定的位。右移运算符是二元运算符,其移位规则是:右移之后移出的低位被舍弃。如果是无符号数则高位补 0;如果是有符号数,则高位补符号位或补 0,在 Visual C++ 6.0 中采用的是补符号位的方法。例如,若整型变量 x 的值为 24,计算"x>>2"的值,其结果为 6。因此,当没有低位被移出时,右移 1 位相当于原数除以 2,右移两位相当于原数除以 4。

2.3.3　运算符的优先级

在表 2-4 中列出了 C++中所有运算符的优先级与结合性,其中一部分已经在前面介绍,暂时未介绍的部分将在以后的章节中继续介绍。

表 2-4　C++运算符的优先级与结合性

运　算　符	含　　义	结合性	优先级
[] ( ) . —> ::	数组下标 圆括号 成员运算符 指针访问成员运算符 作用域运算符	左结合性	1
+、− ++、−− ! ～ sizeof * &	正、负号 自增、自减运算 逻辑非 按位取反 长度运算符 取地址内容 取变量的地址	右结合性	2
类型转换	强制类型转换	右结合性	3
* / %	乘 除 取余	左结合性	4
+、−	加、减	左结合性	5
<<、>>	左移、右移	左结合性	6

续表

运 算 符	含 义	结合性	优先级
>、>= <、<=	大于、大于等于 小于、小于等于	左结合性	7
==、!=	等于、不等于	左结合性	8
&	按位与	左结合性	9
^	按位异或	左结合性	10
|	按位或	左结合性	11
&&	逻辑与	左结合性	12
||	逻辑或	左结合性	13
? :	条件运算符	右结合性	14
= +=、-=、*=、/=、%=、<<=、 >>=、&=、^=、|=	赋值运算符 复合赋值运算符	左结合性	15
,	逗号运算符	左结合性	16

2.3.4 混合运算时数据类型的转换

当程序在运算过程中或表达式中出现了不同类型数据的混合运算时,需要对不一致的数据类型进行类型转换。C++中的类型转换包括自动转换和强制类型转换两种方式。

1. 自动转换

在 C++中,算术运算符、赋值运算符、关系运算符、逻辑运算符和位运算符都是二元运算符,均要求两个操作数的类型一致,当出现不一致时,系统可以进行自动转换。

(1) 在算术运算和关系运算中,如果参与运算的操作数类型不一致,则系统自动对数据进行转换(又称隐含转换),转换的基本原则是将低类型(简单类型)数据转换为高类型(复杂类型)数据。各种类型的高低顺序如下:

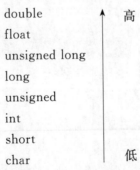

以上顺序就是数据类型的自动转换规则,类型越高,数据的表示范围越大,精度也越高,因此,从低类型往高类型的自动转换是无代价的,因而也是安全的,因为在进行数据类型转换的过程中,数据的精度不会有任何损失。

逻辑运算符要求参与运算的操作数必须是 bool 型数据,当出现其他类型的操作数时,系统自动将其转换为 bool 型。其转换原则是,非 0 数据转换为 true,0 转换为 false。

位运算的操作数必须是整数,当二元位运算的操作数出现不同类型的整数时,C++系统将进行自动转换,转换的总原则按以上自动转换方式进行。

(2) 赋值运算要求运算符"="左、右两端的值的类型相同,若类型不同,系统自动进行类型转换,转换的原则是,以赋值运算符左端的数据类型为准,将右端的数据类型转换为左端的类型。

2. 强制类型转换

强制类型转换是通过使用数据类型说明符和括号对数据类型进行强制转换,其功能是将表达式的结果转换为类型说明符所指定的类型。

强制类型转换有两种应用形式,格式如下:

```
类型说明符(表达式);
(类型说明符)表达式;
```

强制类型转换是临时性(一次性)的转换,即强制类型转换并没有改变被转换表达式的实际类型,只是临时改变了被强制说明这一处的数据类型,如同一个1.85m的人经过1.80m的门槛以后,其身高依然是1.85m,并没有因过门槛而改变身高。

强制类型转换属于有代价的转换,是一种不安全的转换。在进行强制类型转换时,若将高类型数据转换为低类型,其数据精度可能降低,这是强制类型转换可能需要付出的代价。

【例2-8】 强制类型转换运算符的应用。

```cpp
//examplech208.cpp
#include<iostream.h>
void main()
{
    double x;
    int n;
    x = 158.158;
    n = int(x);
    cout <<"n = "<< n << endl;
    cout <<"x = "<< x << endl;
}
```

程序运行结果:

```
n = 158
x = 158.158
```

本例分析:该程序运行结果表明,强制类型转换并没有改变变量x的实际数据类型,仅仅对$int(x)$一处起强制作用,对x的值进行了强制改变,在强制类型转换以外的其他任何地方,变量x依然是double类型。程序的运行结果还表明,double型数据x被强制转换为int型是有代价的转换,数据精度降低了,数据因转换付出了代价。

2.4　简单的输入与输出

输入与输出(I/O)是每一个程序必须具备的基本功能,如果一个程序没有数据的输入与输出,不仅程序的调试将变得非常困难,而且也没有办法获得运行结果,因此,输入与输出是程序的重要组成部分。一般而言,从计算机向标准外部设备(如屏幕)输出数据称为输出;从标准外部设备(如键盘)向计算机输入数据称为输入。

2.4.1　I/O流简介

在 C++中,将数据从一个对象到另一个对象的流动抽象为"流",数据的输入与输出是通过 I/O 流来实现的。从流中获取数据的操作称为提取操作,向流中添加数据的操作称为插入操作。无论是输入流还是输出流,在使用前均需要建立流类对象,在使用后要删除对象。

cin 和 cout 是系统预定义的流类对象,也是 C++程序中使用最广泛的流类对象。cin 用来处理由标准设备产生的输入,如键盘输入。cout 用来处理向标准设备的输出,如向屏幕输出。

2.4.2　插入运算符和提取运算符

插入运算符"<<"是 C++系统预定义的运算符,用于输出,作用在流类对象 cout 上可以实现常用的向标准设备(屏幕)输出的功能,其应用格式如下:

```
cout <<表达式 1 <<表达式 2 <<…<<表达式 n;
```

根据使用格式可以看出,在一条输出语句中可以连续使用多个插入运算符,实现多个表达式值的连续输出。插入运算符"<<"后的表达式既可以是简单的表达式(如变量),也可以是复杂的表达式,系统能自动计算表达式的值并将结果输出。例如:

```
cout <<"a + b = "<< a + b << endl;
```

的功能是将字符串"a+b="原样输出,并将表达式"a+b"的计算结果紧随其后输出。

提取运算符">>"是 C++系统预定义的运算符,用于实现输入功能,作用在流类对象 cin 上可以实现常用的键盘输入,其应用格式如下:

```
cin >>表达式 1 >>表达式 2 >>…>>表达式 n;
```

对于一条输入语句也可以连续使用多个提取运算符,实现多个变量值的连续输入。例如:

```
cin >> n1 >> n >> n3;
```

的功能是等待用户从键盘输入 n1 的值,然后依次等待输入 n2 的值和 n3 的值,输入时不同数据项之间以空格分开。

2.4.3　简单的 I/O 格式

在应用 cin、cout 进行数据的输入与输出时，首先应当在程序的编译预处理部分使用"＃include ＜iostream.h＞"语句将 C++ 中的有关库文件包含到用户所编辑的程序中。cin 和 cout 在处理任何类型的数据时，都能够自动按照默认格式实现输入与输出处理。在程序设计中，这种简单的、默认的输入与输出往往不能够满足实际要求，程序员经常需要设置各种特殊格式。为了使程序设计方便，这里介绍几种常用的格式控制方法。

C++ 的 I/O 流库提供了多种操作符，可以直接用在输入与输出语句中实现 I/O 格式控制。表 2-5 给出了常用的 I/O 流库操作符的功能，在应用操作符控制格式时需使用"＃include ＜iomanip.h＞"。在 C++ 设置输入与输出格式的方法很多，对于其他方法将在第 9 章详细介绍。

表 2-5　常用 I/O 流库操作符功能

操 作 符	含 义	输入与输出
dec	用十进制表示数值数据	用于输入与输出
endl	插入换行符，并刷新流	用于输出
hex	用十六进制表示数值数据	用于输入与输出
setprecision(int)	设置浮点数的位数	用于输出
setw(int)	设置域宽	用于输入与输出

2.5　程序的基本控制结构

C++ 和 C 语言一样，有 3 种基本的程序控制结构，分别是顺序结构、选择结构和循环结构。本章中已经介绍过的例题都是顺序结构程序。

2.5.1　顺序结构

顺序结构是 C++ 语言中最简单的程序控制结构，其程序执行流程如图 2-4 所示，其程序的执行顺序和语句顺序是完全一致的。

在日常生活中，实际问题往往比较复杂，仅仅依靠顺序结构是不能解决所有问题的，还需要程序的其他控制结构。

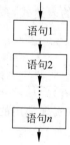

图 2-4　顺序结构的执行流程

2.5.2　选择结构

选择结构又称为分支结构，这种结构是许多程序都具有的一种结构形式。选择结构是通过 if 语句和 switch 语句实现的，即根据判断条件的结果执行不同的程序段或程序模块。基本选择结构（即双分支选择结构）的执行流程如图 2-5 所示。当判断条件成立时，执行程序模块 1 的语句，当判断条件不成立时，执行程序模块 2 的语句。

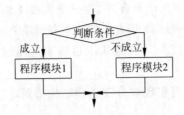

图 2-5　选择结构的执行流程

C++的选择结构通过 if 语句及嵌套 if 语句和 switch 语句实现。

1. if 语句

C++有 4 种形式的 if 语句,即单分支 if 语句、双分支 if 语句、多分支 if 语句、嵌套 if 语句。

(1) 单分支 if 语句。单分支语句是最简单的 if 语句,其使用格式如下:

```
if(表达式) 语句 1;
```

if 之后的表达式一般为逻辑表达式或关系表达式,其他形式的 if 语句也一样。

(2) 双分支 if 语句。双分支 if 语句通过对表达式正确与否的判断,可以实现两个分支的选择,其使用格式如下:

```
if(表达式) 语句 1;
else   语句 2;
```

【例 2-9】　简单 if 语句的使用:判断某一年份是否是闰年(经典的选择结构程序)。

```
//examplech209.cpp
# include < iostream. h >
void main(void)
{
    int year;
    cout <<"请输入年份: ";
    cin >> year;

    if ((year % 4 == 0&&year % 100!= 0)||(year % 400 == 0))
        cout << year <<"年是闰年!"<< endl;
    else
        cout << year <<"年不是闰年!"<< endl;
}
```

程序运行结果:

请输入年份: 2004
2004 年是闰年

本例分析：闰年需要同时满足两个条件，其一是能被 4 整除，其二是不能被 100 整除或能被 400 整除。该程序通过 if-else 语句实现了这个判断条件。

需要指出的是，条件运算符(? :)在逻辑上也属于选择结构，因此也可以实现双分支选择结构。

【例 2-10】 使用条件运算符实现双分支选择结构举例。

```
//examplech210.cpp
# include < iostream. h >
void main()
{
    char a;
    cout <<"Please Input a Char: ";
    cin >> a;
    a = (a >= 'a'&&a <= 'z')?(a - 32):a;
    cout << a << endl;
}
```

程序运行结果：

```
Please Input a Char:h
H
```

本例分析：该程序的功能是将所输入的字母变为大写字母，根据 ASCII 码表，小写字母的码值比大写字母大 32，判断条件在逻辑上为双分支结构，可以通过条件运算符实现。因此，双分支选择结构既可以通过 if-else 语句实现，也可以通过条件运算符实现。

(3) 多分支 if 语句。对于复杂的逻辑结构，双分支选择结构显然不能满足实际要求，这时可以采用多分支 if 语句实现，其使用格式如下：

```
if(表达式 1) 语句 1;
else if(表达式 2) 语句 2;
else if(表达式 3) 语句 3;
    ⋮
else if(表达式 n) 语句 n;
else 语句 n + 1;
```

多分支 if 语句的执行流程如图 2-6 所示。

【例 2-11】 使用多分支 if 语句实现对学生成绩的评价。

```
//examplech211.cpp
# include < iostream. h >
void main()
{
    int x;
        cout <<"请输入分数:";
    cin >> x;
    if(x > 100||x < 0)
        cout <<"数据错误!"<< endl;
```

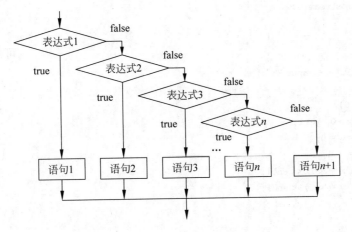

图 2-6　多分支 if 语句的执行流程

```
    else if(x == 100)
        cout <<"满分,很优秀!"<< endl;
    else if(100 > x&&x >= 90)
        cout <<"成绩优秀!"<< endl;
    else if(90 > x&&x >= 80)
        cout <<"成绩良好!"<< endl;
    else if(80 > x&&x >= 70)
        cout <<"成绩中等!"<< endl;
    else if(70 > x&&x >= 60)
        cout <<"成绩及格!"<< endl;
    else
        cout <<"不及格,继续努力!"<< endl;
}
```

程序运行结果:

请输入分数: 85
成绩良好!

（4）嵌套 if 语句。嵌套 if 语句的使用格式如下:

```
if(表达式 1) 语句 1;
    if(表达式 2) 内嵌语句 1;
else 内嵌语句 2;
else
if(表达式) 内嵌语句 3;
else 内嵌语句 4;
```

使用嵌套 if 语句需要注意嵌套的层次关系,在每一层 if 和 else 要配对使用,若省略任意一个 else,则需要使用大括号{}确定 if 语句的层次关系。

【例 2-12】　使用嵌套 if 语句实现符号函数的求值。

//examplech212.cpp

```
#include<iostream.h>
void main()
{
    int x,y;
    cout <<"Please Input X:";
    cin >> x;
    if(x >= 0)
        if(x > 0) y = 1;
        else y = 0;
    else y = -1;
    cout <<"x = "<< x << endl;
    cout <<"y = "<< y << endl;
}
```

程序运行结果：

```
Please Input a x:-3
x = -3
y = -1
```

本例分析：该程序实现了数学中经常使用的符号函数功能,程序代码很简单,读者应注意在 if 语句和 else 语句之间含有一个 if 语句的嵌套应用。

2. switch 语句

通过 switch 语句也可以实现多分支选择结构,其使用格式如下：

```
switch(表达式)
{
    case 常量表达式 1 : 语句 1; break;
    case 常量表达式 2 : 语句 2; break;
        ⋮
    case 常量表达式 n : 语句 n; break;
    default <语句 n + 1 > ;
}
```

switch 语句的执行顺序是,首先计算 switch 之后的表达式的值,当表达式的值与某一个 case 语句中的常量表达式的值相等时,执行该 case 语句之后的语句,如果没有匹配的 case 常量表达式,则执行 default 之后的语句。

在 switch 语句中,每一个 case 语句必须和 break 语句配合使用,如果没有 break 语句,程序将按语句顺序执行下一条 case 语句,直至遇到 break 语句或执行完 switch 内的所有语句才转出 switch 语句。因此,如果 case 语句不与 break 语句配合使用,将无法实现多分支选择逻辑关系。

switch 语句中表达式的值可以是 int、char、enum 类型。case 语句的位置顺序不影响其执行顺序。

【**例 2-13**】　使用 switch 语句实现对学生成绩的分级。

```cpp
//examplech213.cpp
#include<iostream.h>
void main()
{
    int x;
    int n;
    cout<<"请输入分数:";
    cin>>x;
    if(x>100||x<0)
        cout<<"数据错误!"<<endl;
    n=x/10;
    switch(n)
    {
    case 10:
        cout<<"满分,很优秀!"<<endl;break;
    case 9:
        cout<<"成绩优秀!"<<endl;break;
    case 8:
        cout<<"成绩良好!"<<endl;break;
    case 7:
        cout<<"成绩中等!"<<endl;break;
    case 6:
        cout<<"成绩及格!"<<endl;break;
    default:
        cout<<"不及格,继续努力!"<<endl;
    }
}
```

程序运行结果:

请输入分数: <u>100</u>
满分,很优秀!

本例分析: 该程序用 switch 多分支语句实现了与例 2-11 同样的功能,case 必须和 break 配合使用,若将程序的 break 语句全部删除,程序将顺序执行每一个 case 语句,不能实现正确的逻辑关系。例如,若分数为 100 分,其输出结果如下:

请输入分数: <u>100</u>
满分,很优秀!
成绩优秀!
成绩良好!
成绩中等!
成绩及格!
不及格,继续努力!

2.5.3 循环结构

循环结构用于程序中需要循环执行之处。C++具有 3 种循环结构控制语句,分别是 while、do-while 和 for 语句。

1. while 语句

while 语句的使用格式如下:

```
while(表达式)
{
    循环体
}
```

while 语句的执行流程如图 2-7 所示,其执行顺序是,先判断 while 后的表达式的值,若其值为 true,执行循环体语句,若其值为 false,不执行循环语句。一般情况下,在循环体语句中应当包含改变循环条件(表达式值)的语句,以避免产生死循环。当循环体只有一条语句时,可以省略循环体的大括号。

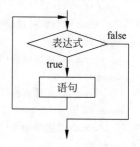

图 2-7　while 语句的执行流程

【例 2-14】 使用 while 语句实现求任意数以内的自然数之和。

```cpp
//examplech214.cpp
# include < iostream. h >
void main()
{
    int i,n,sum;
    i = 1;
    sum = 0;
    cout <<"Input the n:"<< endl;
    cin >> n;
    while(i <= n)
    {
        sum += i;
        i++;
    }
    cout <<"sum = "<< sum << endl;
}
```

程序运行结果:

```
Input the n:100
sum = 5050
```

本例分析:该程序用 while 循环语句实现求和,求和起点值为 1,求和终点值由键盘输入,可以任意给定,在求和之前读者应注意将 sum 初值置为 0。

2. do-while 语句

do-while 语句的使用格式如下:

```
do
{
    循环体
}
while(表达式)
```

do-while 语句的执行流程如图 2-8 所示,其执行顺序是,先执行循环体语句,然后判断 while 后的表达式的值,若其值为 true,继续执行循环体语句,若其值为 false,不执行循环语句。为避免出现死循环,在 do-while 语句中也应该包含改变循环条件表达式的语句。

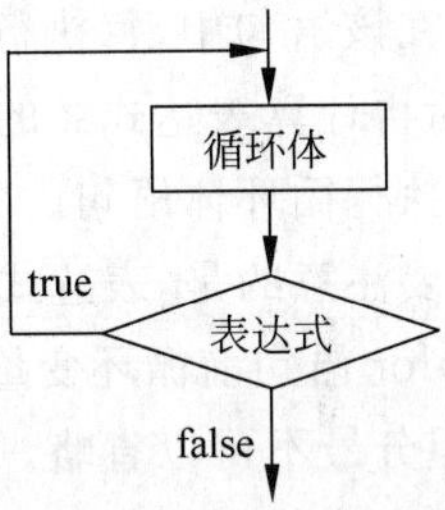

【例 2-15】 使用 do-while 语句实现求任意数以内的自然数之和。

图 2-8 do-while 语句的执行流程

```cpp
//examplech215.cpp
#include<iostream.h>
void main()
{
    int i,n,sum;
    i=1;
    sum=0;
    cout<<"Input the n:"<<endl;
    cin>>n;
    do
    {
        sum+=i;
        i++;
    }
    while(i<=n);
    cout<<"sum="<<sum<<endl;
}
```

程序运行结果:

```
Input the n:100
sum=5050
```

本例分析:do-while 语句的特点是先执行循环体,然后再判断循环条件是否满足,若循环条件不满足,则退出循环。

3. for 语句

C++语言中 for 语句的使用极为灵活,不仅可以用于循环次数已经确定的情况,而且可

以用于循环次数未知的情况,对于循环次数未知的情况由循环条件根据具体情况确定。for
语句的使用格式如下:

```
for(表达式1; 表达式2; 表达式3)
{
    循环体
}
```

for 语句的执行流程如图 2-9 所示,其执行过程是,先求解表达式 1 的值,然后求解表达式 2 的值,若其值为 true,则执行循环体语句,若表达式 2 的值为 false,则结束循环。在该语句中,每执行一次循环,计算一次表达式 3 的值,然后再计算表达式 2 的值,并根据表达式 2 的值决定是否继续执行循环体语句。

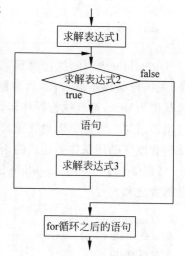

需要注意的是,表达式 1 用于实现给循环变量赋初值,如果在 for 语句前循环变量已经具有初值,则表达式 1 可以省略,但分号不可以省略。表达式 2 用于实现循环条件,如果省略,意味着不判断循环条件,循环无限执行。表达式 3 用于改变循环条件,也可以省略,但循环语句中应有其他语句用于改变循环条件,以避免出现死循环。

【例 2-16】 使用 for 语句解决 Fibonacci 数列,这是一个古老而又经典的数学问题,Fibonacci 数列具有以下特征:

图 2-9   for 语句的执行流程

$$\begin{cases} a_1 = 1 \\ a_2 = 1 \\ a_n = a_{n-1} + a_{n-2} \quad n \geqslant 3 \end{cases}$$

求该数列的前 30 项。

```cpp
//examplech216.cpp
#include<iostream.h>
#include<iomanip.h>
void main()
{
    int i,a1,a2;
    a1 = 1;
    a2 = 1;
    for(i = 1;i <= 15;i++)
    {
        cout << setw(10)<< a1;
        cout << setw(10)<< a2;
        if(i % 3 == 0)cout << endl;
        a1 = a1 + a2;
        a2 = a1 + a2;
    }
}
```

程序运行结果：

1	1	2	3	5	8
13	21	34	55	89	144
233	377	610	987	1597	2584
4181	6765	10946	17711	28657	46378
75025	121393	196418	317811	514229	832040

本例分析：每一次循环可以求出数列中的两项，因此，求解数列前30项的循环控制次数为15。setw(10)的功能是控制每个数据的宽度为10个字符，在循环语句中内嵌有if语句，作用是使表格整齐，每三次循环换行一次，即每行输出6个数据。

4. continue 语句和 break 语句

continue 语句和 break 语句都是循环中经常使用的语句，break 语句在 switch 分支结构中的作用前面已经介绍。continue 语句的作用是终止本次循环，执行下一次循环；break 语句在循环和分支中的作用是从循环或分支中退出，提前结束循环或分支，运行循环体或分支以外的下一条语句。break 语句不能用于循环语句和 switch 语句以外的任何其他语句之中。

【例 2-17】 循环的终止与退出的应用。

```cpp
//examplech217.cpp
# include < iostream. h>
void main()
{
    int n1,n2;
    n2 = 0;
    for (n1 = 1;;n1++)
    {
        if(n1 % 578!= 0)
        continue;
        n2++;
        if(n1 > 3000)break;
        cout << n1 << endl;
    }
}
```

程序输出结果：

```
578
1156
1734
2312
2890
3468
```

本例分析：当 n1 不是 578 的整数倍时，不执行循环体内的数据输出语句，这时

continue 语句的作用是终止本次循环执行下一次循环。当 n1 大于 3000 时,不再执行循环,因此使用 break 语句从循环中退出,执行循环体之外的语句。运行结果还表明,do-while 与 while 循环语句是存在区别的,对于 do-while 循环,即使循环条件不成立,也已经执行了一次循环,因此最后一次结果超出了循环的控制量 3000。

2.6　自定义数据类型

C++语言不仅有丰富的系统预定义的基本数据类型,而且允许用户进行数据类型的自定义。自定义数据类型有结构类型、联合类型、枚举类型、数组类型和类类型等,从本节开始介绍结构体、联合体、枚举类型及 typedef 的应用,对于数组类型和类类型将在其他相关章节中介绍。

2.6.1　结构体

至此,读者已经掌握了 C++系统预定义的基本数据类型及其应用,但在程序设计中,仅有这些基本数据类型显然是不够的,在某些情况下,需要将一些不同类型的数据组合成一个有机的整体。例如,一个学生的学号、姓名、性别、年龄、专业、成绩等,可能分别属于不同的数据类型,但它们之间是密切相关的,每一个学生都包含这些信息。C++允许程序员自己定义符合以上应用需求的数据结构,即结构体数据类型。显然,结构体(Structure)是由不同数据类型的数据组成的一个集合体。

结构体的声明格式如下:

```
struct 结构体名
{
    数据类型 1    成员名 1;
    数据类型 2    成员名 2;
        ⋮
    数据类型 n    成员名 n;
};
```

例如:

```
struct student
{
    int id;
    char name[20];
    char sex;
    int age;
    char department[30];
    float score;
};
```

在声明了结构体类型以后,就可以进行结构体变量的定义了,定义格式如下:

```
结构体名　结构体变量名;
```

例如：

```
student student1,student2;
struct student student1,student2;
```

以上两种方式均定义了 student1 和 student2 两个结构体类型的变量，第二种方式是用 C 语言定义结构体类型变量的方式，但在 C++中，结构体类型变量的定义与使用更为简单，结构体类型一经定义，就可以像第一种方式一样，直接使用该结构体名定义变量，而无须在结构体名前加关键字 struct。

结构体变量的使用形式如下：

```
结构体名.成员名
```

【例 2-18】 结构体变量的应用。

```cpp
//examplech218.cpp
# include < iostream. h>
# include < iomanip. h>
struct student
{
    char id[10];
    char name[20];
    char sex;
    int age;
    char department[30];
    float score;
};

void main()
{
    student student1 = {"05030100","WangWei",'M',20,"Computer",95},
    student2 = {"05030101","LiMing",'M',21,"Physics",98};
    float average;
    cout << student1.id <<"   "<< student1.name <<"   "<< student1.sex <<"   "
        << student1.age <<"   "<< student1.department <<"   "
        << student1.score << endl;
    cout << student2.id <<"   "<< student2.name <<"   "<< student2.sex <<"   "
        << student2.age <<"   "<< student2.department <<"   "
        << student2.score << endl;
    average = (student1.score + student2.score)/2;
    cout <<"average = "<< average << endl;
    cout <<"sizeofstudent1 = "<< sizeof(student1)<< endl;
}
```

程序运行结果：

```
050301001    WangWei    M    20    Computer    95
050301001    LiMing     M    21    Physics     98
average = 96.5
sizeofstudent1 = 72
```

本例分析：在主程序中定义了 student1 和 student2 两个结构体变量，对于结构体变量的成员可以像普通的变量一样，根据其类型进行有关运算，如成员 score 为实型数据成员，因此可以进行求平均成绩等代数运算。结构体类型变量所占内存的大小可以用 sizeof 运算符求出。此外，需要指出的是，在 C++ 中结构体也可以有成员，与类的成员的差别是，在没有明确访问权限时结构体成员是公有的，而类的成员是私有的。

2.6.2　联合体

有时，在程序设计中需要将几个不同类型的变量共用同一段内存单元，例如可以将一个字符型变量、一个整型变量和一个双精度型变量存放在同一个地址开始的内存单元中，这时可以定义一个联合体(union)类型。这种几个不同变量共占同一段内存的数据结构称为联合体类型(又称共用体)。

联合体的声明格式如下：

```
union 联合体名
{
    数据类型1   成员名1；
    数据类型2   成员名2；
        ⋮
    数据类型n   成员名n；
};
```

例如：

```
union data1
{
    int a;
    char c;
    double x;
};
```

在声明了联合体类型以后，可以进行联合体变量的定义，定义格式如下：

```
联合体名 联合体变量名；
```

例如：

```
data1 d1,d2;
```

定义了 d1 和 d2 两个联合体类型的变量。

联合体变量的使用形式如下：

联合体名. 成员名

对于联合体还可以不声明名称，即声明为无名联合体。无名联合体没有名称，仅仅声明了一个成员项的集合，这些成员项具有相同的内存地址，可以由成员直接访问。例如：

```
union
{
    int a;
    char c;
    double x
};
```

在程序中可以直接使用成员，例如：

```
a = 18;c = 'A';x = 51.8;
```

【例 2-19】 联合体的应用。

```
//examplech219.cpp
# include< iostream. h>
# include< iomanip. h>
struct example
{
    char id[10];
    char name[20];
    char sex;
    int age;
    union
  {
    float salary;
      float score;
  };
}teacher,student;
void main()
{
    example teacher = {"000788","WangWei",'M',30,5000};
    example student = {"000518","ZhangYu",'F',20,95};
    cout << teacher. id <<" "<< teacher. name <<" "<< teacher. sex
       <<" "<< teacher. age <<" "<< teacher. salary << endl;
    cout << student. id <<" "<< student. name <<" "<< student. sex
       <<" "<< student. age <<" "<< student. score << endl;
    cout <<"sizeofstudent = "<< sizeof(student)<< endl;
    cout <<"sizeofteacher = "<< sizeof(teacher)<< endl;
}
```

程序运行结果：

000788	WangWei	M	30	5000
000518	ZhangYu	F	20	95

sizeofstudent = 40
sizeofteacher = 40

本例分析：该程序在结构体中声明了无名联合体，由于联合体变量在内存中共用同一段存储单元，因此 sizeof 求出的结构体变量的字节长度为 40，而不是 44。

2.6.3　枚举类型

所谓枚举是指变量只有有限种可能的取值情况，即变量的值可以一一列举。枚举类型是人们日常生活中经常遇到的一种数据类型，如一场体育比赛只有胜、负和平 3 种情况，一周只有星期一到星期日共 7 种情况，这些都是程序设计中经常遇到的问题。

枚举类型变量的声明格式如下：

```
enum 枚举类型名 { 变量列表 }
```

其中，枚举类型名是程序员自定义的标识符，符合标识符命名规则即可，例如：

enum color{red,yellow,blue,white,black};

枚举元素具有默认值，按顺序依次为 0、1、2、…，例如 color 中的元素 red、yellow、blue、white、black 分别为 0、1、2、3、4。枚举类型的元素按常量处理，不能赋初值。在 C++ 系统中，枚举值可以进行关系运算，但整数值不能直接赋值给枚举变量，需进行强制类型转换。

【例 2-20】 枚举类型的应用：一个口袋内有 5 个不同颜色的球，颜色分别是 red、yellow、blue、white、black，每次从袋内取出 3 个球，然后放回袋中，每次能取出 3 种不同颜色的球的情况共有多少种？

```
//examplech220.cpp
# include< iostream. h>
# include< iomanip. h>
void main()
{
    enum color{red,yellow,blue,white,black};
    enum color ball;
    int n, loop, i, j,k;
    n = 0;                                //给总次数赋初值0
    for(i = red;i <= black;i++)
        for(j = red;j <= black;j++)
            if(i!= j)                     //前两个球的颜色不同
            {
                for(k = red;k <= black;k++)
                    if((k!= i)&&(k!= j))  //第 3 个球的颜色不同于前两个
                    {
                        n = n + 1;        //将总次数增 1
                        cout << setw(5);
```

```
                    cout << n;
                    for(loop = 1;loop < = 3;loop++)
                    {
                        switch(loop)
                        {
                        case 1: ball = (enum color)i; break;
                        case 2: ball = (enum color)j; break;
                        case 3: ball = (enum color)k; break;
                        default: break;
                        }
                        switch(ball)
                        {
                        case red:cout << setw(10)<<"red";
                            break;
                        case yellow:cout << setw(10)<<"yellow";
                            break;
                        case blue:cout << setw(10)<<"blue";
                            break;
                        case white:cout << setw(10)<<"white";
                            break;
                        case black:cout << setw(10)<<"black";
                            break;
                        default: break;
                        }
                    }
                    cout << endl;
                }
            }
        cout <<"total = "<< n << endl;
}
```

程序运行结果:

1	red	yellow	blue
2	red	yellow	white
3	red	yellow	black
4	red	blue	yellow
5	red	blue	white
6	red	blue	black
7	red	white	yellow
8	red	white	blue
9	red	white	black
10	red	black	yellow
11	red	black	blue
12	red	black	white
⋮			
58	black	white	red
59	black	white	yellow
60	black	white	blue
total = 60			

本例分析：该程序是枚举类型和循环的综合应用，为了取出 3 个颜色各不相同的球，采用 3 个循环进行筛选，3 个循环分别用 i、j、k 控制，由于球的颜色用枚举值表示，因此，当 3 个变量的值互不相等时，表示球的颜色不一样。在 3 次循环中，先后将 i、j、k 的值赋给 ball，由于整数值不能直接赋给枚举变量，需进行强制类型转换，程序根据 ball 的值输出球的颜色。

2.6.4　typedef 的应用

typedef 是 C++ 中用于类型定义的关键字，类型定义即 typedef 的直接翻译。使用 typedef 可以为系统预定义及用户已经定义的数据类型取别名，即在程序中除了可以使用各种基本数据类型名和自定义的数据类型名以外，还可以为任何已有的数据类型另外取名。因此，使用 typedef 根据不同的应用情况给已有的类型取一些具有实际应用意义的别名，可以提高程序的可读性，并可以给比较长的类型名另取一个短名，使程序简洁。使用 typedef 声明的别名与被声明的数据类型名具有相同的效力，即别名也可以当正式数据类型使用。

类型定义的使用格式如下：

> typedef 已有类型名 新类型名表；

定义中的新类型名表可以有多个标识符，它们之间用逗号分隔。因此，通过一个 typedef 语句可以为一个已有数据类型声明多个别名。例如：

```
typedef int natural,integer;
integer i,j;
natural n;
```

第一条语句的功能是给整型(int)另取两个别名，一个是自然数(natural)，另一个是整数(integer)，两个别名可以和 int 等效使用，于是，可以根据实际问题的需要和变量的取值范围，使参数类型名与参数的实际意义一致。当变量的取值为大于零的整数时，可以采用 natural 定义变量，对于有其他高级语言基础的用户，可以采用 integer 定义整型变量，其功能与使用 int 直接定义的功能完全相同。

【例 2-21】 typedef 的应用。

```cpp
//examplech221.cpp
#include<iostream.h>
typedef struct
{
    int month;
    int day;
    int year;
}date;
void main()
{
    date birthday={12,18,2012};
    cout<<"Your Birthday is:";
    cout<<birthday.month<<"-"<<birthday.day<<"-"<<birthday.year<<endl;
}
```

程序运行结果：

Your Birthday is:12-18-2012

本例分析：该程序给结构体取了一个别名 date(生日也是日期)，该别名更符合结构体实际数据类型的具体意义，便于用户理解，提高了程序的可读性。

需要注意的是，typedef 只能对已经存在的数据类型(包括预定义的基本数据类型和用户自定义的数据类型)增加一个或多个别名，而不能创造新的数据类型。

2.7　本章小结

C++是由 C 语言发展而来的，同时具有高级语言和汇编语言的功能，它既全面兼容 C 语言，继承了 C 的优点，又克服了其缺点，增加了面向对象程序设计的能力，是一种混合型的大型程序设计语言。

C++的数据类型包括系统预定义的基本数据类型和用户自定义的数据类型(非基本数据类型)。基本数据类型包括整型、字符型、实型和布尔型，自定义数据类型包括数组、指针、空类型、结构体、联合体、枚举和类类型等。使用 typedef 可以给已有的数据类型根据实际需要取一个或多个新的别名，但不能创造新的数据类型。表达式是由运算符和操作数组成的各种式子，常量和变量本身就是一种简单的表达式，在复杂的表达式中可以包含简单的表达式。

一个 C++程序可以由一个或多个源文件组成，但只能有一个 main()函数，main()函数是 C++程序的入口点。即便是简单的程序，一般也包括编译预处理、注释和程序主体 3 个部分。

输入与输出是每一个程序必须具备的基本功能，一般而言，从计算机向标准外部设备(如屏幕)输出数据称为输出；从标准外部设备(如键盘)向计算机输入数据称为输入。cin和 cout 是系统预定义的流类对象，也是 C++程序中使用最广泛的流类对象。cin 用来处理由标准设备产生的输入，例如键盘输入。cout 用来处理对标准设备的输出，例如屏幕输出。

C++具有 3 种基本程序控制结构，分别是顺序结构、分支结构和循环结构。顺序结构是最简单的程序结构；if 语句和 switch 语句构成了分支语句；while 语句、do-while 语句和 for 语句构成了各种循环结构。无论是分支结构还是循环结构都可以嵌套使用。

2.8　思考与练习题

1. C++语言主要有哪些优点？

2. C++中标识符的命名应符合哪些命名规则？

3. 下列标识符哪些是合法的标识符？

8p1,x3#,_x1,_3x,$8,n8,3n,A,M,n-1

4. C++程序由哪几部分组成？

5. C++程序有几种注释方法？各有何特点？

6. 什么是常量？什么是变量？

7. C++预定义的基本数据类型和自定义数据类型各有哪几种？

8. 字符串常量和字符常量有何区别？

9. 什么是表达式？

10. 下列表达式的值各是多少？

(1) 2004/3

(2) 2004％4

(3) 20/7

(4) $a=18, 3*a$

11. 设 $a_1=1$、$a_2=2$、$a_3=3$，求下列逻辑表达式的值。

(1) $a_1 || a_2 + a_3 \&\& a_3 - a_1$

(2) $a_1 + a_2 > a_3 \&\& a_1 == a_2$

(3) $3 < 8 \&\& 8 > 18$

(4) $!(8 > 3)$

12. 编写程序实现求 1～500 以内的所有素数，同时指定每行输出 5 个素数。

13. 输入两个正整数 n_1 和 n_2，实现求最大公约数和最小公倍数。

14. 应用逻辑表达式和循环语句实现日历输出程序。

15. 编写程序实现二维数组的转置功能。

16. C++有几种分支语句？

17. 3 种循环各有何特点？

18. 试比较 break 语句和 continue 语句的异同。

19. 编写程序求 $\sum\limits_{n=1}^{10} n!$。

20. 编写程序求下列分数序列之和：

$$\frac{2}{1}, \frac{3}{2}, \frac{5}{3}, \frac{8}{5}, \frac{13}{8}, \cdots$$

直到和大于 100 为止。

21. const 关键字的作用是什么？

22. C++语言的结构体和 C 语言的结构体有哪些异同？

23. typedef 是否是一种新的数据类型？为什么？

24. 编写程序打印输出 ASCII 码为 32～127 的字符。

第 3 章

函数

函数是构成 C++ 程序的基本功能单元。在面向过程的结构化程序设计方法中,函数是模块的基本单位。在面向对象程序设计中,函数也同样具有重要的作用,它是面向对象程序设计中对功能的抽象,也是类的行为属性的基本功能单位。C++ 继承了 C 语言的所有语法,包括函数的定义与使用方法,同时在函数的使用性能上也有新的改进,性能的改进主要表现在 C++ 支持内联函数、带默认参数的函数及函数名重载等。

程序设计通常要将复杂系统划分为若干子系统,然后对这些子系统分别进行代码设计和调试。在 C 语言中,子程序是用函数实现的,函数是实现模块化的重要手段和基本方法。C++ 是面向对象语言,在面向对象程序设计中,类的设计是面向对象程序设计的关键之一,而类的行为和属性是以函数为基础的。因此,无论是面向过程的程序设计语言还是面向对象的程序设计语言,函数都是非常重要的程序设计单元。软件开发中通常将相对独立、经常使用的功能设计为函数,即函数是功能的抽象。函数可以重复使用,使用者只需关注函数的功能和使用方法,而无须关心函数的具体代码和实现方法。因此,充分利用函数不仅便于软件开发的分工与合作,而且可以提高程序的开发效率,提高代码的重用性和软件的可靠性。本章首先介绍函数的定义与使用、函数的参数传递、函数的嵌套调用与递归调用,然后介绍内联函数、函数重载、带默认参数的函数及 C++ 系统函数,最后介绍作用域与存储类型、全局变量与局部变量、多文件与头文件结构及常用的编译预处理指令等内容。

3.1 函数的定义与使用

C++ 程序一般包含一个或多个函数,其中必有一个 main() 主函数,它是 C++ 程序执行的入口点。主函数可以调用其他函数,函数之间还可以互相调用。在程序设计中,一般将调用其他函数的函数称为主调函数,将被调用的函数称为被调函数。在某些情况下,一个函数可能调用了其他函数,而自身又被别的函数调用,因此,根据函数的实际调用关系,这样的函数既是主调函数又是被调函数。

函数有标准库函数和用户自定义函数。库函数是 C++ 系统提供的标准函数,不同的编译系统库函数的规模不完全一样;用户自定义函数是程序员根据软件开发需要自行定义的具有一定功能的函数。与变量的使用一样,用户自定义函数必须先定义后使用。

3.1.1　函数的定义

C++语言兼容C语言关于函数的定义与使用方法。

1. 函数定义的形式

C++函数的定义格式如下：

```
返回值类型    函数名(形式参数表)
{
        函数语句序列
}
```

2. 函数定义的说明

函数由函数首部和函数体两部分组成。函数定义的第一行称为函数的首部,大括号内的语句序列称为函数体。

函数名是用户自定义的标识符。C++对函数名没有特殊规定,只要符合标识符命名规则即可,但函数名一般应命名为可确切反映函数功能的标识符。

形式参数表简称形参表。形式参数表的参数数量没有限制,特殊情况下参数数量为0,即没有形式参数,这时表明函数不依赖于外部数据,执行独立的操作;当多于一个参数时,各参数之间以逗号分隔。形式参数表的一般形式如下：

```
类型1 参数1,类型2 参数2,…,类型n 参数n
```

函数体由语句序列组成,特殊情况下函数体中可以没有语句,这时称为空函数。即使是没有任何语句的空函数,大括号也不可以省略。函数体包括说明语句和可执行语句,这两种语句可以交替出现。在C++中,变量可以根据实际需要随时定义,但必须先定义后使用。

返回值类型指调用该函数得到的返回值类型,可以是各种合法的数据类型。若函数是没有返回值的特殊情况,应说明为void,且不可省略。若函数的返回值类型省略,系统默认为int型。函数的返回值需要返回给主调函数处理,返回值通过函数体中的return语句实现,返回值语句的格式如下：

```
return 表达式;
```

return语句的功能是强制从被调函数返回,并带回主调函数需要使用的值。当函数返回值类型和return语句中表达式的类型不一致时,以函数返回值类型为准。对于没有返回值类型的void函数,不必包含return语句。

3.1.2　函数的调用

函数调用的格式如下：

```
函数名(实参表);
```

当实参表有多个实参时,各实参之间同样以逗号分隔。实参与被调用函数的形参表必须严格对应,即参数数量、类型和参数位置必须一一对应。

函数调用既可以作为一个语句,也可以出现在其他语句的有关表达式中。

1. 函数语句

函数语句指调用函数作为 C++ 程序的语句使用。函数语句一般用于函数无返回值或主调函数不需要使用函数返回值的情况。

【例 3-1】 调用函数作为函数语句举例。

```cpp
//examplech301.cpp
# include < iostream. h >
void dis_picture()
{
    int i,j,k;
    for(i = 0;i <= 3;i++)
    {
        for(j = 0;j <= 2 - i;j++)
            cout <<" ";
        for(k = 0;k <= 2 * i;k++)
            cout <<" * ";
        cout << endl;
    }
    for(i = 0;i <= 2;i++)
    {
        for(j = 0;j <= i;j++)
            cout <<" ";
        for(k = 0;k <= 4 - 2 * i;k++)
            cout <<" * ";
        cout << endl;
    }
}

void main()
{
    dis_picture();
}
```

程序运行结果:

```
    *
   ***
  *****
 *******
  *****
   ***
    *
```

本例分析：该程序的 main()函数非常简单,只有一条语句,即函数语句"dis_picture()",函数"dis_picture()"没有返回值,其功能是绘制一个菱形图案,符合函数语句的使用要求。

2. 函数表达式

函数表达式指函数调用出现在程序其他语句的表达式中。当函数作为表达式时要求被调函数必须有一个确切的返回值,返回值通过 return 语句带回。

【**例 3-2**】 调用函数作为函数表达式举例。

```
//examplech302.cpp
# include < iostream. h>
double power(double a, int n)
{
    double p;
    p = 1.0;
    while(n -- )
        p * = a;
    return(p);
}

void main(void)
{
    int n;
    double a;
    cout <<"输入指数 n = ";
    cin >> n;
    cout <<"输入底数 a = ";
    cin >> a;
    cout << a <<"的"<< n <<"次方 = ";
    cout << power(a, n)<< endl;
}
```

程序运行结果：

```
输入指数 n = 3
输入底数 a = 6
6 的 3 次方 = 216
```

本例分析：函数 power()的功能是实现求任意 a^n 的值,a 和 n 的值均通过键盘输入,函数 power()的调用形式为函数表达式,即函数作为表达式出现在语句"cout<<power(a,n)<< endl"中。

3.1.3　函数原型

函数原型是 C++的重要特点之一,函数原型即函数的声明,用于标识函数返回值和参数的个数与类型。若函数的调用出现在函数定义之前,必须先对该函数进行原型说明。函数原型的作用是向编译系统提供函数名、参数数量与类型、函数返回值类型等。函数原型声明的格式如下：

> 返回值类型 函数名(参数表);

【例 3-3】 函数原型声明举例。

```
//example303.cpp
# include < iostream. h >
int max( int, int);                    //函数原型声明,省略参数名
void main( )
{
    int x, y, z;
    cout <<"x = ";
    cin >> x;
    cout <<"y = ";
    cin >> y;
    z = max( x, y);
    cout <<"the Max - Value is:"<< z << endl;
}
int max( int x, int y)
{
  if( x > y) return x;
      else return y;
}
```

程序运行结果:

```
x = 5
y = 8
the Max - Value is:8
```

函数原型的作用是便于编译系统对参数类型与数量、返回值类型进行检查,这一点也是 C++支持函数重载的重要基础。在函数原型声明中,参数表中的参数名可以省略;并且,由于只是对函数原型声明,而不是函数的定义,函数原型声明没有大括号及函数体,而且必须以";"结束。

3.2 函数的参数传递

在 C++程序中除了主函数 main( )以外,其他函数的执行是通过函数调用完成的,因此,函数调用是几乎所有程序都具有的普遍现象。函数的参数传递是指函数在调用过程中形参与实参结合的过程。函数调用未发生时,编译系统并没有给函数的形参分配实际内存空间,因此没有实际的参数值。只有发生了函数的实际调用,才给函数的各形参分配存储空间,同时将实参的值依次传递给各形参,函数调用结束以后,系统释放形参所占用的存储单元。

在函数调用中,实参可以是常量、变量或表达式等具有确切值的各种形式,形参必须是变量,但实参的数量、类型必须与形参严格对应。根据实参与形参数据传递方式的不同,函数调用可以分为传值调用、传地址调用和引用调用 3 种方式。

3.2.1 传值调用

传值调用是指在发生函数调用时,先计算实参表达式的值,并直接将各实参的值依次赋给各形参,这是值的单向传递,即由实参到形参。形参在获得由实参传递的值以后,无论形参的值发生了什么变化,都不可能影响实参的值。

【例 3-4】 函数的传值调用。

```cpp
//examplech304.cpp
#include<iostream.h>
void swap(int a, int b)
{
    int t;
    t = a;
    a = b;
    b = t;
}

void main()
{
    int x = 8;
    int y = 18;
    cout <<"before swap:"<< endl;
    cout <<"x = "<< x <<"; y = "<< y << endl;
    swap(x,y);
    cout <<"after swap:"<< endl;
    cout <<"x = "<< x <<"; y = "<< y << endl;
}
```

程序运行结果:

```
before swap:
x = 8;y = 18
after swap:
x = 8;y = 18
```

本例分析:函数 swap()的功能是交换形参值,虽然执行完函数 swap()后 a 和 b 的值互换了,但程序运行结果表明,main()函数中 x 和 y 的值并没有达到交换数据的目的,原因是主函数调用 swap()采用的是值传递,是单向传递,形参的值虽然改变了,但对实参不起作用。图 3-1 所示为该程序执行时各变量值的改变情况。

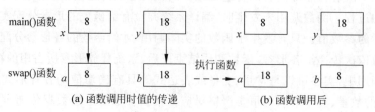

(a) 函数调用时值的传递   (b) 函数调用后

图 3-1　函数调用前后变量值的变化

3.2.2 传地址调用

传地址调用指将实参的地址传递给形参,因此,在采用这种调用方式时,实参必须用地址值,形参必须用指针变量。在发生函数调用时,将实参地址值直接传递给对应的各形参指针变量。因此,在函数中通过形参指针可以对实参进行间接读/写。

【例 3-5】 函数的传地址调用。

```cpp
//examplech305.cpp
# include < iostream.h >
void swap( int * a, int * b)
{
    int t;
    t = * a;
    * a = * b;
    * b = t;
}

void main()
{
    int x = 8;
    int y = 18;
    cout <<"before swap:"<< endl;
    cout <<"x = "<< x <<"; y = "<< y << endl;
    swap(&x, &y);
    cout <<"after swap:"<< endl;
    cout <<"x = "<< x <<"; y = "<< y << endl;
}
```

程序运行结果:

```
before swap:
x = 8; y = 18
after swap:
x = 18; y = 8
```

本例分析:程序运行结果表明实现了交换数据的目的,原因是主函数调用 swap() 采用的是传地址调用,由于实参采用地址值,形参采用指针变量,是双向数据传递(如图 3-2 所示),因此,形参值改变以后,实参的值也同样改变。

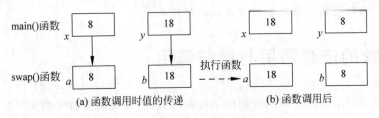

(a) 函数调用时值的传递　　　　(b) 函数调用后

图 3-2 函数调用前后变量值的变化

3.2.3   引用调用

引用可以作为函数的返回值类型和形参,在使用引用作为函数的形参时,主调函数的实参需要使用变量名。在函数调用时,将实参值传递给形参,实际上是被调用函数使用了实参的别名,因而形参值的改变本质上是对实参的改变。

【例 3-6】   函数的引用调用。

```
//examplech306.cpp
# include < iostream. h >
void swap( int &a, int &b)
{
    int t;
    t = a;
    a = b;
    b = t;
}

void main( )
{
    int x = 8;
    int y = 18;
    cout <<"before swap:"<< endl;
    cout <<"x = "<< x <<"; y = "<< y << endl;
    swap(x, y);
    cout <<"after swap:"<< endl;
    cout <<"x = "<< x <<"; y = "<< y << endl;
}
```

程序运行结果:

```
before swap:
x = 8; y = 18
after swap:
x = 18; y = 8
```

本例分析:程序运行结果表明,采用引用调用同样实现了交换数据的目的,原因是主函数调用 swap()函数采用了引用调用,是双向传递,形参值改变了,实参同样改变。当函数返回值类型为引用时可以对指定的存储单元进行修改。

3.3   函数的嵌套调用与递归调用

函数的嵌套调用是指主调函数调用了被调函数,而该被调函数又调用了其他被调函数,这样就形成了函数的嵌套调用。函数的递归调用是指一个函数可以直接或间接的调用该函数自身。

3.3.1 函数的嵌套调用

函数的嵌套调用是指函数 A 调用了函数 B,而函数 B 又调用了函数 C,这样就形成了函数的嵌套调用。C++ 对函数嵌套调用的层次没有限制,可以根据需要进行多层次的嵌套调用。

【例 3-7】 利用函数嵌套调用求下面表达式的值:

$$s = \frac{1-y}{1+y}, \quad 其中, \quad y = \frac{e^x - e^{-x}}{e^x + e^{-x}}$$

程序代码如下:

```cpp
//examplech307.cpp
# include < iostream. h >
# include < math. h >
double fun1(double x);
double fun2(double y);
void main(void)
{
    double a;
    cout <<"a = ";
    cin >> a;
    cout << fun1(a)<< endl;
}

double fun1(double x)
{
    double s1;
    s1 = (1 - fun2(x))/(1 + fun2(x));
    return s1;
}

double fun2(double y)
{
    double s;
    s = (exp(y) - exp( - y))/(exp(y) + exp( - y));
    return s;
}
```

程序运行结果:

```
a = 0.618
0.290544
```

本例分析:该程序的主函数 main()调用了函数 fun1()和 fun2(),而函数 fun1()又调用了函数 fun2(),属于函数的嵌套调用。本例所形成的嵌套调用关系及嵌套调用中程序的执行流程如图 3-3 所示。

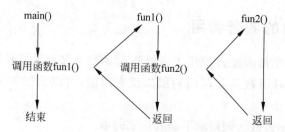

图 3-3　函数的嵌套调用及执行流程

3.3.2　函数的递归调用

C++语言允许函数调用自身,即递归调用。递归调用包括直接递归调用和间接递归调用。直接递归调用是指函数直接调用自身,如图 3-4 所示。间接递归调用是指主调函数调用了其他被调函数,该被调函数又调用了原主调函数,从而形成了函数的递归调用,如图 3-5所示。

图 3-4　函数的直接递归调用　　　　　图 3-5　函数的间接递归调用

【例 3-8】　函数的递归调用。

```cpp
//examplech308.cpp
# include < iostream. h >
long fact( int m)
{
    long n;
    if (m < 0) cout <<"m < 0,data error!"<< endl;
    else if (m == 0||m == 1) n = 1;        //0!= 1,1!= 1
        else n = fact(m - 1) * m;
    return (n);
}

void main()
{
    long fact( int m);
    int m;
    long y;
    cout <<"Enter a positive integer:";
    cin >> m;
    y = fact(m);
    cout << m <<"!= "<< y << endl;
}
```

程序运行结果:

Enter a positive integer:10
10!= 3628800

本例分析：这是一个典型的递归调用问题,例如6!＝6＊5!、5!＝5＊4!、…、0!＝1,可以用下面的递归公式求解。

$$m!=\begin{cases} 1 & m=0 \\ m(m-1)! & m>0 \end{cases}$$

因此,求解 m!时需要使用 $(m-1)$!,即函数的递归调用,递归结束条件是 $m=0$。

【例3-9】 应用函数的递归调用解决 Hanoi(汉诺)塔问题。古印度的主神梵天做了一个塔,塔内有 A、B 和 C 3 根针,其中 A 针上有 64 个盘子,盘子大小不等,大盘在下,小盘在上,如图 3-6 所示。梵天要求僧侣将盘子从 A 针移动到 C 针上,规定每次只能移动一个盘子,而且移动过程中不允许产生大盘压小盘的现象,在移动过程中可以借助 B 针暂时存放盘子。

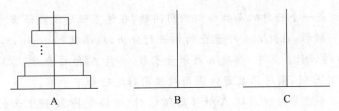

图 3-6 Hanoi 塔示意图

```cpp
//examplech309.cpp
# include < iostream. h>
void hanoi(int n,char a,char b,char c);
void display(char c1,char c2);
void main()
{
    int m;
    cout <<"Enter the number of dishes:";
    cin >> m;
    cout <<"the steps to moving "<< m <<" dishes:"<< endl;
    hanoi(m,'A','B','C');
}

void hanoi(int n,char a,char b,char c)
{
    if(n == 1) display(a,c);
    else
    {
        hanoi(n - 1,a,c,b);
        display(a,c);
        hanoi(n - 1,b,a,c);
    }
```

```
    }

    void display(char c1,char c2)
    {
        cout << c1 <<" -- ->"<< c2 << endl;
    }
```

程序运行结果：

```
Enter the number of dishes:3
the steps to moving 3 dishes:
A --- > C
A --- > B
C --- > B
A --- > C
B --- > A
B --- > C
A --- > C
```

本例分析：这是一个经典的函数递归调用问题，在许多程序设计语言中都有这类问题。为了使问题更具一般性，在此以 n 个盘子为例进行分析，用函数 hanoi(n,a,b,c) 表示将 n 个盘子从 A 针移动到 C 针。其中，参数 n 表示盘子数，参数 A 和 C 表示从 A 针移动到 C 针，参数 B 表示可借助 B 针，采用函数递归调用对该问题进行如下分解。

（1）为了将 n 个盘子按规则从 A 针移动到 C 针，必须先将 A 针上面的 $n-1$ 个盘子移动到 B 针(可借助 C 针)，即执行函数 hanoi(n-1,a,c,b)；

（2）然后将最大的盘子从 A 针移动 C 针，该移动无须借助其他针就可以直接移动，用函数 display(A,C)输出这一实现过程，该盘移动到 C 针后已经符合要求，不用再移动；

（3）将其余的 $n-1$ 个盘子从 B 针移动到 C 针(可借助 A 针)，即执行函数 hanoi(n-1, b,a,c)。

于是，问题成为将 $n-1$ 个盘子从 B 针移动到 C 针(可借助 A 针)，对剩余的 63 盘子采用同样的方法递推，直到 $n=1$ 时结束递推运算。

3.4　函数的其他问题

函数是 C++程序的基本功能单元，是面向对象程序中类的行为属性的基本功能单位。C++继承了 C 语言函数的特性，并且在函数的使用性能上有新的改进，允许使用内联函数、带默认参数的函数并支持函数重载等。

3.4.1　内联函数

使用函数可以提高代码的可重用性，提升软件的开发效率，但函数的调用降低了程序的执行效率。因为函数在调用时需要建立栈空间来保存调用时的现场状态和返回地址，并转移到被调用函数的地址空间执行被调函数，同时要进行参数传递。在被调用函数执行完以后,需要取出调用前保存的状态并返回地址值,返回主调函数继续执行程序。

计算机系统完成上述过程需要时间和空间开销。因此,对于一些功能比较简单、代码较少及使用频率较高的函数,C++引入了内联函数的概念。对于内联函数的调用,系统直接将函数体嵌入到调用处,而不像普通函数调用一样通过控制转移执行函数。因此,采用内联函数节省了系统的开销和运行时间,提高了程序的执行效率,其缺点是增大了系统在空间方面的开销。

内联函数的定义由关键字 inline 引导,其定义格式如下:

```
inline  返回值类型  函数名(形式参数表)
{
    函数语句序列
}
```

内联函数的调用方法与其他普通函数的相同在此不再重复。

【例 3-10】 内联函数的应用。

```
//examolech310.cpp
# include < iostream. h >
# include < stdio. h >
inline int number(char);
void main()
{
    char a;
    int n;
    n = 0;
    while((a = getchar())!= '\n')
    {
        if(number(a))
        n++;
    }
    cout <<"the number of digital char is "<< n << endl;
}
int number(char a1)
{
    return(a1 > = 48&&a1 < = 57)?1:0;
}
```

程序运行结果:

```
wu1589258th68899
12
```

本例分析:该程序的功能是统计由键盘输入的字符中的数字字符的数量。number()函数用于判别输入字符是否是数字字符,该函数不仅调用频繁,而且代码简单,因此,number()函数适合定义为内联函数。

在应用内联函数时,读者要注意以下几点:

（1）若一个函数需定义为内联函数,必须在函数第一次出现时由 inline 指定,否则编译系统会将它作为普通函数处理。

（2）一般情况下,内联函数的代码不宜太多,原则上是 1～5 行代码的小函数,而且不能含有复杂的分支或循环等语句。

（3）递归调用的函数不能被定义为内联函数。

3.4.2　函数重载的概念

函数名属于标识符,C++对函数的标识没有特殊规定,在遵循标识符命名规则的前提下一般应体现见名知义的原则,即函数名能直接反映函数功能。然而,由于存在各种不同的数据,同样功能的函数,例如,求两个数的最大值的函数或求一个数立方的函数,由于数据类型不同需要编写不同的程序代码来实现函数。

对于这些功能相同或类似、数据类型不同的函数,由于函数代码不完全相同,本质上属于不同的函数,在这种情况下实现的函数,若能采用相同的函数名,显然将有利于程序可读性的提高。计算机系统是否能区分这些同名函数呢? 这完全取决于用户所使用的编程语言。

C++语言支持函数重载概念。所谓函数重载,即具有相同或相似功能的函数使用同一函数名,但这些同名函数的参数类型、参数数量和返回值类型不尽相同。编译系统将根据函数的参数类型和参数数量判断使用哪一个函数。支持函数重载是 C++多态性的体现之一。

【例 3-11】 函数重载概念举例。

```
//examplech311.cpp
#include<iostream.h>
double cube(double a)
{
    return a * a * a;
}

int cube(int a)
{
    return a * a * a;
}

void main()
{
    int a2;
    double a1;
    cout <<"a1 = ";
    cin >> a1;
    cout <<"a1 * a1 * a1 = "<< cube(a1)<< endl;
    cout <<"a2 = ";
    cin >> a2;
    cout <<"a2 * a2 * a2 = "<< cube(a2)<< endl;
}
```

程序运行结果:

```
a1 = 3.6
a1 * a1 * a1 = 46.656
a2 = 6
a2 * a2 * a2 = 216
```

本例分析：main()函数两次调用了求立方函数 cube()，但两次调用时程序执行了不同的函数。在调用函数时，系统根据函数的参数类型匹配或参数数量匹配判断具体调用哪一个函数，本例重载函数的参数数量相同，需根据参数类型匹配确定调用函数。若参数类为 double 型，则调用函数 double cube(double a)，若参数类为 int 型，则调用函数 int cube(int a)。

3.4.3 带默认参数的函数

C++允许函数在定义时预先给定默认的形参值，即允许定义带默认参数的函数。带默认参数的函数指在定义函数时给函数中的部分参数以默认值，这样，当调用语句给出函数的参数值时，就会按给定值调用函数；当函数调用语句没有给出函数的参数值时，则按定义时的默认值调用函数。带默认参数的函数在有些参考书中又称为带缺省参数的函数。

C++支持带默认参数，这一特性非常符合人类的思维习惯，给应用带来了方便。例如在二维坐标体系中，向量由平面上的两个点的坐标确定，当其中一个点为坐标原点时，通常予以省略，只给出非原点的坐标。

【例 3-12】 带默认参数的函数的应用。

```cpp
//examplech312.cpp
# include < iostream. h>
# include < math. h>
double distance(double x1, double y1, double x2 = 0, double y2 = 0)
{
    double d;
    d = sqrt((x1 - x2) * (x1 - x2) + (y1 - y2) * (y1 - y2));
    return (d);
}
void main()
{
    double x1, y1;
    double x2, y2;
    cout <<"Please Input Point (x1, y1):";
    cin >> x1 >> y1;
    cout <<"|("<< x1 <<","<< y1 <<")| = ";
    cout << distance(x1, y1)<< endl;;
    cout <<"Please Input Point (x2, y2):";
    cin >> x2 >> y2;
    cout <<"|("<< x1 <<","<< y1 <<")"<<" - ("<< x2 <<","<< y2 <<")| = ";
    cout << distance(x1, y1, x2, y2)<< endl;
}
```

程序运行结果：

```
Please Input Point (x1,y1):3 4
|(3,4)| = 5
Please Input Point (x2,y2):2 3
|(3,4) - (2,3)| = 1.41421
```

本例分析：函数 distance() 的功能是求二维向量的长度，即平面上两点之间的距离。该函数共有 4 个形参，其中两个给定了默认参数值，main() 函数调用了 distance() 函数两次，第一次调用时采用了两个实参值和两个默认参数值，求给定点 $(x1,y1)$ 到坐标原点的距离。第二次调用时采用了 4 个实参值，求两个给定点 $(x1,y1)$ 和 $(x2,y2)$ 之间的距离。

读者在定义带默认参数的函数时应注意以下几点：

(1) 在函数定义或函数原型中，默认参数必须在右边，非默认参数在左边，即默认形参按从右向左的顺序定义。例如：

```
void fun( int a, int b,double c = 1.8,double d = 2.6);        //正确
void fun( int a, int b = 8,double c,double d = 2.6);          //错误
```

(2) 默认参数应在函数第一次出现时给定默认值，即当函数有函数原型时应在原型声明时给定默认值，在函数定义时不再允许给定参数的默认值。

(3) 带默认参数的函数又称为带缺省参数的函数，因为在调用函数时定义了默认形参值的参数可以省略。

3.4.4　C++系统函数

C++语言不仅允许用户根据需要随时定义自己的函数集，还提供了大量供用户使用的系统函数，例如数学中的常用函数 sin()、cos()、tan()、abs()、sqrt()、log10()、rand() 等。C++系统函数按类别分属于不同的头文件，用户只需使用 #include 指令嵌入相应的头文件即可使用。Visual C++ 6.0 中系统函数的分类如表 3-1 所示。

表 3-1　Visual C++ 6.0 中系统函数的分类

类　别	功　能	类　别	功　能
Argument access	获取参数	Floating-point support	浮点支持
Buffer manipulation	缓冲区操作	Input and output	输入与输出
Byte classification	字节分类	Internationalization	国际化
Character classification	字符分类	Memory allocation	内存分配
Data conversion	数据转换	Process and environment control	处理与环境控制
Debug	调试	Searching and sorting	查找与排序
Directory control	目录控制	String manipulation	字符串操作
Error handling	错误处理	System calls	系统调用
Exception handling	异常处理	Time management	时间管理
File handling	文件处理		

不同编译系统提供的系统函数不尽相同，即便是相同的 C++系统，也可能由于版本的不同，系统函数略有差异。因此，用户在使用不同的系统时，应当查询编译系统的库函数手册

或相关联机帮助系统,了解函数所在的头文件,以及函数的功能、参数、返回值及使用方法等。充分利用系统函数可以提高软件的开发效率,并能有效地提高软件的执行效率和可靠性。

3.5 作用域与存储类型

作用域是指包括变量在内的标识符的有效范围,即标识符的作用空间。例如,在一个函数内声明的变量只能在该函数内使用,就是因为变量的作用域对变量空间的限制。变量不仅具有作用域,而且在内存中还有不同的存储类型。

3.5.1 作用域

作用域是指一个被声明的标识符在程序中有效的区域或范围。标识符包括变量、常量、函数等,在此以函数定义中的形参为例,形参变量只在函数被调用时才分配存储单元,在调用结束后立即释放。因此,形参变量只在函数内有效,在函数外不能再使用。这种变量的有效性范围称为变量的作用域。C++的作用域有函数原型作用域、块作用域(局部作用域)、函数作用域、类作用域(在类与对象的相关内容中介绍)和文件作用域。

1. 函数原型作用域

函数原型声明时形式参数的作用范围就是函数原型作用域。函数原型声明一般包含形参数量及类型说明,其形参变量的作用域起于函数原型声明的左括号,结束于函数原型声明的右括号,因此,函数原型作用域是 C++ 程序中最小的作用域。例如,例 3-7 中的函数原型声明如下:

```
double fun1(double x);
```

其中,标识符 x 的作用域仅在函数 fun1 原型的左、右括号之间,即 x 的作用域是函数原型作用域。实际上,在函数原型中,参数名 x 是可有可无的,从程序的正确性分析,参数 x 完全可以省略,但考虑到程序的可读性,函数原型声明时一般应将形参声明为容易理解、见名知义的标识符。

2. 块作用域

若标识符在一个函数的语句块内定义,则它具有块作用域,语句块指程序中一对大括号内的语句部分。因此,块作用域是从块的定义处开始,直到该块结束(即所在复合语句的右大括号)为止。

【例 3-13】 变量的块作用域举例。

```
//examplech313.cpp
# include < iostream.h >
void function()
{
    int n;
    n = 1;
    for(;n < = 2;n++)
```

```
        {
            int j = 10;
            j++;                          变量 j 具有块作用域
            cout <<"j = "<< j << endl;
        }
        cout <<"j = "<< j << endl;   //超出 j 的作用域,编译出错,删除该行则程序正确
    }
    void main()
    {
        int a,b;
        a = 8;
        b = 18;
        function();
        cout <<"a = "<< a << endl;
        cout <<"b = "<< b << endl;
    }
```

该程序中,在函数 function()内声明了变量 n,在 for 循环语句内声明了变量 j。在该程序中,变量 n 和 j 都具有块作用域,块是指一对大括号括起来的一段程序(函数体也是一个块),在块中声明的标识符,其作用域从声明处开始,直到块结束处的大括号为止。因此,变量 n 的作用域从声明处开始,到它所在的块(即整个函数体)结束处为止,变量 j 的作用域从声明处开始,到它所在块(即 for 循环)的结束处为止。

程序运行结果:

```
j = 11
j = 11
a = 8
b = 18
```

【例 3-14】　不同作用域中的同名变量举例。

```
//examplech314.cpp
# include< iostream. h>
void main()
{
    double a = 18.8;
    {
        double a = 10;
        a = a * a;
        cout <<"a = "<< a << endl;
    }
    cout <<"a = "<< a << endl;
}
```

程序运行结果:

```
a = 100
a = 18.8
```

本例分析：在程序开始处定义了具有文件作用域的变量 a，并赋初值 18.8，随后在块作用域中又声明了同名变量 a，并赋初值 18.8。由于变量的作用域，在块内输出 a 时其值为 $100(=10^2)$，即块内的变量 a 屏蔽了具有文件作用域的变量 a。若在块外部输出变量 a，这时具有文件作用域的变量 a 没有被屏蔽，输出值为 18.8。

3. 函数作用域

在各函数中使用的语句标号具有函数作用域，即它仅在本函数中有效，语句标号可以在函数的任何地方使用，作为 goto 语句跳转的入口标号，但在函数体外不可以使用。

4. 文件作用域

在 C++程序中，在函数之外声明的标识符具有文件作用域，具有文件作用域的标识符在整个程序文件中均有效，但在其他文件中无效。具有文件作用域的标识符，其作用域开始于标识符的声明处，结束于该文件的结束处。

【例 3-15】 文件作用域举例。

```
//examplech315.cpp
#include<iostream.h>
int n = 1, i = 10, m = 2;
void fun(int);
void main()
{
    int m;
    m = 10;
    {
        fun(8);
        cout <<"n = "<< n << endl;
        cout <<"i = "<< i << endl;
        cout <<"m = "<< m << endl;
    }
}
void fun(int a)
{
    n = 2 * a * m;
    i = a * a;
}
```

程序运行结果：

```
n = 32
i = 64
m = 10
```

本例分析：该程序在函数 fun()和 main()之外声明了变量 n、i 和 m，它们均具有文件作用域，在函数 main()和 fun()中均可以使用，其作用范围从各自的声明处开始，到该源代码文件的结束处为止。

3.5.2　存储类型

变量的存储类型指变量在内存中的存储方法,变量的存储类型及其特性如表 3-2 所示。

表 3-2　变量的存储类型表

存储类型	特　　性
auto	采用堆栈方式分配内存空间,属于暂时性存储,其存储空间可以被若干变量多次覆盖使用
register	存放在通用寄存器中
extern	在所有函数和程序段中都可以引用
static	在内存中是以固定地址存放的变量,在整个程序运行期间都有效

3.5.3　生存期

无论是一般变量还是类的对象均有诞生和结束的时刻,生存期表示变量或对象存在的时间长短。在生存期内,变量和对象将保持其状态(即变量的值或对象数据成员的值),直到它们被更新为止。生存期与存储区域密切相关,在 C++ 中用户使用的存储区域主要包括存放程序代码的代码区、存放程序全局数据和静态数据的全局数据区,以及用于支持函数调用、暂时存储详细信息的栈区和存放程序动态数据的堆区,对应的生存期分别为静态生存期、局部生存期和动态生存期。

1. 静态生存期

若变量或对象的生存期与程序的运行期同步,则表明它们具有静态生存期。在文件作用域中声明的变量与对象具有静态生存期。在函数内部的块作用域中声明具有静态生存期的对象需使用关键字 static 限定,例如下列语句中声明的变量 a 和 b 具有静态生存期,又称为静态变量:

```
static double a,b;
```

全局变量、静态全局变量和静态局部变量具有静态生存期。在程序中具有静态生存期的变量若没有进行初始化,则编译时系统自动给变量置初值 0。关于类的静态成员将在"类与对象"一章的相关内容中讨论。

2. 局部生存期

具有局部生存期的变量或对象的生存期开始于声明处,结束于作用域结束处。具有局部生存期的变量或对象具有局部作用域,反之不成立。具有局部作用域的变量或对象若为局部变量,则具有局部生存期,若为静态局部变量,则具有静态生存期。局部生存期的变量或对象驻留在内存的栈区。具有局部生存期的变量或对象若没有进行初始化,则系统将对其进行初始化,由系统随机分配初值,但初值具有不确定性。

3. 动态生存期

除上述两种情况外,其余情况下的变量或对象都具有动态生存期。动态生存期的变量驻留在内存堆中,具有动态生存期的变量或对象诞生于声明处,结束于该标识符作用域的结束处。一般情况下,动态生存期由运算符 new 和 delete 或函数(malloc()和 free())创建和释放。生存期开始于 new 或 malloc()为变量分配存储空间的时刻,结束于 delete 或 free()释放变量存储空间的时刻或程序结束处。

3.6 全局变量与局部变量

从变量的作用域来分,可以将变量分为全局变量和局部变量;从变量的生存期来分,可以将变量分为静态存储方式的变量和动态存储方式的变量。

3.6.1 全局变量

在 C++程序文件中,当一个变量定义在所有函数之外(通常在所有函数定义之前)时,该变量称为全局变量。全局变量存放在内存的全局数据区,具有全局作用域。全局变量在程序所包含的所有文件中都有效,除被同名局部变量屏蔽之外,它可以被程序中定义的其他所有函数使用,实现函数之间的数据共享。

全局变量的使用方便了数据的共享,但破坏了数据的隐蔽性,如果没有特殊需要,应尽量少定义全局变量。

3.6.2 局部变量

一般而言,局部变量是指在函数内或语句块内定义的变量,它仅具有函数作用域或语句块作用域,离开该函数和语句块后再使用这些变量将是不合法的,恰当地利用不同函数体内的局部变量可以实现函数之间的数据隐蔽。

局部变量可以用 auto 进行修饰,表示该变量在栈中分配空间,一般情况下,auto 常被省略。若程序中没有对局部变量进行初始化,编译系统不会对它进行初始化,其初值具有不确定性。若在变量定义时用关键字 static 进行限定,则称为静态局部变量。若程序中没有对静态局部变量进行初始化,则系统对其置初值 0。

非静态局部变量具有作用域和生存期同步的特点,当执行到变量定义语句时,系统为其分配相应的存储空间,并对具有初值表达式的变量进行初始化。对于静态局部变量,仅在第一次执行变量定义语句时为其分配存储空间并进行初始化。静态局部变量在整个程序的运行期间都是存在的,但作用域却是局部的。

【例 3-16】 全局变量与局部变量的作用。

```
//examplech316.cpp
# include< iostream. h>
double a;
void fun1()
{
    a = 18;
    static int b = 10;
    cout <<"b = "<< b << endl;
```

```
}
void fun2()
{
    static int c = 20;
    cout <<"a = "<< a << endl;
    cout <<"b = "<< b << endl;          //产生错误,删除此语句则正确
    cout <<"c = "<< c << endl;
}
void main()
{
    fun1();
    fun2();
    cout <<"a = "<< a << endl;
}
```

程序运行结果:

```
b = 10
a = 18
c = 20
a = 18
```

本例分析:由于变量 a 为全局变量,在函数 fun1()中对变量 a 赋初值 18,在函数 fun2()和 main()中分别输出变量 a 的值,均为 18。在函数 fun1()中定义了静态局部变量 b,在fun2()中定义了静态局部变量 c,由于 b 和 c 是局部变量,如果在各自函数之外输出变量 b 或 c,则编译时将产生错误。

3.7　头文件与多文件结构

在 C++程序设计中,既可以将程序源代码包含在一个程序文件中,也可以将不同的功能部分放在不同的文件中。对于大型的应用程序,一个项目文件往往包含多个头文件(.h)和源文件(.cpp)。一般将声明部分或说明部分(包括类的声明)形成.h 文件,将函数的定义、类的实现及类的使用等形成.cpp 文件。C++的文件结构方式允许对不同的文件进行单独编写,这样有利于软件开发的分工与合作,在所有源程序完成以后,再进行编译、连接和运行。

3.7.1　头文件

头文件是 C++源程序文件的重要组成部分,C++标准库中共提供了 32 个头文件。在进行程序开发时,一般将函数的声明、类型的声明、类的说明及全局变量的声明(包括宏定义)等有关部分编辑为头文件,即.h 文件。例如,以下代码是一个关于函数原型声明的头文件。

```
//examplech317.h
double cuboid(double x,double y,double z);
double cylinder(double h,double r);
double spheroid(double r);
```

3.7.2　多文件结构

在 C++程序设计中,一般将函数的实现、类的实现及 main()函数等编辑为.cpp 文件,通常称为实现文件。对于采用多文件结构实现的工程,应使用♯include 编译预处理指令将其他文件包含到当前工程文件之中。

【例 3-17】　多文件程序举例。

```cpp
//examplech317.h
double cuboid(double x,double y,double z);
double cylinder(double h,double r);
double spheroid(double r);

//cuboid.cpp
double cuboid(double x,double y,double z)
{
    return x * y * z;
}

//cylinder.cpp
const double pi = 3.1415926;
double cylinder(double h,double r)
{
    return h * pi * r * r;
}

//spheroid.cpp
const double pi = 3.1415926;
double spheroid(double r)
{
    return 4 * pi * r * r * r/3;
}

//examplech317.cpp
# include < iostream. h >
# include"examplech317.h"
void main()
{
    cout <<"V1 = "<< cuboid(7.9,8,10)<< endl;
    cout <<"V2 = "<< spheroid(10)<< endl;
    cout <<"V3 = "<< cylinder(10,10)<< endl;
}
```

程序运行结果:

```
V1 = 607.2
V2 = 4188.79
V3 = 3141.59
```

本例分析：这是一个典型的多文件结构程序，在一个工程文件中包含一个头文件examplech317.h，以及 spheroid.cpp、cylinder.cpp、cuboid.cpp、examplech317.cpp 文件。该例的文件结构如图 3-7 所示。

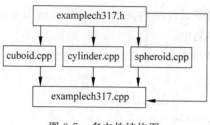

图 3-7   多文件结构图

3.8   编译预处理

C++编译过程分为编译预处理和正式编译，因此，系统在对 C++ 源程序进行编译前需要对源程序文本进行编译预处理。预处理指令可以出现在程序中任何需要的地方，预处理指令均以 ♯ 引导，每条预处理指令各占一行，而且没有分号作为结束符。实际上，预处理指令不是 C++语言的语句，但使用它们可以改善程序的设计环境。文件包含指令和条件编译指令是常用的编译预处理指令。

3.8.1   宏定义

在 C++中可以继续使用 C 语言的宏定义指令 ♯define。在 C 语言中，常用 ♯define 指定符号常量或定义带参数的宏。例如，以下语句定义了一个符号常量：

♯define pi 3.14159;   //pi 和 3.14159 可以等效使用

虽然 C++可以继续以这种方式定义常量，但很少使用，更常用的方法是采用 const 定义常量。对于在 C 语言中使用 ♯define 定义带参数宏的情况，在 C++系统中这一功能被 inline 函数(内联函数)取代。因此，在 C++语言中，使用关键字 const 定义常量以及使用 inline 定义内联函数取代了 ♯define 指令的作用。

♯undef 的功能是删除由 ♯define 指令定义的宏，使之不再起作用。

3.8.2   文件包含指令

文件包含指令即 ♯include 指令，其作用是将指定的源文件嵌入到该命令所在的位置。文件包含指令是 C/C++实现多文件结构的基础，例如，我们经常使用 ♯include 指令将头文件(.h 文件)嵌入到文件中。

文件包含指令有以下两种使用格式。

形式一：

```
♯ include <文件名>
```

这是 C++ 系统的标准搜索方式，一般用于 C++ 提供的系统头文件，文件位于系统目录的 include 子目录下。

形式二：

```
# include "文件名"
```

该格式的文件名使用双引号，编译系统首先在当前目录中搜寻被包含的文件，如果没有找到，再按标准方式搜寻（这种方式一般用于包含程序员自己建立的头文件）。对于以上两种方式，文件包含指令一般放在文件的开始处。

3.8.3　条件编译

顾名思义，所谓条件编译是指程序的代码不一定全部参与编译，而是某些代码段必须在满足一定条件下才参与编译。利用条件编译指令可以使程序在不同的条件下生成不同的目标文件。

条件编译的语法形式与选择结构的 if 语句类似，条件编译常用的语句有以下 5 种形式。

形式一：

```
# if 常量表达式
    程序段
# endif
```

若指定的常量表达式为真，则编译 if 和 endif 之间的程序段。

形式二：

```
# if 常量表达式
    程序段 1
# else
    程序段 2
# endif
```

若指定的常量表达式为真，则编译程序段 1，否则编译程序段 2。

形式三：

```
# if 常量表达式 1
    程序段 1
# elif 常量表达式 2
    程序段 2
      ⋮
# elif 常量表达式 n
    程序段 n
# else
    程序段 n + 1
# endif
```

若指定的常量表达式 i 为真,则编译程序段 i,若所有常量表达式都为假,则编译程序段 $n+1$。

形式四:

```
# ifdef 标识符
    程序段 1
# else
    程序段 2
# endif
```

如果标识符被 # define 定义,且没有执行 undef 语句,则编译程序段 1,否则编译程序段 2。如果没有程序段 2,else 可以省略。

形式五:

```
# ifndef 标识符
    程序段 1
# else
    程序段 2
# endif
```

如果标识符没有被定义,则编译程序段 1,否则编译程序程序段 2。同样,如果没有程序段 2,else 可以省略。

3.9　本章小结

函数是构成 C++ 程序的基本功能单位,在面向对象程序设计中,函数同样具有重要的作用,它是面向对象程序设计中对功能(包括类的行为和属性)的抽象。函数是功能的抽象,可以重复使用,使用者只需关注函数的功能和使用方法,无须关心函数功能的具体代码和实现方法,因此,充分利用函数可以提高代码的可重用性、可靠性及软件的开发效率。

C++ 程序一般包含一个或多个函数,其中必有一个 main() 主函数,它是 C++ 程序执行的入口。主函数可以调用其他一般函数,一般函数之间可以互相调用,也可以嵌套调用和递归调用。对于一些使用频繁、代码少的函数可以定义为内联函数。当函数的调用出现在函数定义之前时,必须先对该函数进行原型说明。C++ 语言继承了 C 语言中函数的定义与使用方法,并对函数的使用性能有了新的改进,C++ 语言允许使用内联函数、带默认参数的函数及函数名重载。所谓函数重载,即具有相同或相似功能的函数使用同一函数名,但这些同名函数的参数类型、参数数量和返回值类型不尽相同。

函数可以分为标准库函数和用户自定义函数两种类型。库函数是 C++ 系统提供的标准函数,不同版本的编译系统库函数的规模不完全一样。用户自定义函数是程序员根据软件开发需要自行定义的、具有一定功能的函数。

作用域是指标识符的有效范围或区域,即标识符的作用空间。C++ 的作用域有函数原型作用域、块作用域(局部作用域)、函数作用域、类作用域和文件作用域。生存期表示变量或对象存在的时间长短,即从诞生到结束的时间段。在生存期内,变量和对象将保持其状态,直到它们被更新。生存期与存储区域密切相关。

　　C++程序可以由多个程序文件组成,以利于软件的分工与合作。C++可以继续使用宏定义指令♯define,但已经很少使用,因为在C++语言中,使用关键字const定义常量以及使用inline定义内联函数取代了♯define指令的作用。

　　C++程序的编译过程分为编译预处理和正式编译,预处理指令可以出现在程序中任何需要的地方,每条预处理指令占一行,而且不以分号";"作为结束符。使用预处理指令可以改善程序的设计环境。文件包含指令和条件编译指令是常用的编译预处理指令。

3.10　思考与练习题

　　1. 什么是主调函数?什么是被调函数?怎样调用函数?

　　2. 什么是函数的形参和实参?

　　3. 根据实参与形参之间的数据传递方式,函数调用可以分为几种方式?

　　4. 用函数实现求500以内的所有素数。

　　5. 比较传值调用和传地址调用的异同点。

　　6. 用函数实现求一元二次方程 $ax^2+bx+c=0$ 的根,要求二次方程的系数 a、b、c 分别由键盘输入。

　　7. 什么是函数的递归调用?

　　8. 什么是函数的嵌套调用?

　　9. 编写程序求下面表达式的值:

$$K = \frac{n!}{m!(n-m)!}, \quad n \geqslant m$$

　　10. 采用递归调用求 n 阶勒让德多项式的值,递归公式如下:

$$P_n(x) = \begin{cases} 1 & n=0 \\ x & n=1 \\ ((2n-1)xP_{n-1}(x)-(n-1)P_{n-2}(x))/n & n>1 \end{cases}$$

　　11. 由键盘输入两个整数,用函数实现求两个数的最大公约数和最小公倍数。

　　12. 通过函数实现由键盘输入一个十六进制数,输出相应的十进制数。

　　13. 编写程序,将华氏温度 F 转换为摄氏温度 C,其中,$C=\frac{5}{9}(F-32)$。

　　14. 什么是内联函数?它具有哪些特点?

　　15. 什么是函数重载?函数重载有何作用?

　　16. 常用的编译预处理指令有哪些?各有何作用?

　　17. 文件包含指令有几种形式?各有什么特点?

第4章

类与对象

类是面向对象程序设计的核心和基础,是 C++面向对象的重要概念,它是对一组具有共同特征的对象的抽象和统一描述。类通过提供抽象和封装机制将数据和函数封装在一起,构成了面向对象程序设计的基本单元,它是一种理想的模块化编程方法。从面向对象的观点来看,客观世界是由一个一个对象组成的。类与对象的关系如同模具与用这个模具铸造的铸件之间的关系,对象是类中的一个实体,在面向对象程序设计中,通过确定类和创建对象,并对其执行相应的操作来实现应用程序的不同功能。

本章围绕类与对象的基本概念和特点,首先介绍类的定义与使用方法、类的数据成员和成员函数、类成员的访问控制方法,然后介绍类的实现和对象的创建、通过对象访问类成员的方法、构造函数与析构函数、复制构造函数及深复制与浅复制,最后介绍类作用域、静态成员、类的友元及常对象等,并通过一些典型的程序实例使读者全面理解和掌握类与对象的作用。

4.1 类概述

类是对具有相同属性(数据)和行为(操作)的一组对象的抽象,即类是创建对象时的模型或模板。因此,在面向对象程序设计中,首要与核心的任务是类的确定和对象的创建,而不是将各个具体的对象逐一进行描述,需要忽略各具体对象的非本质特征,抽象出本质特征与共性,然后形成类的概念,而对象是类的实例。类是面向对象程序设计的核心,利用它可以实现对象的抽象、数据和操作的封装以及信息的隐蔽。

4.1.1 类的特点

从 C++语法分析,类也是一种数据类型,即用户自定义的数据类型,对于一个一个具体的对象可以视为属于这一数据类型的一个变量。类与基本数据类型的不同之处在于,类这一数据类型中既包含了数据,也包含了对数据进行操作的函数。简而言之,类是一种将数据和作用于这些数据上的操作封装在一起的复合数据类型。类和函数构成了 C++面向对象程序设计实现代码重用的基本单元。

1. 抽象性

对问题进行抽象是人类分析问题的基本方法之一。面向对象程序设计中的抽象指对需要解决的具体问题进行概括、归纳和总结，抽象出这一类对象的公共属性并进行描述。例如，如果软件开发时需要应用时间或者时钟（Clock），在定义类时需要对时间进行抽象，分析之后可以得出，首先需要几个变量存放时间的时、分、秒等单位，这些是时钟应考虑的数据抽象；其次，系统应该具有显示时间、设置时间和计算时间等基本功能，即对时间的行为功能进行抽象。在读者还未熟悉 C++ 类的定义格式之前，可以采用变量和函数对时钟属性进行以下抽象描述：

```
时钟 Clock
数据抽象: int hour          //时
         int minute        //分
         int second        //秒
功能抽象: shoutime();       //时间显示
         settime();        //时间设定
         caltime();        //时间计算
```

2. 封装性

抽象是认识和分析问题关键的一步，封装是将抽象出来的数据和行为有机地结合形成一个整体、一个模块，并对数据和行为的权限进行必要的控制。经过封装后，描述对象的数据只能通过对象中的程序代码进行处理，其他程序和代码不能访问对象中的数据。C++ 面向对象程序设计采用类来实现封装，对象是类的一个实例。

3. 继承性

现代大型软件开发面临的主要问题之一就是代码的可重用性。C++ 面向对象程序设计引入类的概念，为代码重用提供了多种途径，其中，继承性就是提高代码重用的一个重要方法。C++ 的继承性就是在已定义的类的基础上进行扩展，建立一个新类。新定义的类可以共享被继承类的属性和行为，而且可以根据问题的需要扩展新的数据和行为。C++ 的继承性为行为的共享和代码的可重用性提供了基础。

4. 多态性

按汉语的含义，多态就是一个事务有多种状态。C++ 面向对象方法的多态性之一就是指子类对象可以像父类对象那样使用，同样的消息可以发送给父类对象，也可以发送给子类对象，不同对象收到同一消息所产生的行为是不一样的。面向对象的多态性允许一个类体系中不同的对象以各自不同的方式响应同一消息，从而实现"同一接口，多种方法"，提高了软件开发的灵活性。

4.1.2 类的定义

由于类是对具有相同属性和行为的一组对象的抽象与统一描述，因此类的定义也包括属性和行为两个部分。在 C++ 面向对象方法中，属性以数据表示，行为通过函数实现。在类中所定义的数据称为数据成员，所定义的函数称为成员函数，数据成员和成员函数统称为类的成员。

和基本数据类型的变量需要先定义后使用一样,在面向对象程序设计中若要创建一个对象,也需要先定义类(除非该类在程序中已经定义),然后才能创建对象。类的定义一般可以分为类的说明部分和类的实现部分。说明部分声明类的成员,包括数据成员和成员函数,实现部分是类的各成员函数的具体实现,在类定义的说明部分通常只声明函数原型,将函数的具体实现放在类的实现部分。一般将说明部分放在头文件中,供所有相关应用程序共享,而将实现部分放在与头文件同名的源程序文件中,以便于修改,也可以将类的说明部分与类的实现部分放在同一个源程序文件中。

C++类定义的一般格式如下:

```
class   类名
{
    public:
        公有数据成员和成员函数;
    protected:
        保护数据成员和成员函数;
    private:
        私有数据成员和成员函数;
};
    各成员函数的实现;
```

其中,class 是定义类的关键字,类名是用户自定义的标识符,用于标识用户定义的类的名称。大括号内是类的说明部分,包括对类的数据成员和成员函数的声明。类的成员通过关键字 public、protected 和 private 指定各成员的不同访问特性,分别表示公有成员、保护成员和私有成员。

访问权限关键字 public、protected 和 private 在类定义中的顺序没有特殊规定,而且可以重复出现。当将私有成员放在类定义的最前面声明时,关键字 private 可以省略。

【例 4-1】 类的定义举例。

```
//student.h
class Student          //定义 Student 类
{
public:                //外部接口
    void Getinfo(char * pname,char * pid,char Sex,int a,double s);
    void modify(float s);
    void display();
private:
    char * name;
    char * id;
    char sex;
    int age;
    double score;
};                     //类定义必须以分号结束
```

在对类进行定义和使用时,读者需要注意以下问题:

(1) 在类的定义中不能对数据成员进行初始化。

(2) 公有部分是类对外界的接口,在类定义中应先说明类的公有部分。

（3）类的任何成员都必须指定访问属性，一般将数据成员定义为私有成员或保护成员，以体现对数据的封装性，一般将成员函数定义为公有成员。

（4）类中的数据成员可以是 C++语法规定的任意数据类型，但不能用存储类型 auto、register 或 extern 进行修饰。

（5）一个类的成员可以是其他类的对象，但不能以类自身的对象作为本类的成员，而类自身的指针和引用可以作为类的成员。

（6）类定义必须以分号"；"结束。

（7）在 C 语言中，结构体只有数据成员，而 C++的结构体不仅有数据成员，还有成员函数与构造函数，而且具有访问权限控制。类与结构体的唯一区别是，在默认条件下，即没有明确指定类成员的访问权限时，C++结构体的成员是公有的，而类的成员是私有的。因此，在 C++语言中，结构体与类的差异甚小，但习惯上，结构体通常仅用来描述结构化的数据，用类来描述具有相同属性和行为的一组对象。

4.1.3 访问控制

根据类的封装性和定义格式，类的任何成员都必须指定访问属性，因此，类的封装和隐蔽功能是通过对类的成员设置访问属性进行控制的。访问属性又称为访问权限，通过设置访问权限可以实现 C++的封装性，同时为外部提供访问接口（public 访问属性）。

类的访问属性有 public、protected 和 private 3 种方式，各访问方式的功能如表 4-1 所示。

表 4-1　类成员访问控制方式

访问控制	含　　义	属　　　性
public	公有成员	类的外部接口
protected	保护成员	仅允许本类成员函数及派生类成员函数访问
private	私有成员	仅允许本类成员函数访问

根据表 4-1 可知，public 为类的外部接口，它定义了类的公有成员，可以被程序中的任何代码访问，在类外，对类的任何访问都需要通过该接口进行。

private 声明了类的私有成员，凡需要实现信息隐蔽的成员都可以设置为 private 访问属性，这种类型的成员只能被本类成员函数及友元访问，其他函数无法访问，成为一个外部无法访问的"黑盒子"。

设置为 protected 的成员称为保护成员，它只能被本类成员函数、派生类成员函数和友元访问，其他函数无法访问。保护成员与私有成员的访问属性类似，唯一的差别在于该类在派生新类时，保护成员可以继续继承，而私有成员不可以。

对于一个具体的类，并非一定要具有 3 种访问属性部分，但至少要具有其中的一个部分。对于 3 种访问方式出现的先后顺序没有特殊规定，但通常将公有成员放在类定义的最前面，因为这是外部访问需要了解的，放在前面便于用户阅读程序。3 种访问属性允许多次出现，但类的任一成员只能具有唯一的访问属性。

【例 4-2】 访问权限控制举例。

```
//Rectangle.h
class Rectangle
{
public:                    //公有成员函数,外部接口
    void GetData(double a,double b);
    void GetLength();
    void GetWidth();
    void CalculateArea();
    void Display();
private:                   //私有数据成员,外部不可见
    double width;
    double length;
    double area;
};
```

在类的定义中,数据成员一般被声明为私有成员或保护成员,这样,内部数据结构就不会直接影响类外部程序的其他部分,程序模块之间的影响被降到最低,增加了数据的隐蔽性。成员函数一般声明为公有成员或保护成员,这样,既保证了数据的安全性,又方便了对数据成员的访问,便于实现程序的各种功能。

4.2 成员函数

在面向对象程序设计中,成员函数是程序实现算法的基本功能单元。类的成员函数是实现对封装的数据进行操作的唯一途径,是实现类的行为和属性的成员。在类的定义中,一般将成员函数声明为函数原型,在类外具体实现成员函数。

如果成员函数已经在类中定义,则无须在类外实现。需要注意的是,在类中定义的成员函数会自动成为内联函数。

4.2.1 成员函数的定义

成员函数的实现可以采用两种方式,常用的方式是只在类的声明中给出成员函数的原型,而将函数的实现放在类外。若成员函数在类外实现,需要通过作用域运算符":: "限定类名。成员函数在类外实现的格式如下:

```
返回值类型   类名::成员函数名(参数表)
{
    函数体
}
```

【例 4-3】 成员函数的类外实现。

```
//Point.h
class Point
{
```

```
public:
        void InitPoint(float PointA_x = 0, float PointA_y = 0);
        void Move(float New_x, float New_y);
        float GetPointx();
        float GetPointy();
private:
        float P1_x,P1_y;
};
//成员函数的类外实现
//point.cpp
void Point::InitPoint(float PointA_x, float PointA_y)
{
        P1_x = PointA_x;
        P1_y = PointA_y;
}
void Point::Move(float New_x, float New_y)
{
        P1_x += New_x;
        P1_y += New_y;
}
float Point::GetPointx()
{
        return P1_x;
}
float Point::GetPointy()
{
        return P1_y;
}
```

本例分析：Point 类定义了 4 个普通成员函数，其中，GetPointx 和 GetPointy 是无参成员函数，Move 和 InitPoint 是带参成员函数，而且 InitPoint 是具有默认形参值的成员函数。

4.2.2 内联成员函数

成员函数的另一种实现方式是在类声明的同时，直接在类的内部实现成员函数。直接在类中实现的成员函数会自动成为内联函数，定义为内联成员函数可以减少函数调用时的开销，提高程序的执行效率。但内联成员函数与普通内联函数一样，增加了程序代码的长度，因此，通常只将调用频繁且代码少的成员函数定义为内联成员函数。若成员函数在类中实现，其格式与普通函数没有差异。内联成员函数也可以在类外实现，但需要用 inline 加以限定。

【例 4-4】 成员函数在类中实现。

```
//Point.h
class Point
{
public:
        void InitPoint(float PointA_x = 0, float PointA_y = 0)
        {
                P1_x = PointA_x;
```

```
            P1_y = PointA_y;
        }
    void Move(float New_x, float New_y)
        {
            P1_x += New_x;
            P1_y += New_y;
        }
    float GetPointx()
        {
            return P1_x;
        }
    float GetPointy()
        {
            return P1_y;
        }
    private:
        float P1_x,P1_y;
    };
```

对于类的成员函数,读者需要注意以下几点:

(1) 若成员函数在类外定义,在函数名前要使用类名加以限制,以标识它和类之间的关系,虽然在类外定义,但成员函数仍然能访问类的所有成员。

(2) 将成员函数的实现放在类中或类外,在编译时是有差异的。若将成员函数放在类中,则自动作为内联函数处理,显然将所有的成员函数作为内联函数是不合适的,在类外实现成员函数可以大大节省空间。

(3) 在例 4-3 中,将 Point 类的定义和实现放在 point. h 和 point. cpp 两个不同的文件中。类的实现文件通常较大,将其分开便于阅读、管理和维护。这样,软件开发商就可以向用户提供一些程序模块的接口,而不公开程序的源代码。

(4) 将类定义放在头文件中,则以后使用不必再定义,只需一条包含命令即可,为代码重用提供了便利。

4.3　对象

类描述了一类对象的共同属性和行为,对象是类的实例或实体。从内在逻辑分析,类与对象的关系如同 C++中基本数据类型和该类型的变量之间的关系一样。因此,类类型和C++的任何一种基本数据类型(如 int 型)一样,均表示一般性的抽象概念,而对象和变量(如整型)代表具体的变量。

4.3.1　对象的定义

类与对象之间的关系,可以用整型数据(int)与整型变量的关系类比,因此,对象的定义与普通变量的定义类似。其定义格式如下:

类名　对象名 1,对象名 2,…,对象名 n;

其中,对象名是用户自定义的对象标识符,各对象名之间以逗号进行分隔。对象名还可以是指向对象的指针或引用,也可以是对象数组。

【例 4-5】 对象的定义举例。

```
//examplech405.cpp
//Point.h
class Point
{
public:
    void InitPoint(float PointA_x = 0, float PointA_y = 0);
    void Move(float New_x, float New_y);
    float GetPointx();
    float GetPointy();
private:
    float P1_x,P1_y;
};
    void main()
{
    Point p1,p2;
}
```

在定义对象时,读者应注意以下问题:

(1) 必须在定义了类之后,才可以定义类的对象。

(2) 类定义仅提供该类的类型定义,仅仅是定义了类,系统并不会分配存储空间,只有在定义了对象后,编译系统才会在内存中预留空间。

4.3.2 类成员的访问

在声明了类及其对象以后,就可以访问对象的公有成员(包括数据成员和成员函数)了。对象成员的访问一般包括圆点访问形式和指针访问形式。

如果定义了类及其对象,就可以通过对象来使用其公有成员,从而达到对对象内部属性的访问和修改。

1. 圆点访问形式

圆点访问形式采用的是成员运算符“.”,其一般格式如下:

对象名.公有成员

公有成员既包括数据成员也包括成员函数。在类中所有成员之间均可以直接访问,在类外只能访问类的公有成员。主函数也在类的外部,所以,在主函数中定义的类对象只能访问其公有成员。

【例 4-6】 圆点访问形式的应用。

```
//examplech406.cpp
# include < iostream. h >
class Date
```

```
{
public:
    void Setvalue( int m, int d, int y)
    {
        month = m;
        date = d;
        year = y;
    }
    void Display()
    {
        cout << month <<" - "<< date <<" - "<< year << endl;
    }
private:
    int month;
    int date;
    int year;
};

void main()
{
    Date today;
    cout <<"Today is:"<< endl;
    today.Setvalue(18,12,2005);        //圆点访问成员函数
    today.Display();                   //圆点访问成员函数
}
```

程序运行结果：

```
Today is:
18 - 12 - 2005
```

本例分析：该程序比较简单,通过定义日期对象 today,以圆点访问形式分别实现了对成员函数 Setvalue 和 Display 的访问。

2. 指针访问形式

指针访问形式使用成员访问运算符"->"访问类的公有成员,其一般格式如下。

形式一：

```
对象指针变量名 ->公有成员
```

形式二：

```
( * 对象指针变量名).公有成员
```

【例 4-7】 成员指针访问形式的应用。

```
//examplech407.cpp
```

```
#include<iostream.h>
class ptr_access
{
public:
    void setvalue(float a, float b)   //成员函数的实现
    {
        x = a;
        y = b;
    }
    float Getx()
    {
        return x;
    }
    float Gety()
    {
        return y;
    }
    void print()
    {
        cout <<"x = "<< x << endl;
        cout <<"y = "<< y << endl;
    }
private:                              //私有数据成员
    float x,y;
};
void main()
{
    float a1,a2;
    ptr_access * ptr = new ptr_access;
    ptr -> setvalue(2,8);            //通过指针访问公有成员函数
    ptr -> print();
    a1 = ( * ptr).Getx();            //通过公有成员函数访问私有数据成员
    a2 = ( * ptr).Gety();
    cout <<"a1 = "<< a1 << endl;
    cout <<"a2 = "<< a2 << endl;
}
```

程序运行结果：

```
x = 2
y = 8
a1 = 2
a2 = 8
```

本例分析：该程序通过指针访问类的公有成员函数 setvalue、print、Getx 和 Gety，由于数据成员被定义为私有成员，因此不能通过指针访问数据成员，但可以通过成员函数访问数据成员。

4.4 构造函数与析构函数

类属于用户自定义的数据类型,它描述了一类对象所具有的共同特性和行为。不同用途的类其复杂程度不同,类既可以很简单,也可以很复杂。不同的数据类型在计算机内存中分配的存储空间是不同的,对象是类的实例,在创建了对象以后,编译系统将给对象分配存储空间。不同对象的区别主要表现在两个方面:一个是对象名,即对象的标识符,这是对象的外在区别;另一个是对象自身的属性,即数据成员的值,这是对象的内在区别。在定义对象的时候需要给数据成员赋初值,称为对象的初始化。并且,在对象的生命期结束时需要进行一些必要的清理工作。在 C++程序中,对象的创建与初始化以及对象生命期结束时的清理工作分别由构造函数和析构函数完成。

4.4.1 构造函数

构造函数是特殊的成员函数,是一个函数名与类名完全相同的成员函数。构造函数的功能是在定义对象时由编译系统自动调用来创建对象并初始化对象,其定义格式如下:

```
类名::类名(参数表)
{
    函数语句
}
```

构造函数除了具有一般成员函数的特性之外,还具有以下特性:

(1)构造函数的函数名与类名相同。

(2)构造函数可以有任意类型的参数,但没有函数返回值类型。

(3)构造函数一般被定义为公有成员。

(4)构造函数在创建对象时由编译系统自动调用,其他任何过程都无法再调用它,即构造函数只能一次性地影响对象的数据成员初值。

【**例 4-8**】 构造函数应用举例。

```cpp
//examplech408.cpp
# include < iostream. h >
# include < math. h >
class Complex                              //复数类
{
public:
    Complex(double r,double i);           //构造函数的声明
    double abscomplex();
private:
    double real;
    double imag;
};

Complex::Complex(double r,double i)        //构造函数的实现
```

```
{
    cout <<"Executing constructor..."<< endl;
    real = r;
    imag = i;
    cout <<"real = "<< real <<", imag = "<< imag << endl;
}

double Complex::abscomplex()                    //成员函数的实现
{
    double t;
    t = real * real + imag * imag;
    return sqrt(t);
}

int main()
{
    Complex A(1.2,2.8);                         //创建对象A时自动调用构造函数
    Complex B = A;
    cout <<"|A| = "<< A.abscomplex()<< endl;    //对象A调用成员函数
    cout <<"|B| = "<< B.abscomplex()<< endl;    //对象B调用成员函数
    return 0;
}
```

程序运行结果：

```
Executing constructor...
real = 1.2, imag = 2.8
|A| = 3.04631
|B| = 3.04631
```

本例分析：main()函数没有显式地调用构造函数 Complex,构造函数是在创建对象 A 时由系统自动调用的。即在创建对象 A 时,系统自动调用构造函数 A.Complex(),并分别给数据成员 real 和 imag 赋初值 1.2 和 2.8。

构造函数的功能是创建对象并初始化对象,本例及之前的程序都没有定义构造函数,那么对象是怎样创建的呢? C++规定,如果程序员在类中没有定义构造函数,那么 C++编译系统将自动生成一个默认形式的构造函数,默认构造函数仅用于创建对象,默认构造函数的形式如下：

```
类名::类名(){}
```

在使用构造函数时,读者应注意以下几点：

(1) 构造函数是特殊的成员函数,函数体可以写在类中,也可以写在类外。

(2) 若构造函数没有参数,则称为无参构造函数;若构造函数带有参数,则称为带参构造函数。构造函数可以重载,因此,可以定义参数数量不同的多个构造函数。

(3) 每个类都必须有一个构造函数,如果程序没有显式地定义构造函数,编译系统将自动生成一个默认形式的构造函数,默认构造函数属于类的公有成员。

【例 4-9】 带默认参数的构造函数应用举例。

```cpp
//examplech409.cpp
# include < iostream. h>
class Clock                                     //时间类
{

private:
    int hour, minute, second;
public:
    Clock( int h = 0, int m = 0, int s = 0)     //构造函数
    {
        cout <<"Executing constructor..."<< endl;
        hour = h;
        minute = m;
        second = s;
    }
    void showTime()
    {
        cout << hour <<":"<< minute <<":"<< second << endl;
    }
};
void main()
{
    Clock C0;                                   //构造函数全部采用默认参数值
    C1.showTime();
    Clock C1(1);                                //构造函数仅传递一个参数
    C2.showTime();
    Clock C2(1,2);                              //构造函数传递两个参数
    C3.showTime();
    Clock C3(1,2,3);                            //构造函数传递 3 个参数
    C4.showTime();
}
```

程序运行结果：

```
Executing constructor...
0:0:0
Executing constructor...
1:0:0
Executing constructor...
1:2:0
Executing constructor...
1:2:3
```

本例分析：对于带参数的构造函数，在定义对象时必须给构造函数传递参数，否则构造函数不会被执行。本例是带默认参数的构造函数，main()函数创建了 C0～C3 共 4 个对象，系统第一次执行构造函数时全部采用构造函数的默认值，在创建对象 C1 时仅传递一个参数，以此类推，在创建对象 C3 时传递 3 个参数。

4.4.2 析构函数

如同对象在创建时需要进行初始化处理一样,在对象生存期结束前,也需要进行必要的清理工作,例如释放对象所占的内存资源等。这些相关的清理工作由析构函数完成,析构函数在对象生存期结束时由编译系统自动调用。析构函数在执行结束之后,对象被删除,对象所占用的存储单元被释放。

析构函数也是类的特殊成员函数,它的名称是在构造函数名前加"～",即在类名前加"～"构成析构函数名。析构函数也没有返回值类型,一般被定义为公有成员函数。与构造函数不同的是,析构函数没有参数,因此不能重载。其定义格式如下:

```
类名::～类名()
{
    函数语句
}
```

析构函数除了在对象生存期结束时自动调用外,在以下两种情况下也会被调用:

(1) 如果一个对象被定义在一个函数体内,则当这个函数结束时,析构函数被调用。

(2) 如果一个对象是使用 new 运算符动态创建的,在使用 delete 运算符释放它时,析构函数会被自动调用。

【例 4-10】 构造函数与析构函数的执行顺序。

```cpp
//examplech410.cpp
# include < iostream. h>
# include < math. h>
class Complex                                      //复数类
{
public:
    Complex(double r,double i);                    //构造函数的声明
    ～Complex();                                    //析构函数的声明
    double abscomplex();
private:
    double real;
    double imag;
};

Complex::Complex(double r,double i)                //构造函数的实现
{
    cout <<"Executing constructor..."<< endl;
    real = r;
    imag = i;
    cout <<"real = "<< real <<", imag = "<< imag << endl;
}

Complex::～Complex()                                //析构函数的实现
{
    cout <<"Executing destructor...";
```

```cpp
        cout <<"real = "<< real <<", imag = "<< imag << endl;
    }

    double Complex::abscomplex()                    //成员函数的实现
    {
        double t;
        t = real * real + imag * imag;
        return sqrt(t);
    }
    int main()
    {
        Complex A(1.2,1.8);                         //定义复数类对象 A
        Complex B(2.2,2.8);
        cout <<"|A| = "<< A.abscomplex()<< endl;     //对象 A 调用成员函数
        cout <<"|B| = "<< B.abscomplex()<< endl;     //对象 B 调用成员函数
        return 0;
    }
```

程序运行结果：

```
Executing constructor...
real = 1.2, imag = 1.8
Executing constructor...
real = 2.2, imag = 2.8
|A| = 2.163333
|B| = 3.5609
Executing destructor...
real = 2.2, imag = 2.8
Executing destructor...
real = 1.2, imag = 1.8
```

本例分析：调用构造函数的顺序与在 main()函数中创建对象的顺序一致，即先构造对象 A，再构造对象 B；调用析构函数的顺序与创建对象的顺序相反，即先析构对象 B，再析构对象 A。

【例 4-11】 构造函数重载及析构函数的作用。

```cpp
//examplech411.cpp
# include < iostream. h>
# include < string. h>
const char * null = " ";
class Student
{
public:
    Student();                                      //无参构造函数的声明
    //带参构造函数的声明
    Student(char * pname,char sex1,char * pid,int a,float s);
    void getid(char * pid);
    void getname(char * pname);
    void getsex(char sex1){sex = sex1;}             //内联成员函数
```

```
        void getage(int a){age = a;}
        void getscore(float s){score = s;}
        void display();
        ～Student();                                    //析构函数的声明
    private:
        char * name;
        char sex;
        char * id;
        int age;
        float score;
    };


    Student::Student()                                   //无参构造函数的实现
    {
        id = new char[10];
        strcpy(id,"00000000");
        name = new char[20];
        strcpy(name,null);
        sex = ' ';
        age = 0;
        score = 0;
    }


    //带参构造函数的实现
    Student::Student(char * pname,char sex1,char * pid,int a,float s)
    {
        id = new char[strlen(pid) + 1];                  //动态申请内存单元
        strcpy(id,pid);
        name = new char[strlen(pname) + 1];
        strcpy(name,pname);
        sex = sex1;
        age = a;
        score = s;
    }


    void Student::getid(char * pid)
    {
        delete[] id;
        id = new char[strlen(pid) + 1];
        strcpy(id,pid);
    }


    void Student::getname(char * pname)
    {
        delete[] name;
        name = new char[strlen(pname) + 1];
        strcpy(name,pname);
    }


    void Student::display()
    {
        cout <<" name:"<< name << endl;
        cout <<" id:"<< id << endl;
```

```
        cout <<" age:"<< age << endl;
        cout <<" sex:"<< sex << endl;
        cout <<"score:"<< score << endl;
        cout << endl;
    }

    Student::~Student()
    {
        delete[ ] name;                          //释放用 new 申请的内存单元
        delete[ ] id;                            //将字符串所占用的空间全部释放
    }

    void main()
    {
        Student s1;                              //调用无参构造函数创建对象 s1
        s1.display();
        s1.getid("03060101");
        s1.getname("Wang Fei");
        s1.getsex('F');
        s1.getage(19);
        s1.getscore(95);
        s1.display();
        //通过调用带参构造函数创建对象 s2
        Student s2("Chen Wei ",'M',"03060102",18,98);
        s2.display();
    }
```

程序运行结果：

```
name:
id:00000000
age:0
sex:
score:0
name:WangFei
id:03060101:
age:19
sex:F
score:95
name:Chen Wei
id: 03060102
age:18
sex:M
score:98
```

本例分析：该程序分别定义了一个无参构造函数 Student 和一个带参构造函数 Student，根据参数匹配情况，main()函数在创建对象 s1 时调用了无参构造函数；在创建对象 s2 时调用了带参构造函数。在对象生存期结束时，系统自动调用析构函数进行必要的清理工作，收回对象所占用的内存空间。语句"id＝new char[strlen(pid)＋1]"中的 new 运算符用于动态分配与类型说明符(如 char)相应指定长度的存储空间，若分配成功，将该存储空间的首地址存入指针变量,而 delete 用于释放 new 所申请的动态存储空间。

需要引起注意的是,析构函数的清理工作需要程序员编写代码才能完成,析构函数本身并不能收回对象所占用的内存。因此,如果希望程序在对象被删除时自动完成一些指定的任务,可以将这些任务写到析构函数中。例如,若在构造函数中用 new 分配对象空间,则在析构函数中需要用 delete 语句收回对象所占用的内存空间。此外,在 Windows 操作系统中,任何窗口都是一个对象,在窗口关闭之前,需要保存窗口中显示的内容,因此需要在析构函数中增加必要的代码,以使系统自动完成这些工作。

若类中没有显式地定义析构函数,则编译系统将生成一个默认形式的析构函数作为公有成员。在例 4-8 之前的程序都没有定义析构函数,使用的是编译系统提供的析构函数。系统自动生成的默认构造函数的形式如下:

```
类名::~类名(){}
```

在应用析构函数时,读者应注意析构函数的以下特点:

(1) 析构函数是成员函数,函数体可以写在类中,也可以写在类外。

(2) 析构函数的函数名与类名相同,并在前面加"~"字符区别于构造函数。另外,析构函数没有返回值类型。

(3) 析构函数没有参数,因此不能重载,即一个类中只能定义一个析构函数。

(4) 析构函数的功能是清除对象,释放对象所占用的内存等,析构函数在对象生存期结束前由编译系统自动调用。

(5) 每个类都必须有一个析构函数,如果类中没有显式地定义析构函数,则编译系统会自动生成一个默认形式的析构函数作为该类的公有成员,但默认析构函数不进行任何实际工作。

4.4.3 复制构造函数

复制构造函数也是一种特殊的成员函数,其功能是用一个已知对象初始化一个被创建的、新的同类对象。复制构造函数的参数是本类对象的引用,C++为每一个类定义了一个默认的复制构造函数,程序员也可以根据软件设计的需要定义自己的复制构造函数,从而实现同类对象之间数据成员的值传递。

复制构造函数的定义格式如下:

```
class 类名
{
public:
    类名(参数表);                    //构造函数
    类名(const 类名 & 对象名;)       //复制构造函数
    ⋮
};
类名::类名(const 类名 & 对象名)
{
    函数语句
}
```

　　复制构造函数是一种特殊的构造函数,具有一般构造函数的本质特性。复制构造函数的形参是本类对象的引用,其作用是用一个已知对象初始化一个创建的、新的同类对象,并且 const 可以省略。

　　构造函数在创建对象时被调用,而复制构造函数在以下 3 种情况下由编译系统自动调用。

　　(1) 在声明语句中用类的一个已知对象初始化该类的另一个对象时。

【例 4-12】 复制构造函数自动调用之一。

```
//examplech412.cpp
# include < iostream. h >
class Location
{
public:
    Location( int a, int b)                      //构造函数
    {
        x = a; y = b;
        cout <<"Executing constructor"<< endl;
        cout <<"x = "<< x <<", y = "<< y << endl;
    }
    Location(const Location& p)                  //复制构造函数
    {
        x = p. x; y = p. y;
        cout <<"Executing copy_constructor."<< endl;
        cout <<"x = "<< x <<", y = "<< y << endl;
    }
    ~Location()                                  //析构函数
    {
        cout <<"Executing destructor"<< endl;
    }
private:
    int x, y;
};
void main()
{
    Location p1(5,18);                           //定义对象 p1
    Location p2(p1);                             //定义对象 p2,并用 p1 初始化 p2
}
```

程序运行结果:

```
Executing constructor
x = 5, y = 18
Executing copy_constructor
x = 5, y = 18
Executing destructor
Executing destructor
```

本例分析：该程序先定义了对象 p1(5,18)，然后调用复制构造函数创建对象 p2，并用对象 p1 的值初始化对象 p2，运行结果表明，p1 和 p2 的属性相同。

（2）当对象作为一个函数实参传递给函数的形参时，需要用实参对象初始化形参对象时，需要调用复制构造函数。

【例 4-13】 复制构造函数自动调用之二。

```cpp
//examplech413.cpp
# include < iostream. h>
class Location
{
public:
    Location(double a, double b)                    //构造函数
    {
        x = a; y = b;
        cout <<"Executing constructor"<< endl;
        cout <<"x = "<< x <<", y = "<< y << endl;

    }
    Location(const Location& p)                     //复制构造函数
    {
        x = p. x; y = p. y;
        cout <<"Executing copy_constructor."<< endl;
        cout <<"x = "<< x <<", y = "<< y << endl;
    }
    ~Location()                                      //析构函数
    {
        cout <<"Executing destructor"<< endl;
    }
    double getx()
    {
        return x;
    }
    double gety()
    {
        return y;
    }
private:
    double x, y,
};

void display(Location p)                             //引用作为函数形参
{
    cout << p. getx()<< endl;
    cout << p. gety()<< endl;
}
void main()
{
```

```
    Location p1(5,18);                          //定义对象 p1
    display(p1);                                //对象 p1 作为函数实参
}
```

程序运行结果：

```
Executing constructor
x = 5, y = 18
Executing copy_constructor
x = 5, y = 18
5
18
Executing destructor
Executing destructor
```

本例分析：该程序定义了对象 p1，在主函数中调用函数 display，当该函数以对象 p1 作为实参初始化形参对象 p 时，需要调用复制构造函数，在调用函数 display 返回时，为删除形参对象，还需要调用析构函数。

（3）当对象是函数的返回值时，由于需要生成一个临时对象作为函数返回结果，系统需要用临时对象的值初始化另一个对象，需要调用复制构造函数。

【例 4-14】　复制构造函数自动调用之三。

```
//examplech414.cpp
# include < iostream. h >
class Location
{
public:
    Location(double a, double b)                //构造函数
    {
        x = a; y = b;
        cout <<"Executing constructor"<< endl;
        cout <<"x = "<< x <<", y = "<< y << endl;
    }
    Location(const Location& p)                 //复制构造函数
    {
        x = p. x; y = p. y;
        cout <<"Executing copy_constructor. "<< endl;
        cout <<"x = "<< x <<", y = "<< y << endl;
    }
    ~Location()                                 //析构函数
    {
        cout <<"Executing destructor"<< endl;
    }
    double getx()
    {
        return x;
    }
    double gety()
    {
```

```
            return y;
        }
private:
        double x, y;
};

Location fun(Location p)
{
        double x, y;
        x = p.getx() + 1;
        y = p.gety() + 1;
        cout <<"x = "<< x <<", y = "<< y << endl;
        return p;
}
void main()
{
        Location p1(5, 18);                    //定义对象 p1
        Location p2 = fun(p1);                 //函数的返回值是类对象,用于初始化 p2
}
```

程序运行结果:

```
Executing constructor
x = 5, y = 18
Executing copy_constructor
x = 5, y = 18
x = 6, y = 19
Executing copy_constructor
x = 5, y = 18
Executing destructor
Executing destructor
Executing destructor
```

本例分析:在该程序中,函数 fun 的返回值为类对象,函数返回时需要生成一个临时对象作为函数返回结果,系统需要用临时对象的值初始化另一个对象,需要调用复制构造函数。

通过实例表明,复制构造函数具有以下特点:

(1) 复制构造函数名与类名相同,并且没有返回值类型。

(2) 复制构造函数是特殊的成员函数,函数体可以写在类中,也可以写在类外。

(3) 复制构造函数有且仅有一个参数,并且是同类对象的引用。

(4) 每个类都必须有一个复制构造函数,如果类中没有显式地定义复制构造函数,系统会自动生成一个默认形式的复制构造函数作为该类的公有成员。

默认复制构造的形式如下:

```
    类名::类名(const  类名  &对象名);
```

4.4.4　浅复制与深复制

复制构造函数的功能是用一个已知对象来初始化一个被创建的同类对象。如果在程序中没有显式地定义复制构造函数，则 C++为每一个类定义了一个默认的复制构造函数。当用一个已知对象初始化一个新创建的同类对象时，默认的复制构造函数可以完成新建对象数据成员的值的复制，当对象的数据成员是简单数据类型时，默认复制构造函数非常有效。但当一个对象拥有的资源是由指针指示的堆时，默认复制构造函数只能进行指针（地址）复制，而不能实现内存空间的分配，即被复制的对象和新创建的对象指向同一个内存地址。这样，当对象生命期结束时，析构函数会重复析构堆资源，从而产生错误。

【例 4-15】　浅复制举例。

```cpp
//examplech415.cpp
# include < iostream. h >
# include < string. h >
class Person
{
public:
    Person(char * name1, int a, double s);
    void display();
    ~Person();                          //析构函数的声明
private:
    char *  name;
    int age;
    double salary;
};

Person::Person(char *  name1, int a, double s)
{
    name = new char[ strlen(name1) + 1];
    strcpy(name, name1);
    age = a;
    salary = s;
}

void Person::display()
{
    cout <<" name:"<< name << endl;
    cout <<" age:"<< age << endl;
    cout <<"salary:"<< salary << endl;
    cout << endl;;
}

Person::~Person()
{
    delete[ ] name;
}
void main()
{
```

```
        Person p1("WangWei ",19,3880);        //调用构造函数创建对象 p1
        p1.display();
        Person p2(p1);                        //调用复制构造函数,用 p1 的数据初始化对象 p2
        p2.display();
}
```

程序运行结果:

```
name: WangWei
      age: 8
salary: 3880
  name: WangWei
      age: 8
salary: 3880
```

本例分析:该程序在编译和连接时没有错误,但运行时产生了错误。由于没有显式地定义复制构造函数,在创建对象 p2 时用对象 p1 的值初始化对象 p2,系统调用默认复制构造函数,因此,对象 p1 和 p2 指向同一内存地址(如图 4-1 所示)。即对象 p2 中的指针变量和对象 p1 中的指针变量指向同一个存储空间,当一个对象生命期结束且调用析构函数释放内存空间后,另一个对象中的指针变量被"悬空",从而使系统运行中产生错误。

使用默认复制构造函数虽然可以进行对象成员的复制,但当一个类拥有堆内存等资源时会出现两个对象拥有同一个资源的情况。当对象被析构时,该资源将经历两次资源返还。但如果只有一个资源,第二次析构资源时已无资源可以返还,因而产生错误。

这种在用一个对象初始化另一个对象时,只复制了数据成员(如图 4-1 所示),而没有复制资源,使两个对象同时指向同一资源的复制方式称为浅复制。如果对象只拥有基本数据类型资源,则程序能正常运行(如例 4-12)。当对象需要占用堆资源时,程序员需要在类中显式地定义复制构造函数,对资源进行深复制。

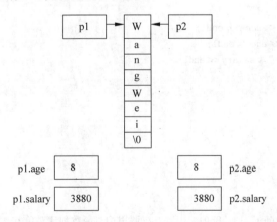

图 4-1 浅复制原理图

【**例 4-16**】 深复制应用举例。

```
//examplech416.cpp
# include < iostream.h >
```

```cpp
# include < string. h>
class Person
{
public:
    Person(char *  name1, int a, double s);
    Person(const Person& p0);              //复制构造函数的声明
    void display();
    ~Person();                             //析构函数的声明
private:
    char *  name;
    int age;
    double salary;
};

Person::Person(char *  name1, int a, double s)
{
    name = new char[ strlen(name1) + 1];
    strcpy(name, name1);
    age = a;
    salary = s;
}

Person::Person(const Person& p0)          //复制构造函数的实现
{
    name = new char[ strlen(p0. name) + 1];
    strcpy(name, p0. name);
    age = p0. age;
    salary = p0. salary;
}

void Person::display()
{
    cout <<" name:"<< name << endl;
    cout <<" age:"<< age << endl;
    cout <<"salary:"<< salary << endl;
    cout << endl;;
}

Person::~Person()
{
    delete[ ] name;
}
void main()
{
    Person p1("WangWei", 19, 3880);       //调用构造函数创建对象 p1
    p1. display();
    Person p2(p1);                        //调用复制构造函数,用 p1 的数据初始化对象 p2
    p2. display();
}
```

程序运行结果:

```
name: WangWei
    age: 8
salary: 3880

name: WangWei
    age: 8
salary: 3880
```

本例分析：该程序是上例的改进,显式地定义了复制构造函数,调用自定义复制构造函数创建对象 p2,用对象 p1 的值初始化对象 p2 时进行的是资源复制,即深复制,如图 4-2 所示。

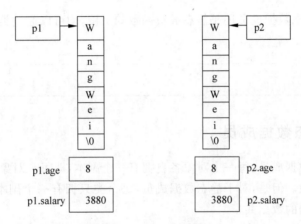

图 4-2　深复制原理图

由于对象 p2 被创建时需要分配资源,因此必须显式地定义复制构造函数。这种通过一个对象初始化另一个对象时,不仅复制了数据成员,也复制了资源的复制方式称为深复制。这里所指的资源均指堆内存。

由指针指示的堆内存是最常用的需要进行深复制的一种资源,但并不是唯一需要复制构造函数的资源。例如打开文件、占用打印机设备等同样必须返还的资源,也需要进行深复制。默认复制构造函数所进行的是简单的数据复制,即浅复制,而自定义复制构造函数所进行的是深复制,可以有效地避免一个类中由于不同对象共享内存而在资源析构中出现错误。因此,若一个类需要析构函数进行析构资源,则该类也同样需要显式地定义复制构造函数进行资源的深复制。

4.5　静态成员

静态成员包括静态数据成员和静态成员函数,它提供了同一个类中不同对象数据成员的共享机制。因此,静态成员不是某个对象的成员,而是类中所有对象共享的成员。当类的一个成员被声明为静态成员时,无论创建多少个对象,都只建立一个静态成员副本,即一个静态成员被所有类对象共享。例如,Person 类的数据成员人数(总数)和对人数进行统计的成员函数是所有对象共享的成员,不属于某一个对象。

4.5.1　静态成员的定义与引用

无论是静态数据成员还是静态成员函数,其声明方式类似,都是在各自声明的基础上以关键字 static 限定。静态成员是类对象的所有成员,应在类中进行声明,其使用格式如下:

```
static  静态成员的定义;
```

例如:

```
static int total;                      //定义静态数据成员 total
static void display();                 //定义静态成员函数 display()
```

同样,无论是静态数据成员还是静态成员函数的引用,均可以通过类名加以标识。其引用格式如下:

```
类名::静态成员名;
```

4.5.2　静态数据成员

对于类的普通数据成员,每一个对象各自拥有一个副本,即每个对象的同名数据成员可以分别存储不同的值。但是,对于静态数据成员,每个类只拥有一个副本,从而实现了同一个类的不同对象之间的数据共享。

静态成员的初始化是在编译时进行的,由于静态数据成员不专属于某一个对象,是整个类的数据成员,不能用构造函数进行初始化,因此,静态数据成员必须单独进行初始化。程序开始运行时静态数据成员就必须存在,直到程序运行结束时才消除数据成员,静态数据成员不能在任何函数内分配存储空间和初始化。

静态数据成员的初始化与一般数据成员的初始化有所不同,其初始化格式如下:

```
类型  类名::静态数据成员 = 初始化值;
```

【例 4-17】 静态数据成员的使用。

```cpp
//examplech417.cpp
# include< iostream. h>
# include< string. h>
class Person
{
    static int total;
public:
    Person(char * name1);
    void display()
    {
        cout << name <<":";
        cout <<"total = "<< total << endl;
```

```
    }
private:
    char * name;
    int S_number;
};

Person::Person(char * name1)
{
    name = new char[strlen(name1) + 1];
    name = strcpy(name, name1);
    total++;
    S_number = total;
}

int Person::total = 0;
void main()
{
    Person s1("WuHong");
    s1.display();
    cout << endl;
    Person s2("WangLu");
    s1.display();
    s2.display();
    cout << endl;
    Person s3("LiMing");
    s1.display();
    s2.display();
    s3.display();
}
```

程序运行结果：

```
WuHong: total = 1
WuHong: total = 2
WangLu: total = 2
WuHong: total = 3
WangLu: total = 3
LiMing: total = 3
```

本例分析：Person 类的数据成员 total 用于统计所创建员工的数量，由于员工总数不是某一个对象的，属于该类所有对象的共享数据成员，因而 total 被定义为静态变量。由于创建对象时构造函数被自动调用，计数功能放在构造函数中进行，每创建一个对象，total 就会自动加 1。

4.5.3 静态成员函数

所谓静态成员函数是指使用 static 关键字声明的成员函数，与静态数据成员一样，静态成员函数不是某一个类的成员，而是属于整个类。静态成员函数可以直接访问该类的静态数据成员和成员函数,而访问非静态数据成员则可以通过对象进行调用。

【例4-18】 静态成员函数的应用。

```cpp
//examplech418.cpp
#include<iostream.h>
#include<string.h>
class Person
{
    static int total;
    static int Max_number;
public:
    Person();
    static void display()
    {
        cout<<"total = "<< total << endl;
        cout<<"Max_number:"<< Max_number << endl;
    }
    void print_no()
    {
        cout << S_number << endl;
    }
private:
    char * name;
    int S_number;
};

Person::Person()
{
    char name1[20];
    cout<<"Please Input Staffer Name:";
    cin>> name1;
    name = new char[strlen(name1) + 1];
    name = strcpy(name, name1);
    total++;
    S_number = 1000 + total;            //员工编号从1000开始
    Max_number = S_number;
}

int Person::total = 0;
int Person::Max_number = 0;
void main()
{
    Person s1;
    Person s2;
    Person s3;
    Person s4;
    Person::display();                  //通过类名调用静态成员函数
    s4.display();                       //通过对象调用静态成员函数
    s3.print_no();                      //输出第3位员工的个人编号
}
```

程序运行结果：

```
Please Input a Staffer Name: WuHong
Please Input a Staffer Name: WangLu
Please Input a Staffer Name: LiMing
Please Input a Staffer Name: LiMeng
total = 4
Max_number = 1004
total = 4
Max_number = 1004
1003
```

本例分析：该程序的功能是通过键盘输入员工的姓名，系统自动统计员工总数和员工编号。数据成员 S_number 表示员工编号，由于不同对象（员工）都拥有一个编号，因此，每一个对象都拥有一个数据成员的副本，而 Max_number 表示员工编号的最大值，不属于某一特定数据成员，应定义为静态数据成员，所有对象共享一个副本。在 main() 函数中可以通过类名调用静态成员函数，也可以通过对象名调用成员函数，结果相同。

在程序设计中使用静态成员函数可以给用户带来以下方便：

（1）静态成员函数能直接访问该类中的静态数据成员，而不会影响该类的其他数据成员。

（2）采用静态成员函数可以在创建对象之前处理静态数据成员，这是普通成员函数不能实现的。

（3）静态成员函数在同一个类中只有一个成员函数的地址映射，节约了计算机系统的开销，提高了程序的运行效率。

（4）静态成员函数不能直接访问类中的非静态成员，如果静态成员函数需要访问非静态成员，需要通过对象名才能访问该对象的非静态数据成员。

4.6 友元

类的一个重要的特点是实现了数据的隐藏。在类的定义中通常将数据成员声明为私有成员，而在类的外部不能直接访问私有成员，只能通过类的公有成员函数进行访问。若需要在类的外部直接访问类的私有数据成员，则需要一种新的途径，即在不改变类的数据成员的安全性的前提下，使类外部的函数或类能够访问类中的私有数据成员。在 C++ 中，通过定义友元可以实现这一功能。

友元既可以是不属于任何类的一般函数，也可以是另一个类的成员函数，还可以是其他类。友元包括友元函数和友元类两种情况。

4.6.1 友元的作用

无论是友元函数还是友元类，它们均不是类的成员，但都可以访问类的所有成员。C++ 的友元提供了不同类或对象的成员函数之间、类的成员函数与普通函数之间进行数据共享的机制。因此,友元是对类的封装性的合理补充,利用友元,一个类可以被定义为友元的普通函数或另一个类的成员函数访问封装于该类的私有数据成员。

友元加强了类与类之间、类与外部非成员函数之间的数据共享机制。如果没有友元,外部函数访问类的私有数据成员必须通过调用公有成员函数才可以实现,当需要频繁地使用类的私有数据成员时,将给系统带来很大的开销。因此,使用友元可以避免频繁地调用类的接口函数,既提高了程序的运行速度,又提高了程序的运行效率。

友元的定义并没有改变私有数据成员的访问属性,对于未被定义为友元的非成员函数,仍然不能直接访问类的私有数据成员。但友元毕竟增加了数据共享的机制,因而在一定程度上破坏了类的封装性和隐蔽性,使得类的非成员函数可以访问类的所有成员。因此,在程序设计中,编程人员应仔细权衡数据共享的必要性和数据成员的隐蔽性之间的关系,慎重、合理、高效地使用友元。

友元关系具有非对称性(单向性)和非传递性。非对称性是指若 B 是 A 的友元,如果没有特别声明,则 A 不是 B 的友元。非传递性是指若 B 是 A 的友元,C 是 B 的友元,如果没有特别声明,则 C 不是 A 的友元。

4.6.2　友元函数

如果类外的非本类成员函数需要访问类的私有数据成员或保护成员,应将该函数声明为类的友元函数。

友元函数的声明由关键字 friend 引导,其声明格式如下:

```
friend  返回值类型  函数名(参数表);
```

因为友元不是类的成员,所以友元的声明可以出现在类中的任何地方。

【例 4-19】　用友元函数计算平面坐标体系中两点的距离。

```
//examplech419.cpp
# include < iostream. h >
# include < math. h >
class Point
{
public:
    Point()
    {
        cout <<"请输入给定点的(x,y)坐标,以空格分开:";
        cin >> x >> y;
        cout <<"point:("<< x <<","<< y <<")"<< endl;
    }
    friend double distance(Point &p1,Point &p2);   //友元函数的声明

private:
    double x, y;
};

double distance(Point &p1, Point &p2)              //使用普通函数作为友元函数
```

```
{
    double deltax,deltay;
    deltax = p1.x - p2.x;              //访问私有成员
    deltay = p1.y - p2.y;              //访问私有成员
    return sqrt(deltax * deltax + deltay * deltay);
}

void main()
{
    Point p1;
    Point p2;
    cout <<"以上两给定点之间的距离是:"<< distance(p1,p2)<< endl;
}
```

程序运行结果:

请输入给定点的(x,y)坐标,以空格分开: 2.2   2.8
point: (2.2,2.8)
请输入给定点的(x,y)坐标,以空格分开: 6.6   7.8
point: (6.6,7.8)
以上两给定点之间的距离是: 6.66033

本例分析: 求距离函数 distance 在 Point 类中被声明为友元函数,但在 Point 类中只声明了函数原型,函数 distance 的实现在类外。由于 distance 被声明为友元函数,因此,在类的外部也可以通过 Point 类的对象 p1 和 p2 直接访问私有数据成员 x 和 y。

在使用友元函数时,读者需要注意以下几点:

(1) 友元函数可以访问类中的私有数据成员,但友元函数不是类的成员函数,因此,在类外部实现友元函数时,不能在函数名前加上"类名::"。

(2) 友元函数可以是一个普通函数,也可以是另外一个类的成员函数。

4.6.3 友元类

不仅函数可以声明为一个类的友元,一个类也可以声明为另一个类的友元。若一个类被声明为另一个类的友元,则该类的所有成员函数都是另一个类的友元,都可以访问另一个类的私有数据成员。

友元类的声明格式如下:

```
friend  类名;
```

【例 4-20】 友元类的应用。

```
//examplech420.cpp
# include < iostream. h >

class A
{
```

```
    public:
        A()
        {
            cout <<"Please Input x = ";
            cin >> x;
            y = x * x;
        }
        void display()
        {
            cout <<"x = "<< x <<", y = "<< y << endl;
        }
        friend class B;                              //声明友元类 B
    private:
        double x, y;

    };

    class B
    {
    public:
        void display1()
        {
            obj1.display();                          //调用类 A 的成员函数
            obj1.x = 5.5;                            //给类 A 的私有数据成员重新赋值
            obj1.y = 6.8;                            //给类 A 的私有数据成员重新赋值
             obj1.display();                         //调用类 A 的成员函数
        }
    private:
        A obj1;
    };

    void main()
    {
        B obj1;
        obj1.display1();
        B obj2;
        obj2.display1();
    }
```

程序运行结果：

```
Please Input x = 1.7
x = 1.7, y = 2.89
x = 5.5, y = 6.8
Please Input x = 2.9
x = 2.9, y = 8.41
x = 5.5, y = 6.8
```

本例分析：类 A 的对象 obj1 是类 B 的数据成员，类 B 被声明为类 A 的友元，因此，类 B 的成员函数可以使用类 A 的所有成员。该程序的运行结果还表明，类 A 的对象 obj1 和类 B 的 obj1 虽然对象名相同，但属于不同的对象，具有不同的属性。

4.7 类作用域及对象的生存期

C++标识符的作用域有函数原型作用域、块作用域(局部作用域)、函数作用域、类作用域和文件作用域。除类作用域外,其他作用域已在第3章介绍,下面介绍类作用域及对象的生存期。

4.7.1 类作用域

类作用域是指在类中定义的数据成员、成员函数及其他标识符的作用范围仅限定在该类中,即类作用域是指在类的声明中用一对大括号括起来的部分。一般情况下,类中包含的所有成员具有类作用域,在类作用域中声明的标识符,其作用域与标识符的声明顺序没有关系。在类中,类的任何成员都可以访问该类的所有成员。

对于成员函数,即使函数的实现在大括号的类外,由于函数原型已在类中声明,因此也在类的作用域范围之内,即类作用域覆盖了所有成员函数的作用域,无论成员函数是在类中实现还是在类外实现,均包括在类作用域中。

一个类的成员函数可以不受限制地访问本类的数据成员,而在该类作用域之外,不能直接访问类的数据成员和成员函数,即便是公有数据成员,也只能通过本类对象才可以访问。

4.7.2 对象的生存期

生存期是一个时间概念。类对象的生存期是指对象从被创建开始到生存期结束为止的时间,类对象在声明时被创建,在释放时被终止。

类对象的生存期一般可以分为以下3种情况:

(1) 局部对象。局部对象是被定义在一个程序块或函数体内的对象,它的作用域范围小、生存期短。对象被定义时系统自动调用构造函数,该对象被创建,当程序运行结束时该对象被释放。

(2) 静态对象。静态对象被定义在一个文件中,它的作用域从定义时开始到文件结束时为止,它的作用域范围大,生存期也较长。程序第一次执行静态对象定义语句时自动调用构造函数创建对象,程序运行结束时调用析构函数释放对象。

(3) 全局对象。全局对象的作用域在整个程序中,它的作用域范围最大、生存期最长。程序开始运行时自动调用构造函数创建全局对象,程序运行结束时调用析构函数释放对象。

【例4-21】 类作用域及生存期举例。

```
//examplech421.cpp
#include<iostream.h>
#include<string.h>
class Test
{
public:
    Test(int a)
    {
```

```
            i = a;
            cout <<"Test:"<< i << endl;
        }
    private:
        int i;
    };

    void fun1(int n)
    {
        //int j = i;
        static Test t1(n);                        //定义静态对象 t1
        cout <<"fun1:"<< n << endl;
    }

    void main()
    {
        Test t2(188);
        fun1(18);
        fun1(28);
    }
```

程序运行结果：

```
Test:188
Test:18
fun1:18
fun1:28
```

本例分析：函数 fun1 的第一条语句被注释以后程序在编译时才可以通过,若取消该语句的注释标识,则表示试图使用 Test 类中的数据成员 i,由于超出了类作用域范围,在编译时将产生错误。函数 fun1 还定义了静态对象 t1,由于 t1 是静态对象,仅在第一次执行定义时调用构造函数,当第二次执行 fun1 时,由于对象已经存在,不再初始化。若删除 static 关键字,由于对象 t1 不再是静态对象,因此程序运行结果如下。

```
Test:188
Test:18
fun1:18
Test:28
fun1:28
```

④ 4.8　名空间

一般情况下,如果 C++ 程序中出现的两个变量、函数名或类名的名字完全相同,就会产生冲突。解决命名冲突的方法有两个,第一种解决方法是重新使用不同的标识符名,但有时为了程序的可读性,必须使用相同的标识名,因此,C++ 提供了第二种解决命名冲突的方法——名空间。

4.8.1 名空间的定义

名空间是 C++ 为解决变量、函数名和类名等标识符的命名冲突服务的,它的基本方法是将变量等标识符定义在一个不同名字的名空间中。名空间的定义由 C++ 关键字 namespace 引导,其定义形式如下:

```
namespace   名空间标识符名
{
      成员的声明;
}
```

其中,名空间标识符名在所定义的域中必须是唯一的,名空间内的成员既包括变量,也包括函数。

4.8.2 名空间成员的访问

在使用名空间的成员时需要用名空间名进行标识,从而有效地解决了标识符的冲突。名空间成员的访问方式如下:

```
名空间标识符名::成员名
```

4.8.3 名空间的应用

可以指定名空间是 C++ 的新特性,在使用 STL 类库的组件时,用户常用到以下语句:

```
using namespace std;
```

该语句的含义是使用名空间 std。使用名空间可以帮助开发人员在开发新的软件组件时不会和既有的软件组件产生标识符命名冲突。

在 C++ 中,头文件既可以是旧版本的“ ＊.h”文件,也可以是不带“.h”扩展名的头文件。编译预处理指令可以采用任何一种形式的头文件方式,但两种头文件不能混合使用。在应用名空间,使用编译预处理指令包含相关头文件时,应省略头文件的扩展名,例如,头文件 iostream.h 的文件包含指令应采用以下形式:

```
# include < iostream >
```

【例 4-22】 名空间的应用举例。

```
//examplech422.cpp
# include < iostream >
# include < string >
using namespace std;
namespace A
{
```

```
        string user_name = "namespace A";
        int fun()
        {
            int n = 18;
            return n;
        }
        void Display()
        {
            cout <<"In namespace A..."<< endl;
        }
    }
    namespace B
    {
        string user_name = "namespace B";
        int fun()
        {
            int n = 28;
            return n;
        }
        void Display()
        {
            cout <<"In namespace B..."<< endl;
        }
    }

    void main()
    {
        cout << A::user_name << endl;          //用名空间限制符访问变量 user_name
        cout <<"n = "<< A::fun()<< endl;       //用名空间限制符访问函数 fun()
        A::Display();                          //用名空间限制符访问函数 Display()
        cout << endl;
        cout << B::user_name << endl;          //用名空间限制符访问变量 user_name
        cout <<"n = "<< B::fun()<< endl;       //用名空间限制符访问函数 fun()
        B::Display();                          //用名空间限制符访问函数 Display()
    }
```

程序运行结果：

```
namespace A
n = 18
In namespace A
namespace B
n = 28
In namespace B
```

本例分析：using namespace std 编译指示在本程序中可以使用 C++标准类库中定义的名字。std 是标准名空间名，在标准头文件中声明的函数、对象和类模板都在名空间 std 中声明。该程序定义了 A 和 B 两个名空间，在 A 和 B 名空间中分别定义了同名函数 fun()和 Display()以及同名字符串标识符 user_name。

此外,还可以使用预编译指示使用名空间,应用预编译指示的优点是第一次应用时可以不必显式地使用名空间标识符来访问变量,这时修改 main()函数如下:

```
void main()
{
    using namespace A;
    cout << user_name << endl;          //访问名空间 A 的变量 user_name
    cout <<"n = "<< fun()<< endl;        //访问名空间 A 的函数 fun()
    Display();                           //访问名空间 A 的函数 Display()
    cout << endl;
    using namespace B;
    cout << B::user_name << endl;        //用名空间 B 标识符访问变量 user_name
    cout <<"n = "<< B::fun()<< endl;     //访问名空间 B 的函数 fun()
    B::Display();                        //访问名空间 B 的函数 Display()
}
```

两程序的运行结果相同。访问名空间 A 的变量与函数时可以不显式地使用名空间 A 的标识符,但访问名空间 B 的变量和函数时仍需要使用名空间标识符访问其变量和函数。

4.9 常类型

C++面向对象的封装性实现了数据的安全性,但程序设计中各种形式的数据共享又在不同程度上破坏了数据的安全性。为解决数据共享与数据安全的统一,C++引入了常类型。由于常量在程序运行期间是不可以改变的,因此,常类型的应用既保证了数据共享又防止了数据被改动。

常类型是指使用关键字 const 说明的类型,常类型的变量或对象成员的值在程序运行期间是不可以改变的。

4.9.1 常引用

如果在说明引用时用关键字 const 限定,则被说明的引用为常引用。常引用所引用的对象不能被更新。如果使用常引用作为形参,则不会发生对实参的不希望的更改。

常引用的说明形式如下:

> const 类型说明符 &引用名;

例如:

```
int n = 18;
const int &b = n;
```

其中,b 是一个常引用,它所引用的对象不允许更改。如果出现:

```
b = 129;
```

则是非法的,源程序在编译时将产生错误。

在程序设计中,常引用一般作为函数的形参,称为常参数。

【例 4-23】 常引用举例。

```
//examplech423.cpp
# include < iostream. h >
void Display(const double &b);
void main()
{
    double d = 19.8;
    Display(d);
}

void Display(const double &b)        //常引用作为形参,不能修改 b 引用的对象
{
    cout <<"b = "<< b << endl;
}
```

程序运行结果:

```
r = 19.8
```

本例分析: 函数 Display 的形参为常引用,因此,在函数内不可以修改 b 引用的对象的值,若在该函数中修改 b 的值,编译时将产生错误。

4.9.2　常对象

如果在说明对象时用关键字 const 限定,则被说明的对象为常对象,被说明为常对象的数据成员的值在整个生存期内不能被修改。

常对象的说明格式如下:

```
类名 const 对象名;
或:
const 类名 对象名;
```

与基本数据类型的常量一样,在定义常对象时必须进行初始化,而且其对象的数据成员值不能被修改。常对象只能由常成员函数进行操作,没有被声明为常成员函数的成员函数不能用于操作常对象。

【例 4-24】 常对象的应用。

```
//examplech424.cpp
# include < iostream. h >
# include < math. h >
# include < stdlib. h >
class ConstObjTest
{
public:
    ConstObjTest(double b):a(b){};
```

```
        double Getvalue() const
        {
            return a;
        }
private:
    double a;
};

double Triarea(const ConstObjTest &c1,const ConstObjTest &c2,
        const ConstObjTest &c3)
{
    double s,area;
    s = c1.Getvalue() + c2.Getvalue() + c3.Getvalue();
    s = s/2.0;
    if((c1.Getvalue() + c2.Getvalue()> c3.Getvalue())&&
        c2.Getvalue() + c3.Getvalue()> c1.Getvalue()&&
        c1.Getvalue() + c3.Getvalue()> c2.Getvalue())
    area = sqrt(s * (s − c1.Getvalue()) * (s − c2.Getvalue()) *
        (s − c3.Getvalue()));
    else
    {
        cout <<"Data Error!"<< endl;
        exit(1);
    }
        return area;
}

void main()
{
    ConstObjTest c1(3),c2(4),c3(5);
    cout <<"Area = "<< Triarea(c1,c2,c3)<< endl;
}
```

程序运行结果：

Area = 6

4.9.3　常对象成员

由于类成员包括成员函数和数据成员，所以常对象成员也包括常成员函数和常数据成员。

1. 常成员函数

在类中使用关键字 const 说明的成员函数称为常成员函数，常成员函数的说明格式如下：

```
类型　函数名(参数表)　const;
```

使用常成员函数时,读者需要注意以下几点:

(1) const 是函数类型的一个组成部分,因此在函数的实现部分也要使用关键字 const。

(2) 常成员函数不能修改对象的数据成员,也不能调用该类中没有使用关键字 const 修饰的成员函数,从而保证了在常成员函数中不会修改数据成员的值。

(3) 关键字 const 参与区分函数重载。

(4) 如果一个对象被说明为常对象,则通过该对象只能调用它的常成员函数,而不能调用其他成员函数。

【例 4-25】　常成员函数的应用。

```cpp
//examplech425.cpp
# include < iostream. h>
class Sample
{
public:
    Sample(int i, int j)
    {
        m = i;
        n = j;
    }
    void Display();
    void Display() const;                //重载 Display()函数
    void set_value(int a, int b);
private:
    int m, n;
};

void Sample::set_value(int a, int b)     //重新设置对象值
{
    m = a;
    n = b;
}

void Sample::Display()
{
    cout <<"m = "<< m << endl;
    cout <<"n = "<< n << endl;
}

void Sample::Display() const
{
    cout <<"m = "<< m << endl;
    cout <<"n = "<< n << endl;
}

void main()
{
    const Sample s1(12, 22);
    cout <<"Display const object s1:"<< endl;
    s1.Display();                        //输出常对象
```

```
    //s1.set_value(38,28);              //常对象值不能修改,如果有该语句程序将产生错误
    Sample s2(112,122);
    cout <<"Display general object s2:"<< endl;
    s2.Display();                       //输出一般对象
    cout <<"Modify s2 and Display s2:"<< endl;
    s2.set_value(102,118);              //改变对象 s2 的值
    s2.Display();
}
```

程序运行结果：

```
Display const object s1:
m = 12
n = 22
Display general object s2:
m = 112
n = 122
Modify s2 and Display s2:
m = 102
n = 118
```

本例分析：在 main()函数中创建了一个常对象 s1 和一个一般对象 s2,常对象的值不能被修改,因此,如果不注释 main()函数中的"s1.set_value(38,28)"语句,则编译时将产生错误。常对象只能调用常成员函数,若需要输出常对象 s1 和一般对象 s2,则在类 Sample 中必须以函数重载的形式定义常成员函数 Display() const 和普通成员函数 Display(),分别用于常对象和一般对象的输出。

2. 常数据成员

类的数据成员也可以是常量或常引用,在类的数据成员中被关键字 const 说明的数据成员称为常数据成员。如果在类中说明了常数据成员,构造函数只能通过初始化列表对该数据成员进行初始化,而任何其他函数都不能给该成员赋值。

【例 4-26】 常数据成员的应用。

```
//examplech426.cpp
# include< iostream. h>
class A
{
public:
    A( int i);
    void print();
    const int& r;
private:
    const int a,b;
    static const int c;
};

const int A::c = 10;                    //静态常数据成员在类外说明和初始化
```

```
A::A(int i):a(i),b(i),r(a)            //常数据成员只能通过初始化列表获得初值
{
}
void A::print()
{
    cout << a <<":"<< b <<":"<< c <<":"<< r << endl;
}

void main()
{
    A a1(220),a2(80),a3(100);
    a1.print();
    a2.print();
    a3.print();
}
```

程序运行结果：

```
220: 220: 10: 220
80: 80: 10: 80
100: 100: 10: 100
```

本例分析：在 main()函数中创建了对象 a1、a2 和 a3,并以 220、80 和 100 作为初值,分别调用构造函数,通过构造函数的初始化列表给对象的常数据成员 a 和 b 赋初值。需要注意的是,c 为静态常数据成员,在类外说明的同时需要进行初始化处理。

4.10　本章小结

　　类是对具有共同特性的一组对象的抽象与统一描述,它既是 C++ 面向对象方法的重要概念,同时也是面向对象程序设计的核心和基础。类是一种理想的模块化编程方法,它通过提供抽象和封装机制,将数据和函数封装在一起,构成了面向对象程序设计的基本单元。类与对象的关系如同模具与用这个模具铸造的铸件之间的关系,对象是类的一个实例。因此,在面向对象程序设计中,首要与核心的任务是类的确定和对象的创建,利用它可以实现对象的抽象、数据和操作的封装以及信息的隐蔽。

　　从语法上分析,类是结构体功能的扩展。类是一种用户自定义的数据类型,而对象可以认为是属于这一类型的变量。类与基本数据类型的不同之处在于类既包含数据,又包含了对数据进行操作的函数。类的定义、实现可放在同一个源程序文件中,但通常将类的声明放在头文件中,将类的实现放在与头文件同名的 .cpp 文件中。

　　类成员包括数据成员和成员函数,类的成员可分为公有成员、私有成员和保护成员。一般将函数定义为公有成员或保护成员,将数据定义为私有成员或保护成员。类的访问控制属性表示类成员的访问权限,实现了对数据的隐藏。在类中可直接访问类的所有成员,在类的外部只能访问类的公有成员。

　　在 C++ 中,仅仅完成类的定义系统并不会分配存储空间,只有在定义了对象以后,系统

才会给创建的对象分配存储空间。类的每一个对象都拥有一份类成员的副本,对象在创建时由系统自动调用构造函数对其进行初始化,在对象的生存期即将结束时,系统自动调用析构函数进行必要的清理工作,收回对象所占用的内存。复制构造函数是一种特殊的构造函数,它的功能是用一个已知对象去初始化一个同类对象,如果不显式地定义这 3 种成员函数,则编译系统自动生成一个默认形式的构造函数、析构函数和复制构造函数。如果类需要析构函数进行资源析构,则用户必须在类中定义复制构造函数对资源进行深复制。

　　类作用域是指在类中定义的数据成员、成员函数及其他标识符的作用范围仅限定在该类中。一般情况下,类的所有成员具有类作用域,在类作用域中声明的标识符,其作用域与标识符的声明顺序没有关系。在类中,类的任何成员都可以访问该类的所有成员。类的成员函数可以不受限制地访问本类的数据成员,而在该类作用域之外不能直接访问类的数据成员和成员函数,即便是公有数据成员,也只能通过本类对象才可以访问。类对象的生存期是指对象从被创建开始到生存期结束为止的时间,类对象在声明时被创建,在释放时被终止。

　　静态成员是类的特殊成员,它不是某一个对象的成员,而是所有对象共享的成员。静态成员的存在与对象的多少无关,静态成员在类中有且只有一个副本。静态成员包括静态数据成员和静态成员函数,静态数据成员在类的实现部分初始化,静态成员函数只能对静态数据成员进行操作。

　　在 C++中,通过类的友元可以访问该类的所有成员。友元可以是普通函数,可以是另一个类的成员函数,还可以是其他类。友元在类之间、类与普通函数之间共享了内部封装的数据,对类的封装性有一定的破坏。友元关系既不具有对称性,也不具有传递性。

　　对于既需要共享、又需要防止被修改的数据通常定义为常量进行保护,将不允许对数据成员进行任何修改的成员函数定义为常成员函数,将只能访问常成员函数的对象定义为常对象,这样可以提高程序的正确性和可维护性,避免出现不必要的错误。

4.11　思考与练习题

1. 类定义由哪些部分组成? 在定义和使用类时要注意什么问题?
2. 类定义中的公有成员、保护成员和私有成员各有何差别?
3. 在 C++的类定义中,类的数据成员和成员函数分别描述了对象模型中的什么属性?
4. 构造函数及析构函数具有哪些功能? 各有何特点? 它们分别在何时执行?
5. 分析下面程序的运行结果:

```cpp
//xt405.cpp
#include<iostream.h>
class Test1
{
public:
    Test1(int x)
    {
        a = x;
    }
```

```
        int a;
    };
    class Test2
    {
    public:
        Test2(int x, int y):n(x),m(y){}
        void Display()
        {
            cout <<"n = "<< n.a << endl;
            cout <<"m = "<< m << endl;
        }
    private:
        int m;
        Test1 n;
    };
    void main()
    {
        Test2 t2(3,5);
        t2.Display();
    }
```

6. 设计一个类 Line,用于表示二维坐标体系中的任意一条直线并输出该直线的属性。

7. 创建一个 Student 类,该类中具有学生姓名、学号、性别、年龄、成绩等数据成员。在该类中定义成员函数实现相关信息的输出以及学生成绩的统计(求平均成绩),将函数的原型声明放在类定义中,用构造函数初始化每个成员,要求显示信息函数将对象中的完整信息打印出来,并要求将数据成员定义为保护(private)方式。

8. 分析下面程序的运行结果:

```
//xt408.cpp
# include < iostream.h >
# include < string.h >
# include < stdlib.h >
class CString
{
    char * str;
public:
    CString(char * s);
    CString(const CString& t);
    ~CString()
    {
        if(str!= NULL)delete[ ] str;
    }
    void SetString(char * s);
    void Display()
    {
        cout << str << endl;
    }
};
CString::CString(char * s)
{
```

```
            str = new char[strlen(s) + 1];
            if(!str)
            {
                cerr <<"Allocationg Error"<< endl;
                exit( -1);
            }
            strcpy(str,s);
    }


    CString::CString(const CString& t)
    {
        str = new char[strlen(t.str) + 1];
        if(!str)
        {
            cerr <<"error in apply new space."<< endl;
            exit( -1);
        }
        strcpy(str,t.str);
    }
    void CString::SetString(char * s)
    {
        delete[] str;
        str = new char[strlen(s) + 1];
        if(!str)
        {
            cerr <<"Allocation Error"<< endl;
            exit( -1);
        }
        strcpy(str,s);
    }


    CString GetString(CString t)
    {
        char s[30];
        cout <<"Please Input the string:";
        cin >> s;
        t.SetString(s);
        return t;
    }
    void main()
    {
        CString C1("hello");
        C1.Display();
        CString C2 = GetString(C1);
        C2.Display();
    }
```

9. 设计一个表示二维圆形的 Circle 类,用于计算空心圆环的体积和重量。设圆环的厚度为 0.5m,圆环密度为 3600kg/m3,内环半径为 15m,外环半径为 20m。

10. 设计一个 Point 类,表示二维坐标体系中的任意一点,然后在此基础上设计一个矩形类 Rectangle，Rectangle 类使用 Point 类的两个坐标点作为矩形的对角坐标，并可以输出矩形 4 个顶点的坐标值和矩形面积。

11. 在 C++ 中，复制构造函数的作用是什么？在什么情况下需要调用复制构造函数？

12. 什么是类作用域？

13. 分析下面程序的运行结果：

```cpp
//xt413.cpp
# include < iostream. h >
class A
{
public:
    A( int i1, int i2)
    {
        k = i1;
        l = i2;
    }
    void Display()
    {
        int n1 = k * l;
        cout << k <<" * "<< l <<" = "<< n1 << endl;
    }
    void Display() const
    {
        int n2 = k + l;
        cout << k <<" + "<< l <<" = "<< n2 << endl;
    }
private:
    int k,l;
};

void main()
{
    A a(15,16);
    a.Display();
    const A b(20,32);
    b.Display();
}
```

14. 什么是静态数据成员？它有何特点？

15. 什么是友元？友元包括哪几种情况？各有何特点？

第 5 章

数组与指针

在大型应用程序设计中,设计人员经常会面临各种各样类型相同并具有内在联系的群体数据的应用。例如为了处理 1000 名职工的工资,若采用 C++ 基本数据类型组织这些数据,则需要定义 1000 个变量,这显然是非常烦琐和不科学的。C++ 为组织这种大量相似而又有一定联系、或者相互之间具有一定关联的有序数据集合提供了一种高效的数据组织形式——数组。

对于复杂数据的组织方式,C++ 还提供了另一个重要方法——指针。指针是 C++ 语言不可缺少的重要内容,它提供了一种较为直观的地址操作方法。利用指针不仅可以直接对内存中的各种不同数据结构的数据形式进行快速、有效的处理,而且也为函数间各种数据的传递提供了简捷、便利、高效的方法。因此,正确地利用指针可以方便、灵活、有效地组织和表示各种复杂的数据结构。本章首先介绍数组(包括一维数组及高维数组)的定义及应用,以及将数组作为函数参数及对象数组,然后介绍指针的定义及应用、指针的运算、指针与数组、指针与函数、指针与字符串,最后介绍对象指针及动态内存分配等相关知识。

5.1 数组

数组是由具有一定数量的同类数据(包括基本类型数据及类类型等)顺序排列而成的集合,组成数组的任一数据称为该数组的元素。在计算机系统中,一个数组在内存中占有一段连续的存储空间。同一数组的各元素具有相同的类型,数组可以由除 void 型以外的任何一种类型构成。

5.1.1 一维数组

数组用于表示多个同类型数据的集合,简而言之,数组表示一组相同类型的变量。数组由数组名标识符、下标及数组所表示的数据类型等要素组成。若数组有 n 个下标,则表示该数组为 n 维数组,一维数组只有一个数组下标。数组元素用数组名及带方括号的下标表示。

1. 一维数组的定义与使用

一维数组的定义形式如下:

    数据类型　数组名　[整型常量表达式];

在定义数组时,读者需要注意以下几点:

(1) 数据类型表示数组元素值的类型,它可以是除 void 类型以外的任何符合 C++规定的数据类型,包括基本数据类型和类类型等。

(2) 数组名的命名规则与变量名相同,遵循 C++标识符的命令规则即可。在 C++中,数组名表示数组元素在内存中的起始地址,它是一个常量。

(3) 数组名后必须用方括号,不能用圆括号或其他括号。

(4) 数组元素的数量由常量表达式的值决定,这个值必须在编译时确定。因此,常量表达式必须为整型、字符型或枚举型,而且不能含有没有确定值的变量。

(5) 数组元素的起始标号为 0,若定义了长度为 n 的一维数组,则最后一个数组元素的下标为 $n-1$。

例如:

```
int a[100];          //定义一个具有 100 个元素的整型数组 a
char c[20];          //定义一个具有 20 个元素的字符数组 c
```

数组必须先定义后使用,C++语法规定,数组元素只能逐个引用,而不能一次性地引用整个数组。数组元素的引用形式如下:

数组名 [下标]

数组的每一个元素都相当于一个对应类型的变量,因此,用户可以像使用一个基本类型的变量一样使用数组中的任一元素。但在使用中需要注意,数组元素的下标值不得超过定义时所规定的上、下界,否则运行时将产生数组越界错误。数组元素的下标表达式可以是任意合法的算术表达式,只要其结果是整型数即可。

【例 5-1】 数组元素的使用。

```
//examplech501.cpp
# include < iostream. h >
void main()
{
    int i;
    int a[10];
    for(i = 0;i < = 9;i++)
        a[i] = i;
    for(i = 9;i > = 0;i -- )
        cout <<" "<< a[i];
    cout << endl;
}
```

程序运行结果:

```
9 8 7 6 5 4 3 2 1 0
```

本例分析:该程序定义了具有 10 个元素的整型数组 a,使数组 a 的 10 个元素的值分别为 0～9,并按下标逆序输出。数组元素下标的起点为 0,终点为 9,若使用 a[10],则会产生

下标越界错误。

2. 一维数组的初始化

对于 C++语言,一个数组在定义以后,若数组是全局数组变量或静态数组,则系统默认的初始化值为 0,对于其他情况,数组元素在内存中随机取值。数组的初始化是指在定义数组时对部分或所有元素赋初值。一般情况下,在定义数组的同时应该对数组进行初始化。对于简单数据类型的数组,初始化就是给数组元素赋初值;对于对象等复杂类型的数组,由于每个元素都是类的一个对象,因此初始化就是调用该对象的构造函数。关于对象数组,将在 5.13 节单独介绍。

数组的初始化可以在定义数组的同时进行,例如:

```
int a[5] = {1,2,3,4,5};
```

表示定义了一个有 5 个元素的整型数组,将数组元素 a[0]、a[1]、a[2]、a[3]、a[4]的值分别初始化为 1～5。若所有元素都显式初始化,可以不用说明数组元素的个数,即下面的语句和刚才的语句完全等价:

```
int a[] = {1,2,3,4,5};
```

若只对数组中的部分元素进行初始化,例如定义一个有 8 个元素的整型数组,将前 5 个元素初始化为 1～5,则数组初始化方法如下:

```
int a[8] = {1,2,3,4,5};
```

若只有部分元素初始化,数组元素的个数必须明确标出。对于没有被显式初始化的数组元素,系统对其初始化为 0。

【例 5-2】 一维数组的初始化。

```cpp
//examplech502.cpp
# include< iostream. h>
void main()
{
    int i,a[5] = {1,2,3,4,5};          //定义数组 a 并初始化
    for(i = 0;i < = 4;i++)
        cout <<" "<< a[i];
    cout << endl;
    int b[8] = {1,2,3,4,5,6};          //定义数组 b 并初始化
    for(i = 0;i < = 7;i++)
        cout <<" "<< b[i];
    cout << endl;
    char c[] = "Hello World!";          //定义字符数组 c 并初始化
    for(i = 0;i < sizeof(c);i++)
        cout << c[i];
    cout << endl;
    cout << c << endl;
    cout << a << endl;
    cout <<"The amount of char is:"<< sizeof(c)<< endl;
}
```

程序运行结果:

```
1 2 3 4 5
1 2 3 4 5 6 0 0
Hello World!
Hello World!
0x0065FDE0
The amount of char is: 13
```

本例分析：该程序在定义数组 a、b 和 c 的同时进行了初始化，其中，数组 a 的 5 个元素全部初始化；数组 b 只初始化了 6 个数组元素，后两个元素的默认值为 0；数组 c 为字符数组，c 没有显式地定义长度，可以采用 sizeof()函数计算数组的长度。在利用数组名输出时，若数组名为字符串数组，则输出整个字符串（例如"Hello World!"）；若为数值型数组名，则输出的是数组的地址。

3. 一维数组的存储方式

无论是一维数组还是多维数组，其数组元素在内存中以顺序方式和连续方式存储，数组元素在内存中占据一段连续的存储单元，即逻辑上相邻的数组元素其物理地址也是相邻的。数组名是常量，表示数组首元素在内存中的首地址。

一维数组是数组中最简单的情况，它的存储形式是按下标从小到大的顺序连续存储在内存中。例如：

```
int array[100];
```

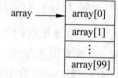

定义了一个有 100 个元素的一维整型数组 array，数组元素分别是 array[0]、array[1]、…、array[99]，该数组在内存中的存储结构如图 5-1 所示。

图 5-1   一维数组的存储结构

4. 使用一维数组作为函数参数

数组元素和数组名都可以作为函数的参数进行数据传递。数组元素作为调用函数时的实参，与使用该类型的任一变量（如果是对象数组，则是对象）作为实参完全相同。

如果使用数组名作为函数参数，则实参和形参都应该是数组名，且类型相同。与使用普通变量作为参数不同的是，使用数组名作为函数参数传递的是地址。形参组和实参数组的首地址相同，后面的元素按照各自在内存中的存储顺序一一对应，对应元素具有完全相同的数据存储地址，因此，实参数组的元素个数不应少于形参数组的元素个数。如果在被调用函数中对数组元素的值进行改变，则主调函数中实参数组的相应元素值也会同时改变。

【例 5-3】   一维数组名作为函数参数的应用。

```
//examplech503.cpp
# include < iostream. h>
int fun( int[ ], int);
void main()
{
```

```
    int i,a[5] = {1,2,3,4,5};
    cout <<"The First Output:"<< endl;
    for(i = 0;i <= 4;i++)
        cout <<" "<< a[i];
    cout << endl;
    int k;
    k = fun(a,5);                               //以数组名作为函数参数
    cout <<"The Third Output:"<< endl;
    for(i = 0;i <= 4;i++)
        cout <<" "<< a[i];
    cout << endl;
    cout <<"k = "<< k << endl;
}

int fun(int b[ ],int n)
{
    int s = 1;
    for(int i = 0;i < n;i++)
        b[i]++;                                 //修改数组 b 各元素的值
    cout <<"The Second Output:"<< endl;
    for(i = 0;i < n;i++)
    {
        cout <<" "<< b[i];
        s = s * b[i];
    }
    cout << endl;
    return s;
}
```

程序运行结果：

```
The First Output: 1 2 3 4 5
The Second Output: 2 3 4 5 6
The Third Output: 2 3 4 5 6
K = 720
```

本例分析：main()函数在调用 fun 函数时以数组名 a 作为函数实参，其形参也必须使用数组，这样形参与实参结合时采用的是地址传递，即将实参的地址 a 传递给形参 b，由于数组 a 和 b 对应同一段存储空间，因此，在 fun 函数中对数组元素值的修改就是对数组 a 对应元素值的修改。

5.1.2 二维数组

在 C++ 中，具有一个下标的数组是一维数组，若数组有两个下标，则表示二维数组。若将二维数组视为矩阵，则一维数组就是矩阵的行向量。需要注意的是，矩阵元素的下标从 1 开始，而二维数组元素的下标从 0 开始。

1. 二维数组的定义与使用

二维数组的定义与一维数组的定义类似，其定义形式如下：

> 数据类型　数组名[整型常量表达式1][整型常量表达式2];

该定义中的常量表达式1表示第一维的长度,即矩阵的行数;常量表达式2表示第二维的长度,即矩阵每行元素的数量,也就是矩阵的列数。二维以上的高维数组的定义与此类似,在此不做赘述。

例如:

```
int a[2][3];                    //定义一个2行3列共6个元素的整型数组a
char c[10][20];                 //定义一个10行20列共200个元素的字符数组c
```

二维及高维数组的元素只能逐个引用,而不能一次性地引用整个数组。二维数组元素的引用形式如下:

> 数组名　[下标][下标]

【例5-4】 二维数组元素的使用。

```cpp
//examplech504.cpp
#include<iostream.h>
#include<iomanip.h>
void main()
{
    int i,j;
    double a[2][3];
    cout<<"请输入2行3列二维数组元素:";
    for(i=0;i<=1;i++)
        for(j=0;j<=2;j++)
            cin>>a[i][j];
    for(i=0;i<=1;i++)
    {
        for(j=0;j<=2;j++)
            cout<<setw(8)<<a[i][j];
        cout<<endl;
    }
}
```

程序运行结果:

```
请输入2行3列二维数组元素:1.2   2.2   3.6   6.8   7.6   8.8
1.2   2.2   3.6
6.8   7.6   8.8
```

本例分析:该程序定义了一个2行3列的二维数组,二维数组通常采用双重循环(嵌套循环)进行操作,在使用循环时用户应注意高维数组下标的起点也是从0开始的。

2. 二维数组的初始化

与一维数组类似,二维数组也可以在定义数组的同时进行初始化。二维数组的初始化

既可以直接给出常数表,也可以按维给出常数表。例如:

```
int a[2][3] = {1,2,3,6,7,8};        //直接给出常数表
int a[2][3] = {{1,2,3},{6,7,8}};    //按维给出常数表
```

当然,也可以只对数组中的部分元素进行初始化,对部分元素初始化的方法如下:

```
int a[2][3] = {{1,2},{6}};
```

与一维数组类似,若只有部分元素初始化,数组元素的个数必须明确标出。对于没有显式初始化的元素,系统将其初始化为0。

C++语法规定,采用初始化值表可以省略二维数组的高维说明,但不能省略低维的说明(二维以上的高维数组与此相同)。例如:

```
int a[ ][3] = {1,2,3,6,7,8};        //省略高维,正确
int a[2][ ] = {1,2,3,6,7,8};        //省略低维,错误
```

3. 二维数组的存储方式

二维数组及高维数组的数组元素在内存中以高维优先的方式顺序、连续地存储。对于二维数组,高维优先就是行优先,即按行存储,先存储第一行,然后存储第二行,……,而每一行中的各元素则与一维数组相同,按列下标(低维下标)从小到大的顺序存储。高维数组的元素按规定的顺序在内存中占据一段连续的存储单元,即按语法规定的顺序,二维数组中的相邻元素其物理地址也是相邻的。高维数组的数组名也表示数组首元素的内存首地址。

例如:

```
int array[2][4];
```

定义了一个2行4列共8个元素的二维整型数组 array,数组元素分别是 array[0][0]、array[0][1]、…、array[1][3],该数组在内存中的存储结构如图 5-2 所示。由于 C++ 规定,高维数组在内存中的存储原则是高维优先,因此,先存储高维下标为 0 的元素(即先存储首行,在图 5-2 中,array[0]表示高维下标为 0 的 4 个元素的首地址),再存储高维下标为 1 的元素,直到最后一个高维下标为止。而在行内,按低维下标由小到大的顺序存放。

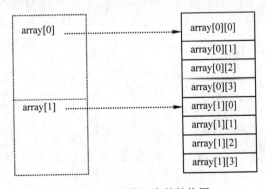

图 5-2　二维数组存储结构图

4. 使用二维数组作为函数参数

与一维数组一样,二维数组及高维数组的数组名也可以作为函数参数进行数据传递和数据共享。在使用二维数组名作为函数参数时,实参和形参都应该是数组名,且类型相同。在使用数组名传递数据时,传递的是数据在内存中的存储地址。

与一维数组的不同之处是,在使用高维数组作为函数参数时,在函数原型声明中只可以省略高维下标,不可以省略低维下标。

【例 5-5】 二维数组名作为函数参数的应用。

```cpp
//examplech505.cpp
# include < iostream. h>
# include < iomanip. h>
double maxmin(double a[ ][5],double x[ ],int n,int m);
void main()
{
    int i,j;
    double a[ ][5] = {{85,90,66,68,48},{79,88,84,98,92},
    {90,77,78,72,80},{69,86,82,89,77}};
    double x[ ] = {0,0};
    for(i = 0;i < = 3;i++)
    {
        for(j = 0;j < = 4;j++)
            cout << setw(6)<< a[i][j];
        cout << endl;
    }
    cout <<"Average = "<< maxmin(a,x,4,5)<< endl;
    cout <<"Max = "<< x[0]<< endl;
    cout <<"Min = "<< x[1]<< endl;
}


double maxmin(double a[ ][5],double b[ ],int n,int m)
{
    double aver = 0;
    double sum = 0;
    int i,j;
    b[1] = a[0][0];
    for(i = 0;i < n;i++)
    {
        for(j = 0;j < m;j++)
        {
            if(a[i][j]> b[0])
                b[0] = a[i][j];
            if(a[i][j]< b[1])
                b[1] = a[i][j];
            sum += a[i][j];
        }
    }
    aver = sum/20;
    return aver;
}
```

程序运行结果：

```
85   90   66   68   48
79   88   84   98   92
90   77   78   72   80
69   86   82   89   77
Average = 79.9
Max = 98
Min = 48
```

本例分析：在函数参数中包含一个二维数组名 a 和一个一维数组名 x，数组名用于给函数形参传递地址。之所以定义一维数组 x 是因为 main 函数需要使用 maxmin 函数中的 3 个特征数据，即 maxmin 函数中的平均值、最大值和最小值，而一般情况下函数调用只能返回一个值，如何解决这个问题呢？可以使用数组名作为函数参数。使用数组名作为参数时，在函数中对数组元素的修改就是对实参数组元素的修改，因此，定义数组 x 用于存放最大值和最小值。当函数需要带回多个返回值时，利用这一特点非常方便。

5.1.3 对象数组

对象数组是指数组元素为类对象的数组。对象数组的定义、引用及初始化与普通数组在本质上是相同的，只是数组元素具有一定的特殊性，即对象数组的元素不仅包括数据成员，还包括成员函数。

1. 对象数组的定义

一维对象数组的定义形式如下：

类名   数组名[下标表达式]；

二维对象数组及高维对象数组的定义形式可以根据以上形式及高维数组的定义形式类推。与基本类型数组一样，在使用对象数组时只能逐个引用数组元素，即每次只能引用一个对象通过该对象也可以访问类的公有成员，其一般形式如下：

数组名[下标].成员名；

2. 对象数组的初始化

相对于普通数组，由于对象数组的元素为对象，它的成员具有一定的特殊性，因此，对象数组元素的初始化需要遵循类对象的初始化原则。由于对象在创建与初始化时需要调用构造函数，因此，在对象数组初始化时，每一个元素（对象）都需要调用构造函数。若在定义数组时对每一个数组元素显式地给定初始值，则需要调用相应带形参的构造函数。例如：

```
Point A[2] = {Point(3,4),Point(12,18)}
```

在初始化时会先后两次调用带形参的构造函数分别初始化 A[0]和 A[11]。

因此,当需要建立对象数组时,在设计类的构造函数时应充分考虑数组元素(对象)初始化的需要。当各元素(对象)的初值相同时,应在类中定义带默认形参值的构造函数;当各元素(对象)的初值不同时,需要定义无默认形参值的构造函数。

当一个数组中的对象元素被删除时,系统会自动调用析构函数完成有关的清理工作。

【例 5-6】 对象数组的应用。

```cpp
//examplech506.cpp
# include < iostream. h >
# include < math. h >
class Point
{
public:
    Point();
    Point(double x1,double y1);
    ~Point();
    double Abs();
    double GetPointx()
    {
        return x;
    }
    double GetPointy()
    {
        return y;
    }
private:
    double x,y;
};

Point::Point()
{
    x = 0;
    y = 0;
    cout <<"Executing No Parameter Constructor..."<< endl;
}
Point::Point(double x1,double y1)
{
    x = x1;
    y = y1;
    cout << "Executing Constructor ..."<< endl;
}
Point::~Point()
{
    cout <<"Executing Destructor ..."<< endl;
}
double Point::Abs()
{
return sqrt(x * x + y * y);
}
void main()
{
    Point P[3] = {Point(3,4),Point(12,18)};      //定义并初始化对象数组
```

```
    for( int i = 0; i < 3; i++)
    cout << P[i].Abs()<< endl;
}
```

程序运行结果：

```
Executing Constructor ...
Executing Constructor ...
Executing No Parameter Constructor...
5
21.6333
0
Executing Destructor ...
Executing Destructor ...
Executing Destructor ...
```

本例分析： 该程序定义了含有3个元素的Point类对象数组P，并进行初始化，P[0]和P[1]初始化为给定的值，而P[2]初始化为默认值0。根据对象数组初始化的规定，P[0]和P[1]在初始化时需要调用无默认形参值的构造函数，而P[2]在初始化时需要调用带默认形参值的构造函数。

5.2 指针

指针是C语言的重要概念，也是C语言的重要特色，它提供了一种较为直观的地址操作方法。C++保留了C语言中指针的特色，利用指针既可以直接对内存中的各种不同数据结构的数据进行快速、有效的处理，也可以为函数间各种数据的传递提供简捷、便利的方法。正确地使用指针，可以方便、灵活、有效地组织和表示复杂的数据结构。同时，指针也是C++的难点之一，如果指针使用不当，将可能导致错误甚至产生系统崩溃。

5.2.1 内存空间的访问

如同一本书需要以页码标定位置、街道需要以门牌号码标定位置、宾馆需要以房间号码标定一样，计算机也需要对存储单元进行标定以实现对内存的有效管理。无论是街道门牌号码的标定还是宾馆房间号码的标定都需要遵循一定的规则，同样，计算机内存单元也需要按照一定的规则进行编号，这个编号同房间号码和门牌号码一样可以标定计算机内存单元的物理位置，通常称为存储单元的地址。

计算机内存单元地址编码的基本单位是字节，每个字节由8位组成。代表基本内存单元的每个字节都有一个地址，计算机就是通过这个地址对内存数据进行管理的。图5-3所示为计算机内存地址示意图。

在C++程序中，对内存单元的访问从原理上可以分为两种方式：一是通过变量名，二是通过地址。内存单元由操作系统按字

图 5-3　内存地址示意图

节编号（即地址），在程序中定义的变量是要占据一定的内存空间的，例如，int 型占 4 个字节。当程序运行到变量定义语句时就给所定义的变量分配内存空间，变量标识符名就成为了对应内存空间的名称，在变量的生存期内都可以用变量名访问该变量对应的内存空间。

另一种访问方式是通过地址访问内存单元。当使用变量名不够方便或者根本没有变量名可以使用时，需要直接用地址来访问内存单元。例如，对于内存单元的动态分配就根本没有名称，这时只能通过地址访问。此外，在不同的函数之间通过数组名传递大量数据时，若直接传递数组各元素，则需要很大的系统开销；若传递数组名（即数组首地址），则非常方便，可以显著地提高程序的执行效率。

操作系统通过内存单元的地址管理内存就如同宾馆通过房间号管理客房一样，内存地址即相当于房间号。例如，若需要查找住宾馆的客人，既可以通过客人的名字直接访问（相当于通过变量名直接访问内存单元），也可以通过房间号间接访问（相当于通过地址间接访问内存单元）。

在计算机中，一个变量的地址指示了该变量在内存中的位置，因此被形象地称为指针。在 C++语言中，专门用于存放内存单元地址的变量称为指针变量。

5.2.2　指针变量的定义

指针也是一种数据类型，具有指针类型的变量称为指针变量。在指针变量中存放的不是一般的数据，而是一个其他数据在内存中的地址。

指针也必须先定义，后使用。定义指针的形式如下：

> 数据类型　＊指针变量名；

例如：

```
int * p1;
double * p2;
char * p3;
void * p4;
```

以上语句分别定义了一个指向整型变量、双精度实型变量、字符型变量的指针 p1、p2、p3 和 void 型指针 p4。在定义中，"＊"表示所定义的是一个指针类型的变量。指针定义形式中的数据类型包括 C++的任意数据类型，既可以是基本数据类型，也可以是类类型，还可以是数组、函数以及指针本身。因此，指针可以指向各种类型，包括基本类型、数组（数组元素）、函数、对象，当然也可以指向指针。数据类型是指针所指向的对象的类型，它说明了该指针所指的内存单元可用于存放什么类型的数据，又被称为指针类型。指针变量具有以下特点：

（1）指针定义时所指的数据类型是指针用于保存的地址值中存储的变量的数据类型，即指针所指向的数据类型。

（2）指针本身的数据长度由编译系统决定，它与机器的地址字长相适应。

（3）指针变量本身的值默认为 unsigned long int 型。

（4）定义指针变量必须使用符号"＊"，表明它后面的变量是指针变量。例如"int ＊ p;"

中指针变量是 p,而不是 * p。

（5）指针变量在未赋初值时不指向任何地址。

（6）一个指针变量只能指向同一类型的变量,例如一个指针变量不能既指向整型变量又指向实型变量。

（7）void 型指针所指向的数据类型由初始化情况决定,没有被初始化的 void 型指针变量不指向任何一个确定的数据类型。

5.2.3 "＊"和"&"运算符

C++提供了以下两个与指针相关的运算符。

（1）＊：指针运算符,表示指针所指向变量的值。

（2）&：取地址运算符,用于得到一个对象的地址。

"＊"和"&"都是一元操作符。例如：

```
int * p;
& i
```

＊ p 表示 int 型指针 p 所指向的整型数据的值,&i 表示取变量 i 的存储单元的地址。

"＊"和"&"出现在定义语句和执行语句中的含义是完全不同的,它们作为一元运算符和作为二元运算符时的含义也是不同的。

（1）"＊"作为一元运算符出现在定义语句中,当在被定义变量之前时表示定义的是指针,例如：

```
int * ptr;                          //定义 ptr 为一个 int 型指针
```

（2）"＊"出现在执行语句中或定义语句的初值表达式中作为一元运算符时表示访问指针所指对象的内容,例如：

```
cout << * p;                        //输出指针 p 所指向的内容
```

（3）"&"出现在变量定义语句中位于被定义变量的左边时表示定义的是引用,例如：

```
int& R;                             //定义一个 int 型的引用 R
```

（4）"&"在给变量赋初值时出现在等号右边或在执行语句中作为一元运算符出现时表示取对象的地址,例如：

```
int a;
int * ptr;
ptr = &a;                           //将变量 a 的地址赋给指针 ptr
```

5.2.4 指针的赋值

定义了一个指针变量,只是得到了一个用于存储地址的指针变量,这时,指针变量并没有确定的值。指针在使用前必须赋值或进行初始化才可以使用,因为在初始化前指针是一个随机值,因而它所指的内存单元有可能存放着重要的数据或程序代码,如果盲目使用,可能产生错误甚至系统崩溃。与其他类型的变量一样,对指针赋初值也有两种方法,下面分别进行介绍。

(1) 在定义指针的同时进行初始化赋值,其应用形式如下:

数据类型 * 指针变量名 = 初始地址值;

(2) 在定义之后,单独使用赋值语句进行初始化赋值,其应用形式如下:

指针变量名 = 地址值;

在给指针变量赋值时,读者应注意以下事项:

(1) 可以使用一个已经赋值的指针去初始化另一个指针,也就是说,可以使多个指针指向同一个变量。

(2) 如果使用对象地址作为指针的初值,或在赋值语句中将对象地址赋给指针变量,该对象必须在赋值之前定义过,而且这个对象的类型应该和指针类型一致。

(3) 可以将一个指针的值初始化为 0,例如"int * p=0;"地址值为 0 的指针称为空指针。

(4) 由于 void 型指针并没有声明指向一个确定的数据类型,因此,void 型指针可以存储任何类型对象的地址。即任何类型的指针都可以给 void 类型的指针变量赋值,void 指针也可以指向任何一个非 C++的类成员函数。

【例 5-7】 指针的定义、赋值与使用。

```
//examplech507.cpp
# include< iostream. h>
void main( )
{
    int a,b,temp;
    int * p1, * p2;
    void * p3;
    a = 100;
    b = 200;
    p1 = &a;
    p2 = &b;
    p3 = &b;                        //给 void 型指针赋值
    temp = * p1;                    // * p1 出现在右边
     * p1 = b;                      // * p1 出现在左边
    b = temp;
    cout <<"a = "<< a << endl;
    cout <<"b = "<< b << endl;
    cout <<"p1:"<< p1 << endl;
    cout <<"p2:"<< p2 << endl;
    cout <<"p3:"<< p3 << endl;
}
```

程序运行结果:

```
a = 200
b = 100
p1: 0x0065FDF4
p2: 0x0065FDF0
p3: 0x0065FDF0
```

本例分析：该程序定义了整型指针 p1、p2 以及 void 型指针 p3，由于 void 型指针单向兼容其他类型的指针（即其他类型的指针可以给 void 指针赋值，反之则需要进行强制类型转换才可以赋值），因此，void 型指针 p3 在初始化之后指向整型变量 b，指针 p2 和 p3 初始化为相同的值，即 p2 和 p3 同时指向变量 b 的内存单元。

5.3　指针运算

指针是一种数据类型，因此和其他数据类型一样，指针变量也可以参与部分运算，包括算术运算、关系运算和赋值运算。从本质上讲，指针变量所参与的所有运算都是以地址为基础的。

5.3.1　指针的算术运算

指针的算术运算是按内存地址的计算规则进行的，因此，指针的算术运算与指针所指向的数据类型具有直接的关系。例如，在 C++ 中，int 型变量在内存中占有 4 个字节的长度，若定义指针 p 为指向 int 型数据的指针，则 p+2 表示指针 p 当前所指位置后续第 2 个数据的地址；而 p−1 表示指针 p 当前所指位置前面 1 个位置的地址。同样，p++ 和 p−− 分别表示指针 p 当前所指位置下一个或前一个数据的地址。

【例 5-8】 指针的算术运算。

```
//examplech508.cpp
# include < iostream. h>
void main()
{
    int array[10] = {1,2,3,4,5,6,7,8,9,10};
    int * p;
    p = &array[0];
    cout << * (p + 3)<< endl;          //指针算术运算
    cout << array[3]<< endl;
}
```

程序运行结果：

```
4
4
```

本例分析：该程序通过指针算术运算的方式和数组下标方式分别对数组 array 的第 4

个元素 a[3]进行输出,结果完全相同。

　　需要注意的是,在对指针进行算术运算时,一定要确保运算结果所指向的地址是程序中分配使用的地址。一般情况下,单个变量之间没有必然的联系,程序中的不同变量在内存中并非连续的存放,因此,指针的算术运算一般与数组的使用相联系,因为在使用数组时,数组元素存储在一段连续分布的内存空间,通过指针进行操作非常方便。

5.3.2　指针的关系运算

　　指针变量的关系运算指的是指向相同数据类型的指针之间进行的关系运算。如果两个相同类型的指针相等,就表示这两个指针指向同一个地址。不同类型的指针之间或指针与非 0 整数之间的关系运算是毫无意义的。但是指针变量可以和整数 0 进行比较,当指针的值为 0 时表示空指针,不指向任何地址单元。

【例 5-9】　指针的关系运算。

```
//examplech509.cpp
#include<iostream.h>
void main()
{
    double a,b;
    double * p1, * p2, * p3;
    a = 12.8;
    b = 20.8;
    p1 = &a;
    p2 = &b;
    p3 = &b;
    cout <<"a = "<< a << endl;
    cout <<"b = "<< b << endl;
    cout <<(p2 == p3)<< endl;        //关系运算
    cout <<( * p2 == * p3)<< endl;   //关系运算
    cout <<"p1:"<< p1 << endl;
    cout <<"p2:"<< p2 << endl;
    cout <<"p3:"<< p3 << endl;
    cout <<"&p2 = "<< &p2 << endl;   //输出指针 p2 的地址
    cout <<"&p3 = "<< &p3 << endl;   //输出指针 p3 的地址
}
```

　　程序运行结果:

```
a = 12.8
b = 20.8
1
1
p1: 0x0066FDF0
p2: 0x0066FDE8
p3: 0x0065FDE8
&p2: 0x0065FDE0
&p3: 0x0065FDDC
```

　　本例分析：该程序对指针 p2 和 p3 进行了两种方式的关系运算，由于指针 p2 和 p3 指向同一变量 *b* 的内存单元，因此，关系运算（p2＝＝p3）的结果为 1。需要指出的是，尽管指针 p2 和 p3 指向同一个地址单元，但 p2 和 p3 是不同的指针，因此，它们本身的地址值不同。

5.4　指针与数组

　　在 C++程序设计中，指针与数组在访问内存时采用统一的地址运算方法，它们都可以处理内存中连续存放的数据，因此，指针与数组的关系非常密切，在许多情况下，指针与数组的表示方法具有相同的意义。

5.4.1　一维数组元素的指针表示

　　指针的加、减运算的特点使得指针特别适用于处理存储在一段连续内存空间中的同类数据。而数组恰好是具有一定顺序关系的若干同类型变量的集合体，数组元素的存储在物理上也是连续的，数组名就是数组存储的首地址。这样，便可以使用指针来对数组及其元素进行方便、快速的操作。一维数组的表示方法有数组下标表示法、地址表示法和指针表示法3 种。例如下面的语句：

```
int a[5], * p;
p = a;
```

定义了一个具有 5 个元素的一维整型数组 a 和整型指针 p。数组名 a 就是指向数组首地址（第一个元素的地址）的指针常量，即 a 和 &a[0]相同。因此，通过数组名和简单的算术运算就可以访问数组元素。数组下标为 i 的元素就是 *（数组名＋i），例如，*a 即 a[0]，*（a+1）即数组元素 a[1]。以此类推，数组 a 的第 i 个元素有 3 种表示方法，分别如下：

```
a[i];                   //下标表示法
* (a + i);              //地址表示法
* (p + i);              //指针表示法
```

　　【例 5-10】　一维数组的表示方法举例。

```
//examplech510.cpp
# include < iostream. h >
void main()
{
    int i,
    int array[10] = {1,2,3,4,5,6,7,8,9,10};
    int * p;
    p = &array[0];
    for(i = 0;i < 10;i++)
    {
        cout << * p <<" ";              //指针表示法
        p++;
    }
```

```
        cout << endl;
        for(i = 0;i < 10;i++)
            cout << *(array + i)<< " ";   //地址表示法
        cout << endl;
        for(i = 0;i < 10;i++)
            cout << array[i]<<" ";         //下标表示法
        cout << endl;
}
```

程序运行结果：

```
1 2 3 4 5 6 7 8 9 10
1 2 3 4 5 6 7 8 9 10
1 2 3 4 5 6 7 8 9 10
```

本例分析：该程序以 3 种方式对数组进行了输出。第一种方式通过指针 p 操作数组元素，首先将指针指向数组的第一个元素 array[0]，由于数组各元素在内存中顺序、连续存放，因此可以通过在循环中内嵌 p++语句输出数组各元素。第二种方式采用数组名输出，由于数组名表示数组元素存放的首地址，同样可以通过 *(array + i)的形式输出数组元素。第 3 种方式通过数组元素的下标输出数组元素。

5.4.2　二维数组元素的指针表示

那么二维及二维以上数组的元素，如何用指针表示呢？由于二维数组是高维数组的典型代表，因此，在此以二维数组为例介绍高维数组的指针表示方法，对于三维及三维以上数组的表示可以直接参考二维数组的表示方法。例如：

```
int a[4][5], * p;
```

定义了一个具有 4 行 5 列的二维整型数组 a 和一个指向整型数据的指针 p。该 4 行 5 列的二维数组 a 可以视为由 4 个一维数组组成，其中每一个一维数组又包括 5 个元素。因此，C++规定，a[0]、a[1]、a[2]、a[3]分别表示二维数组 a 的第 0 行、第 1 行、第 2 行和第 3 行的起始地址。即 a[0]等于 &a[0][0]，而不是表示元素，同样 a[1]等于 &a[1][0]、a[0]+1 等于 &a[0][1]，以此类推，可以得出二维数组任意元素 a[i][j]的表示方法。

若已定义指向二维数组首元素的指针 p，则以下都是二维数组元素 a[i][j]的表示方法：

```
*(a[i] + j);
*(*a + i) + j;
*(a + i)[j];
(a + 4 * i + j);
*(*(p + i) + j);
*(p[i] + j);
*(p + i)[j];
p[i][j];
```

【例 5-11】　二维数组的表示方法举例。

```cpp
//examplech511.cpp
#include<iostream.h>
void main()
{
    int a[3][4]={{10,11,12,13},{11,12,13,14},{21,22,23,24}},*p;
    int i;
    p=&a[0][0];
    for(i=0;i<12;i++)
    {
        cout<<*p++<<" ";
        if((i+1)%4==0)               //每行输出4个数组元素
            cout<<endl;
    }
}
```

程序运行结果：

```
10 11 12 13
11 12 13 14
21 22 23 24
```

本例分析：程序运行结果表明，通过指向数组的指针访问数组元素与通过数组下标访问数组元素是完全等效的。

5.4.3　指针数组

所谓指针数组是指数组的每个元素都是指针变量的数组。由于数组是相同数据类型的集合，因此，指针数组的每个元素都是同一类型的指针。

一维指针数组的定义形式与一维数组的定义形式类似，但指针数组名前必须加" * "限定，其定义格式如下：

> 数据类型　*指针数组名[整型常量表达式]

定义中的数据类型表示数组中每个指针数组元素所指向的数据类型，同一指针数组中各指针元素所指向的数据类型相同。指针数组名既是指针数组的名称，同时也是这个数组的首地址。常量表达式指定指针数组元素的个数，必须是具有确定值的常量表达式。例如：

```cpp
int *p[5];
```

定义了一个 int 型指针数组 p，该指针数组有 5 个指针元素，每个元素都是一个指向整型数据的指针。由于指针数组的每个元素都是一个指针，必须先赋值，后使用，因此，在定义指针数组之后对指针数组的各元素赋初值是必要的。

高维指针数组的定义方式可在一维指针数组的基础上类推。

【例 5-12】　指针数组的应用。

```cpp
//examplech512.cpp
# include < iostream. h>
void main()
{
    int a[3][4] = {10,11,12,13,11,12,13,14,21,22,23,24};
    int i,j, * p[3];
    for(i = 0;i < 3;i++)
    {
        cout << * (a + i)<< endl;
        for(j = 0;j < 4;j++)
        {
            cout << * ( * (a + i) + j)<<" ";
        }
        cout << endl;
    }

    for(i = 0;i < 3;i++)
    {
        p[i] = a[i];
        for(j = 0;j < 4;j++)
        {
            cout << * ( * (p + i) + j)<<" ";
        }
        cout << endl;
    }
}
```

程序运行结果：

```
0x0065FDC8
10 11 12 12
0x0065FDD8
11 12 13 14
0x0065FDE8
21 22 23 24
10 11 12 13
11 12 13 14
21 22 23 24
```

本例分析：该程序以地址法和指针数组方式分别访问了二维数组的各元素。由于二维数组各行有 4 个整型数据,因此,各行地址之差为 16。指针数组与二维数组元素的表示方法非常密切,读者需要认真体会。

5.5　指针与函数

函数是功能的抽象,是程序实现独立功能的基本单位,绝大多数实际程序都具有函数调用。程序在运行时,执行程序的代码也被调入内存并占据内存空间。函数名实际上就是函数代码在内存中的起始地址,因此,函数与指针有着密切的联系,例如,若函数调用中需要传递大量的数据,利用指针作为函数参数不仅可以传递大量的数据,而且可以大大降低系统开销。

5.5.1 采用指针作为函数参数

在第 3 章介绍了函数的传值调用、传地址调用和引用调用 3 种参数传递方式。当函数之间需要传递大量数据时,系统开销会很大。但如果被传递的数据存放在一个连续的内存空间中,就可以采用指针作为函数参数,即只传递数据存放的起始地址,而不是逐个传递数据,这样将大大减小系统开销,提高程序的执行效率。

在 C++中,函数参数可以是变量、类对象、数组名、函数名和指针。在函数调用中如果以指针作为形参,实参将地址值传递给形参,使实参和形参指针变量指向同一个内存空间,这样在函数运行时,对形参指针所指向的变量值的改变就是对实参指针所指向的变量的改变。

【例 5-13】 指针作为函数参数的应用。

```
//examplech513.cpp
# include < iostream. h>
# include < iomanip. h>
double maxmin(double a[ ][5],double  * pmax,double * pmin,int n,int m);
void main()
{
    int i,j;
    double max,min;
    double a[ ][5] = {{85,90,66,68,48},{79,88,84,98,92},
    {90,77,78,72,80},{69,86,82,89,77}};
    for(i = 0;i < = 3;i++)
    {
        for(j = 0;j < = 4;j++)
            cout << setw(6)<< a[i][j];
        cout << endl;
    }
    cout <<"Average = "<< maxmin(a,&max,&min,4,5)<< endl;
    cout <<"Max = "<< max << endl;
    cout <<"Min = "<< min << endl;
}

double maxmin(double a[ ][5],double  * pmax,double * pmin,int n,int m)
{
    double aver = 0;
    double sum = 0;
    int i,j;
     * pmax =  * pmin = a[0][0];
    for(i = 0;i < n;i++)
    {
        for(j = 0;j < m;j++)
        {
```

```
            if(a[i][j]> * pmax)
                * pmax = a[i][j];
            if(a[i][j]< * pmin)
                * pmin = a[i][j];
            sum += a[i][j];
        }
    }
    aver = sum/20;
    return aver;
}
```

程序运行结果：

```
85   90   66   68   48
79   88   84   98   92
90   77   78   72   80
69   86   82   89   77
Average = 79.9
Max = 98
Min = 48
```

本例分析：该例是例 5-5 的指针实现。main 函数需要使用 maxmin 函数中的多个返回值，因此定义了 pmax 和 pmin 两个指针变量，在函数调用过程中以变量 max 和 min 的地址作为实参，形参用指针变量，因此函数中 * pmax 和 * pmin 的值就是 main 函数中 max 和 min 的值。

指针作为函数的形参有 3 个作用：第一，使实参与形参指针指向共同的内存空间，以达到参数双向传递的目的，即通过在被调函数中直接处理主调函数中的数据而将函数的处理结果返回给调用者；第二，减少函数调用时数据传递的开销；第三，通过指向函数的指针传递函数代码的首地址。其中，前两个作用通过引用也可以实现，读者可以根据习惯选用自己熟悉的方法。

5.5.2　指针型函数

在 C++中，除 void 类型的函数外，其他函数在调用结束之后都有返回值。指针同样可以是函数的返回值，当一个函数的返回值是指针类型时，这个函数称为指针型函数。通常情况下，非指针型函数只能返回一个数据，而采用指针型函数，通过对存储空间进行有效的组织，可以向主调函数返回大量的数据。

指针型函数的一般定义形式如下：

```
数据类型   * 函数名(参数表)
{
    函数体
}
```

其中，数据类型是函数返回的指针所指向数据的类型，函数名和" * "表明定义了一个指针型的函数,参数表即函数的形参列表。

【例 5-14】 指针型函数举例。

```
//examplech514.cpp
# include < iostream. h>
# include < math. h>
double * fun();                  //指针型函数的原型声明
void main()
{
    double * ptr;
    int i;
    ptr = fun();
    for(i = 0;i < 8;i++)
        cout << * (ptr++)<<" ";
    cout << endl;
}

double * fun()                   //指针型函数的实现
{
    int i;
    double * p = new double[8];
    for(i = 0;i < 8;i++)
    p[i] = sqrt(i);
    return p;
}
```

程序运行结果:

```
0 1 1.41421 1.73205 2 2.23607 2.44949 2.64575
```

本例分析:该程序通过定义指针型函数 * fun 实现了从被调用函数中返回批量数据的功能。指针型函数 * fun 在调用结束以后返回一个指针,因此,调用函数通过指针的算术运算就可以访问到这些批量数据。

5.5.3 指向函数的指针

指向函数的指针指所定义的指针是专门用于存放函数代码首地址的指针,该类指针又称为函数指针。在程序运行时,不仅数据要占据内存空间,执行程序的代码也会被调入内存并占据一定的内存空间。每一个函数都有函数名,实际上,这个函数名表示函数代码在内存中的起始地址。

函数指针是专门用来存放函数代码首地址的变量。在程序中可以像使用函数名一样使用指向函数的指针来调用函数,也就是说,一旦函数指针指向了某个函数,它与函数名便具有同样的作用。

在定义一个函数指针时需要说明函数的返回值、形参列表(即参数表),其定义形式如下:

> 数据类型　(＊函数指针名)(参数表)

例如：

```
int (＊funp)();
```

定义了一个函数指针。在定义中,数据类型说明函数指针所指向函数的返回值类型,函数指针名是用户自定义的函数指针标识符,参数表列出了该指针所指向函数的形参类型和个数。

函数指针表明了函数的返回值类型和参数的个数、类型、排列次序,因此,在通过函数名调用函数时编译系统能够自动检查实参与形参是否相符,这是 C++ 函数重载的重要基础。在函数调用结束以后,将函数的返回值赋给其他变量时,系统自动检查用于接受返回值的变量类型是否与返回值的类型相符。

函数指针在使用之前也要进行赋值,以使指针指向一个已经存在的函数代码的起始地址。函数指针的赋值形式如下：

> 函数指针名 = 函数名;

赋值符号"＝"左边的函数名必须是已经存在、且与函数指针具有相同类型的函数。

5.6　指针与字符串

在 C++程序设计中,既可以定义一个字符数组用于存储字符串,通过数组元素访问所需要的字符；也可以定义一个字符指针,通过指针访问所需要的字符。

5.6.1　通过指针访问字符串

若采用指针访问字符串,则需要定义一个指向字符串的指针,然后通过指针的算术运算实现对字符串的访问。

【例 5-15】　通过指针访问字符串。

```
//examplech515.cpp
# include< iostream.h>
void main()
{
    cout <<"the First :";
    char  * pstr = "String";
    cout << pstr << endl;
    cout <<"the Second:";
    char c[] = "String";
    char * p1 = c;
    cout << p1 << endl;
    cout <<"the Third :";
    while( * pstr!= '\0')
    {
```

```
        cout << * pstr;
        pstr++;
    }
    cout << endl;
}
```

程序运行结果：

```
the First :String
the Second:String
the Third :String
```

本例分析：该程序采用 3 种不同的方法实现了字符串的输出。首先定义了一个指向字符串的指针 pstr，利用指针直接输出字符串的内容；然后定义了一个指向字符数组的指针 p1，通过指针 p1 输出字符串的内容；最后利用指针的自增运算逐个输出字符，直到遇到字符串结束符'\0'为止。

5.6.2 采用字符指针作为函数参数

与变量的指针及其他指针一样，指向字符串的指针也可以作为函数参数通过地址传递，实现将字符串从一个函数传递到另一个函数的功能。若以字符指针作为函数形参，以字符数组作为函数实参实现地址传递，在被调函数中对字符串进行改变，在主调函数中可以得到改变后的字符串内容。

【**例 5-16**】 字符串指针作为函数参数举例。

```
//examplech516.cpp
void copy(char * source,char * dest);
void main()
{
    char c1[] = "Are You a Teacher?";
    char c2[] = "Are You a Student?";
    cout << c1 << endl;
    cout << c2 << endl;
    copy (c1,c2);
    cout << c1 << endl;
    cout << c2 << endl;
}

void copy(char * source,char * dest)
{
    for(; * source!= '\0';source++,dest++)
        * dest = * source;
    * dest = '\0';
}
```

程序运行结果：

Are You a Teacher?
Are You a Student
Are You a Teacher?
Are You a Teacher?

本例分析：该程序定义了 source 和 dest 两个字符指针变量，在函数调用中以指针变量作为形参，以地址作为实参，实现了字符串的首地址传递，从而实现了将字符串 c1 复制到字符串 c2。此外，用户也可以用字符数组名作为函数参数实现字符串的复制，这时只需将copy 函数的代码进行以下修改即可：

```
void copy(char source[ ],char dest[ ])
{
    int i = 0;
    for(;source[i]!= '\0';i++)
        dest[i] = source[i];
    dest[i] = '\0';
}
```

输出结果完全相同。需要注意的是，尽管字符指针与字符数组都可以实现对字符串的各种处理，但它们是有区别的，包括以下方面：

（1）字符数组由若干元素组成，每个数组元素存储一个字符，而字符串指针变量存放的是字符串的首地址，并不是字符串本身。

（2）字符数组一经定义，系统即为其分配存储单元，而字符指针变量在定义以后必须赋初值，才能指向某一具体字符串，如果没有赋初值，则并不指向某一具体字符串。

5.7 对象指针

C++既可以定义指向整型、实型等基本数据类型的指针，也可以定义指向数组、函数的指针，不仅如此，还可以定义指向类对象的指针。由于类对象既包含数据成员，又包含成员函数，因此，还可以定义指向类的数据成员和成员函数的指针。

5.7.1 对象指针的概念

指向类对象的指针称为对象指针，和其他类型的指针一样，对象指针是用于存放对象地址的指针变量。类的对象在创建并初始化之后，编译系统会在内存中为对象分配存储空间，因此，程序员既可以通过对象名，也可以通过对象地址来访问该对象。由于对象与一般变量略有不同，它既包含数据成员又包含成员函数，而且成员函数由所有对象共享，因此对象所占据的内存空间只需要存放数据成员。

对象指针遵循一般变量指针的各种规则。对象指针的定义形式与变量指针的相似，其定义形式如下：

```
类名    * 对象指针名;
```

例如：

Test * p1, * p2;

若已经实现了 Test 类,则以上语句定义了对象指针 p1 和 p2。

5.7.2 类数据成员的指针

在 C++ 中,类的成员包括数据成员和成员函数,因此可以定义指向类成员的指针,指向类的数据成员的指针称为类数据成员的指针,其定义形式如下:

类型说明符 类名::* 指针名;

在定义了指向类数据成员的指针之后,需要对指针进行赋值,即确定指针具体指向类的哪一个成员。对数据成员指针赋值的一般形式如下:

指针名 = & 类名::数据成员名;

对于普通变量,通过运算符"&"就可以得到变量的地址,将地址赋给相应的指针后就可以通过指针访问变量。但对于类对象,由于类定义只是类型定义(确定各个数据成员的类型、所占内存大小及它们的相对位置),系统并不会为类定义分配存储空间,而必须在创建了对象以后,才可以将某一具体对象的数据成员地址值赋给数据成员指针。

5.7.3 类成员函数的指针

指向类的成员函数的指针称为类成员函数的指针。其定义形式如下:

类型说明符 (类名::* 指针名)(参数表);

成员函数指针在定义后应采用以下形式的语句对其赋值:

指针名 = 类名::成员函数名;

普通函数的函数名表示该函数代码存放的起始地址,将起始地址赋给指针变量之后,就可以通过指针调用函数。虽然成员函数不是每一个类对象都拥有一个副本,而是所有类对象共享一份成员函数代码,但成员函数指针也必须在创建了对象之后才能赋值。成员函数指针的定义、赋值及返回值类型、函数参数表一定要匹配。

【例 5-17】 类成员函数指针的应用举例。

```
//examplech517.cpp
# include< iostream.h>
class Test
{
public:
    Test(double x,double y)
```

```
        {
            b = x;
            c = y;
        }
        double fun(double d)
        {
            return (b + c) * (a + d);
        }
        void display()
        {
            cout << "b = " << b << ",c = " << c << endl;
        }
        double a;
    private:
        double b,c;
    };

    void main()
    {
        Test t1(12,2), * p1;          //定义对象 t1 及对象指针 p1
        double Test:: * p2;           //定义指向数据成员的指针 p2
        p2 = &Test::a;                //指针 p2 被赋值
        t1. * p2 = 8;                 //通过数据成员指针给数据成员赋值
        double (Test:: * p3)(double); //定义成员函数指针 p3
        p3 = Test::fun;               //指针 p3 被赋值
        p1 = &t1;                     //对象指针 p1 被赋值
        Test t2(22,3);
        cout << t1.fun(10) << endl;       //通过对象调用成员函数 fun
        cout << (p1 - > * p3)(10) << endl; //对象指针 p1 调用指针 p3 指向的函数 fun
        t2.a = 18;                    //通过对象直接给数据成员赋值
        cout << t2.fun(20) << endl;
        t1.display();
        t2.display();
    }
```

程序运行结果：

```
252
252
950
b = 12, c = 2
b = 22, c = 3
```

本例分析：该程序定义了对象 t1、对象指针 p1、数据成员指针 p2 和成员函数指针 p3。在 main 函数中用两种方式对数据成员进行了操作：对象 t1 的数据成员 a 通过数据成员指针 p2 进行赋值(相当于 t1.a＝8)，而对象 t2 的数据成员 a 则通过对象名 t2 直接赋值。同样，成员函数也可以通过成员函数指针和对象名两种方式进行调用。因此，无论是对象的数据成员还是成员函数，都可以通过成员指针或对象名两种方式中的任何一种进行访问。

5.7.4 this 指针

在 C++ 中,类的成员函数可以访问类中所有的数据成员,当定义了对象以后,每一个对象都有属于自己的数据成员值,但成员函数的代码都是唯一的,为所有对象共享。例如例 5-17 中的 main() 函数的最后两条语句 t1.display() 和 t2.display() 执行了相同的代码 "cout<<"b="<<b<<",c="<<c<<endl;",那么成员函数 display() 是怎样确定究竟是 t1 还是 t2 在调用自己,从而输出相应对象数据成员的值呢?

在 C++ 程序中,每一个成员函数都有一个特殊的指针,称为 this 指针。this 指针是表示当前对象的指针,它是一种隐含指针。当对象调用成员函数时,系统将对象的地址赋给 this 指针,然后调用成员函数,当成员函数处理数据时则隐含使用 this 指针,即函数 display() 中的语句相当于以下语句:

```
cout <<"b = "<< this -> b <<",c = "<< this -> c << endl;
```

【例 5-18】 this 指针的应用。

```cpp
//examplech518.cpp
# include < iostream. h>
class Test
{
public:
    Test(){}
    Test(double x,double y)
    {
        b = x;
        c = y;
    }
    void copy(Test &t);
    void Display()
    {
        cout <<"this:"<< this << endl;
        cout <<"b = "<< b <<",c = "<< c << endl;
    }
private:
    double b,c;
};

void Test::copy(Test &t)
{
    if(this == &t) return;
    * this = t;
}

void main()
{
    Test t1,t2(22,3);
    t1.copy(t2);                    //对象 t1 调用成员函数
    t1.Display();
```

```
    t2.Display();
}
```

程序运行结果：

```
this:0x0066FDE8
b = 22,c = 3
this:0x0066FDD8
b = 22,c = 3
```

本例分析：该程序在执行 t1.copy(t2)语句时是对象 t1 调用成员函数,因此,this 指针等于 &t1,而不是 &t2,所以在 copy 函数中执行语句" * this=t"时,将形参所获得的参数值(对象 t2)赋给调用该成员函数的对象 t1。

5.8 动态内存分配

数组对于组织大规模同类数据非常方便,但是数组也有明显的缺点,即必须预先定义数组的长度,而在很多情况下,用户事先并不能确切地知道需要使用数组中的多少个数组元素。例如设计一个人事管理系统,各单位人数相差非常大,这时若定义一个很小的数组,则对于人数多的单位显然不适应,若定义一个很大的数组,则对于小型企业的应用将造成很大的计算机系统资源浪费。因此,为了既有效地管理内存又适应不同企业的要求,C++提供了动态内存分配与管理技术。

所谓动态内存分配与管理是指在程序运行期间根据程序的实际需要随时申请内存分配,并在不需要时随时释放内存。应用程序所占据的内存可以分为静态存储区、栈区和堆区。在程序运行前就分配的存储空间一般都在静态存储区,静态变量分配的存储空间在栈区,动态内存分配的内存空间在堆区。在 C++中,动态内存分配通过指针和 new 运算符实现,而内存的动态释放则通过 delete 运算符实现。

5.8.1 new 运算符

在 C++程序中,new 运算符的功能是实现内存的动态分配。在程序运行过程中申请和释放的存储单元称为堆对象,因此,new 运算符动态地申请内存又称为动态创建堆对象,申请和释放的过程一般又称为建立和删除堆对象。new 运算符的使用形式包括以下 3 种：

```
1. 指针变量 = new 数据类型;
2. 指针变量 = new 数据类型(初始值);
3. 指针变量 = new 数据类型[元素个数];
```

该使用形式中的指针是预先声明的指针变量,指针所指向的数据类型应与 new 运算符后的数据类型相同,若申请成功则返回分配单元的首地址给指针变量,否则返回空指针值(即 0)给指针变量。例如：

```
int * p1;
```

```
double * p2;
p1 = new int(12);
p2 = new double [100];
```

分别表示动态分配了用于存放整型数据的内存空间,将初值 12 写入该内存空间,并将首地址值返回指针 p1;动态分配了具有 100 个双精度实型数组元素的数组,同时将各存储区的首地址指针返回给指针变量 p2。又如:

```
double * p = new double[n];
```

动态分配 N 个 double 型元素数组,动态数组元素的初值不确定,N 是可以在程序运行时从键盘输入的变量,从而实现内存的按需分配。在动态内存分配中如果建立的对象是类对象,则需要根据实际情况调用类的构造函数。

5.8.2　delete 运算符

运算符 delete 用来删除由 new 建立的对象,释放指针所指向的内存空间。delete 运算符的应用形式如下:

```
1.delete 指针变量名;
2.delete []指针变量名;
```

其中,第 2 种情况用于释放指针所指向的连续存储空间,即释放数组所占用的内存空间。如果被删除的是类对象,则该对象的析构函数会被自动调用。对于用 new 建立的对象,只能使用 delete 一次。在使用 delete 释放内存空间时读者应注意以下几点:

(1) delete 只能删除由 new 分配的堆内存。

(2) 对于一个指针只能使用一次 delete 操作。

(3) 当 delete 用于释放由 new 创建的数组的连续内存空间时,无论是一维数组还是高维数组,在指针变量名前必须使用一对方括号,而且方括号内没有数字。

【例 5-19】 动态分配存储空间。

```
//examplech519.cpp
# include < iostream. h >
# include < iomanip. h >
# include < stdlib. h >
# include < math. h >
void main()
{
    int Size;
    double * ptr;
    cout <<"Input the Size of Array: ";
    cin >> Size;
    ptr = new double[Size];                 //申请长度为 Size 的连续存储空间
    if(ptr == NULL)
    {
        cout <<"Error,Cannot Allocate Memory!";     //动态分配失败
        exit(1);
```

```
        }
        for( int i = 0;i < Size;i++)
        {
            ptr[i] = sqrt(i);
            cout << ptr[i]<< endl;
        }
        cout << endl;
        delete[ ] ptr;                                //释放 ptr 指向的连续存储空间
    }
```

程序运行结果：

```
Input the Size of Array: 3
0 = 0
1 = 1
2 = 1.41421
```

本例分析：该程序通过 new 实现了内存空间的动态分配（数组元素的数量），并输出各数组元素值，若内存分配失败，则指针值为 0，即返回空指针 NULL。

【**例 5-20**】 动态创建堆对象。

```
//examplech520.cpp
# include < iostream. h>
class Point
{
public:
    Point()
    {
        x = 0;
        y = 0;
        cout <<" Call Default Constructor. "<< endl;
        cout << x <<","<< y << endl;
    }
    Point( int x1, int y1)
    {
        x = x1;
        y = y1;
        cout << " Call Constructor. "<< endl;
        cout << x <<","<< y << endl;
    }
    ~Point()
    {
        cout <<" Call Destructor. "<< endl;
    }
        int Getx() {return x;}
        int Gety() {return y;}
private:
    int x, y;
};
```

```
void main()
{
    cout <<"Object One:"<< endl;
    Point * Ptr1 = new Point;                    //动态创建对象 Point
    delete Ptr1;
    cout <<"Object Two:"<< endl;
    Ptr1 = new Point(1,2);                       //动态创建对象 Point(1,2)
    delete Ptr1;
}
```

程序运行结果：

```
Object One:
Call Default Constructor.
0,0
Call Destructor.
Object Two:
Call Default Constructor.
1,2
Call Destructor.
```

本例分析：main 函数第一次动态创建对象 Point 时，由于没有给定初始值，因此调用无参构造函数 Point。第二次创建对象 Point(1,2)时，由于具有初始值，因此调用带参构造函数 Point。由于析构函数无参数，在删除对象时均调用析构函数～Point()。

5.9 本章小结

本章主要介绍了面向对象程序设计中的数据结构，即利用数组和指针组织数据的方法，面向对象程序设计中的数据不仅包括普通数据、类的数据成员，而且包括类对象。

数组是一种常见的数据组织形式，它是由具有一定数量的同类数据（包括基本类型数据及类类型数据等）顺序排列而成的集合，组成数组的任一数据称为该数组的元素。在计算机系统中，一个数组在内存中占有一段连续的存储空间。若数组有 n 个下标，则表示 n 维数组，同一数组的各元素具有相同的类型，数组可以由除 void 型以外的任何一种类型构成。如果数组的每一个元素都是指针变量，则称为指针数组。如果数组的元素是类对象，则称为对象数组。对象数组的初始化就是每一个元素调用构造函数的过程。若数组元素被指定初始值，则调用具有形参的构造函数，如果没有指定初始值，则调用默认构造函数。

指针是 C++ 不可缺少的重要内容，也是 C++ 的难点之一，它提供了一种较为直观的地址操作方法。指针变量中存放的是另外一个变量的地址，利用指针可以直接对内存中的各种数据结构的数据进行快速、有效的处理。各种类型的指针及数组名还可以作为函数参数，为函数之间实现大量数据的传递提供了简捷、便利的方法，因此正确地使用指针可以方便、灵活、高效地组织和表示复杂的数据结构。指针既可以指向简单变量，也可以指向数组、字符串及类对象，还可以指向函数（包括普通函数和对象的函数成员）及指针。指针必须先定义，并在赋初值以后才可以使用，赋初值的目的是使指针指向一个已经存在的同类型对象的地址。如果指针使用不当,将可能导致错误甚至产生系统崩溃。

　　所谓动态内存分配与管理是指在程序运行期间根据程序的实际需要随时申请内存分配,并在不需要时随时释放内存。在 C++ 中,动态内存分配通过指针和 new 运算符实现,而内存的动态释放则通过 delete 运算符实现。

5.10　思考与练习题

　　1. 在数组 array[100] 中,第一个元素和最后一个元素是哪一个?

　　2. 输入 10 个实型数据,编程实现按由小到大的顺序输出。

　　3. 采用冒泡排序法实现 10 个数据的排序。

　　4. 三维数组 a[2][3][3] 一共有多少个元素? 该数组的数组元素在内存中以什么顺序存储?

　　5. 定义一个有 15 个元素的 int 型数组,依次赋初值 1~15,并以指针和地址两种方式输出数组元素。

　　6. 分别定义一个 4×3 和 3×2 的矩阵 **A** 和 **B**,实现矩阵 **A** 与 **B** 乘积。

　　7. 定义一个初值如下的 5×6 二维 int 型数组,并以指针和地址两种方式输出该二维数组。

$$\begin{bmatrix} 1 & 2 & 3 & 4 & 5 & 6 \\ 11 & 12 & 13 & 13 & 15 & 16 \\ 21 & 22 & 23 & 24 & 25 & 26 \\ 31 & 32 & 33 & 34 & 35 & 36 \\ 41 & 42 & 43 & 44 & 45 & 46 \end{bmatrix}$$

　　8. 什么是指针? 指针中储存的地址和这个地址中的值有何区别?

　　9. 运算符"＊"和"＆"各能实现什么功能?

　　10. void 型指针有何特点? 应用 void 型指针时应注意哪些问题?

　　11. 定义一个 int 型指针,用 new 语句为其分配包含 100 个元素的地址空间。

　　12. 通过指针统计从键盘所输入字符串的数量。

　　13. 引用和指针有何区别? 何时只能使用指针而不能使用引用?

　　14. 实现将 5×3 的矩阵转置。

　　15. 依次定义一个 int、float、double 和 char 类型变量的指针,分别显示指针占了多少字节以及这些类型的指针所指向的变量占了多少字节。

　　16. 将 n 个数按输入时的顺序逆序输出。

　　17. 指针作为函数参数具有哪些特点?

　　18. 下列程序有何问题,请仔细体会,使用指针时应避免出现的这类问题。

```
# include < iostream >
using namespace std;
int main()
{
    int * p1;
```

```
    * p1 = 18;
    cout <<"the value of p1 is:"<< * p1;
    return 0;
}
```

19. 分析以下程序代码有何问题,仔细体会,使用指针时应避免出现的这个问题,并进行改正。

```
# include < iostream >
using namespace std;
int fun();
void main()
{
    int x = fun();
    cout << the value of x is:"<< x;
}
int fun()
{
    int * p1 = new int(10);
    return * p1;
}
```

20. 什么是 this 指针,它具有哪些特点?

21. 什么是 C++的动态内存分配? 它有何优点?

22. 动态创建一个三维矩阵,并通过指针访问该三维矩阵的元素。

23. 一个学习小组有 6 人,共有 5 门课程,编程实现以下要求:

(1) 求第一门课程的平均成绩。

(2) 找出有一门课程以上不及格的学员,输出该学员的所有成绩和平均成绩。

(3) 找出 5 门课程都在 90 分以上的学员以及平均成绩在 95 分以上的学员。

24. 定义 Circle 类,其数据成员 double * pRadius 为一个指向半径值的指针,存放其半径值,设计对 Circle 类数据成员的各种操作。

25. 以下是二项式 $(a+b)^n$ 的系数表,又称为杨辉三角形,采用动态内存分配法实现该系数的计算与存储。

```
1
1  1
1  2  1
1  3  3  1
1  4  6  4  1
1  5  10  10  5  1
1  6  15  20  15  6  1
⋮
```

继承与派生

继承性是面向对象程序设计中最重要的基本特征之一，它允许在既有类的基础上创建新类，并可以根据所面对问题的不同情况对新类进行更具体、更详细的说明。C++语言的继承性与派生性客观地反映了人类对自然界认识的一般规律：客观事物之间都存在一定的联系，表现在同类事物之间所具有的共性和各个体所表示出的不同个性。

面向对象程序设计对问题的抽象形成了类，类也具有共性和个性，并可以通过继承与派生机制来实现。这种机制提供了重复利用程序代码的一种有效途径，程序员可以通过改进、扩充和完善已有的程序代码来适应问题的不同层面或不同子问题的需求。继承机制使程序员能够站在"巨人"的肩膀上开发设计程序，大大提高了程序开发的效率。本章围绕派生过程，首先介绍继承与派生、基类、派生类和多继承的概念与原理，以及不同继承方式下的基类成员的访问权限控制问题，然后介绍派生类的构造函数、析构函数、虚基类及赋值兼容规则，最后通过一个具有类继承关系的大学人员管理信息系统的综合实例进一步加深读者对继承与派生、虚基类等概念的理解与掌握。

6.1　继承与派生的概念

继承是自然界中一个重要的普遍特性，无论是动/植物表现出来的遗传规律，还是客观事物之间具有的相似性，都是继承与派生的具体表现。俗话说："一虎生九仔，九仔各不同"，就说明了通过继承与派生可以使新的派生类具有不同于基类的某些个性。因此，派生使新类在继承共性的同时具有了更加丰富多彩的个性。

6.1.1　继承的层次结构

面向对象程序设计的继承与派生机制是源于自然界的概念，现实世界中的许多事物都具有继承性。客观世界的事物是相互联系、相互作用的，人们在认识事物的过程中，根据事物的共性和个性，一般采用层次分类方法来描述事物之间的关系。例如，大家熟悉的飞行器类的层次结构关系如图 6-1 所示。

显然，飞行器分类的层次结构图反映了飞行器及其各派生类的层次结构关系，在层次结构图中，下层类是上层类的特殊类，因此，下层类自动具有上层类的特性，同时具有自身新的特性，越往层次结构图的下层，其特性越具体化。这种从上到下的层次结构关系是一个具体化、个性化的过程，即继承与派生的过程。C++面向对象技术采用了这种继承机制。

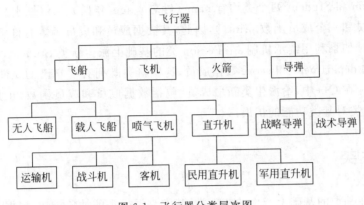

图 6-1　飞行器分类层次图

6.1.2　为什么使用继承

　　自然界中的继承特性表现为子类从父类自动继承其属性和行为的特性，C++语言也体现了这种继承机制。在类的层次结构关系中，处于上层的类称为基类或父类，处于下层的类由基类派生而来，称为派生类或子类。这种由基类派生出新类的过程称为派生，派生类自身也可以作为基类派生出新的派生类。继承指派生类自动拥有基类的属性和行为特征。

　　类的继承与派生指新类从既有的类继承而来，新类自动继承或拥有了既有类的属性和行为，并表现出自身新的属性和行为特征。类的继承和派生机制使程序员无须修改已有的类，只需在既有类的基础上，根据问题的实际需要，通过增加部分代码或修改少量代码得到新的类（派生类），从而很好地解决了程序代码的重用问题。

　　下面两个类的声明将进一步说明类的继承与派生的作用。

```
class Person
{
  protected:
      char name[20];
      int age;
      char sex;
      char id;
  public:
      void print();
}
class Student
{
  protected:
      char name[20];
      int age;
      char sex;
      char id;
      char department[30];
      float score;
  public:
      void print();
}
```

以上 Person 和 Student 两个类均有 name(姓名)、age(年龄)、sex(性别)、id(号码)4 个相同的数据成员和一个成员函数 print(),因此,其数据成员和成员函数有许多相同之处,出现了代码重复。如果利用继承机制,在 Person 类的基础上派生新类 Student,并且在派生类 Student 中增加 department 和 score 数据成员,这样新类既拥有了自己的属性,又解决了代码的重用问题。在 C++中,给派生类新增成员(包括数据成员和成员函数)正是派生类的关键所在,是派生类对基类功能的扩展。

6.2　派生类

派生类是在基类的基础上产生的特殊类,基类是派生类的抽象描述,根据 C++面向对象的继承机制,派生类自动继承了基类的成员,但派生类应当具有自身的属性和行为,否则完全等同于基类(这样就没有必要派生新类);继承是为了避免代码的重复,派生是为了使新产生的派生类除具有基类的共性之外,还具有其他个性,即不同于基类的属性和行为。

C++的继承与派生机制体现了自然界中特殊与一般的关系。在程序设计中若能充分利用继承特性分析所面临问题及其子问题的共性及个性,合理地定义基类,并从基类派生出新的子类,则无须修改基类的代码就可以直接调用基类的成员,实现程序代码的重用。派生类新的属性和行为的实现是派生过程中需要由用户实现的代码。

6.2.1　派生类的定义

在 C++中,派生类的定义格式如下:

```
class 派生类名: 继承方式 基类名
{
    派生类新定义的数据成员;
    派生类新定义的成员函数;
}
```

其中,继承方式有 3 种,即由关键字 public、private 和 protected 表示,分别表示公有继承、私有继承和保护继承。在 C++中,默认情况下为 private(私有)继承方式。

【例 6-1】　派生类的应用。

```
//examplech601.cpp
Person. h
# include < iostream. h >
# include < string. h >
class Person                                    //基类 Person
{
public:
    //基类构造函数
    Person(const char *  Name, int Age, char Sex, char *  IdNo, char *  Occupation);
        char *  GetName()
        {
        return(name);
```

```
    }
    int GetAge();                          //基类成员函数的声明
    char GetSex();
    char * GetIdNo();
    char * GetOccupation();
    void Display();
private:
    char name[20];
    char sex;
protected:                                 //保护成员
    int age;
    char id[18];
    char occupation[30];
};
//基类构造函数的实现
Person::Person(const char * Name,int Age,char Sex,char * IdNo,char * Occupation)
{
    strcpy(name,Name);
    age = Age;
    sex = Sex;
    strcpy(id,IdNo);
    strcpy(occupation,Occupation);
}

int Person::GetAge()                       //基类成员函数的实现
{
    return(age);
}
char Person::GetSex()                      //基类成员函数的实现
{
    return(sex);
}
char * Person::GetIdNo()                   //基类成员函数的实现
{
        return(id);
}
char * Person::GetOccupation()             //基类成员函数的实现
{
    return(occupation);
}
void Person::Display()                     //基类成员函数的实现
{
    cout <<"Name:"<< name << endl;         //直接访问该类私有成员
    cout <<"Id:"<< id << endl;
    cout <<"Age:"<< age << endl;
    cout <<"Sex:"<< sex << endl;
    cout <<"Occupation:"<< occupation << endl;
}

class Student:public Person                //派生类 Student
{
```

```
public:                              //外部接口
//调用基类构造函数初始化基类的数据成员
Student(char * pName, int Age, char Sex, char * IdNo, char * Department,
float Score):Person(pName, Age, Sex, IdNo, Department)
    {
        strcpy(department, Department);
        score = Score;
    }
    char * GetDepartment(char * Department)   //派生类新成员
    {
        return(department);
    }

    float GetScore()                          //派生类新成员
    {
        return score;
    }
    void Display();                           //派生类的新成员
private:
    char id[10];
    char department[30];
    char sex;
    float score;
};

void Student::Display()                       //派生类成员函数的实现
{
    cout <<"Id:"<< id << endl;                //直接访问该类私有成员
    cout <<"Age:"<< age << endl;              //访问基类保护成员
    cout <<"Sex:"<< sex << endl;              //访问基类保护成员
    cout <<"Department:"<< department << endl; //直接访问该类私有成员
    cout <<"Score:"<< score << endl;
}

# include < Person.h >
void main()
{
    char name[20];
    char id[18];
    char Department[30];
    cout <<"Input a person's name:";
    cin >> name;
    cout <<"Input "<<"Identify Card Number of "<< name <<":";
    cin >> id;
    Person p1(name, 32, 'M', id, "Police");   //基类对象
    p1.Display();                             //基类对象访问基类公有成员函数

    cout <<"Input a student's name:";
    cin >> name;
    cout <<"Input "<<"Number of Student"<< name <<":";
    cin >> id;
```

```
    Student s1(name,20,'F',id,"Computer",98); //派生类对象
    cout <<"Name:"<< s1.GetName()<< endl;
    cout <<"Id:"<< s1.GetIdNo()<< endl;
    cout <<"Age:"<< s1.GetAge()<< endl;
    cout <<"Sex:"<< s1.GetSex()<< endl;
    cout <<"Department:"<< s1.GetDepartment(Department)<< endl;
    cout <<"Score:"<< s1.GetScore()<< endl;
}
```

程序运行结果：

```
Input a person's name:WangWei
Input Identify Card Number of WangWei:110103751115205
Name:WangWei
Id: 110103751115205
Age:32
Sex:M
Occupation:Police
Input a student's name:LiMing
Input Number of LiMing:08010128
Name:LiMing
Id:08010128
Age:20
Sex:F
Department:Computer
Score:98
```

本例分析：派生类 Student 自动继承了基类 Person 的成员函数 GetName()、GetIdNo()、GetAge()和 GetSex()，同时派生类新增了表示分数的数据成员 Score，重新定义了用于输出姓名、学号、年龄、性别、专业和分数的同名成员函数 Display()。

6.2.2 派生类的生成过程

仔细分析例 6-1 中派生类 Student 的生成过程，读者可以发现派生类的生成过程经历了 3 个步骤：吸收基类成员、改造基类成员和添加派生类新成员。吸收基类成员是一个重用的过程，体现了代码的重用，而对基类成员进行改造和添加派生类新成员则是代码的扩充过程，是为了实现派生类不同于基类的新属性和行为。

1．吸收基类成员

在 C++的继承机制中，派生类吸收基类中除构造函数和析构函数之外的所有成员。因此，派生类可以利用从基类吸收的所有数据成员和成员函数，不吸收构造函数是构造函数和析构函数的功能和作用所决定的。

2．改造基类成员

由于基类的部分成员在派生类中可能不需要却也被继承下来，对于这些没有实际需要而被继承的成员，在派生类中需要对它们进行改造。改造基类成员包括两个方面：一是通

过派生类定义时的 3 种继承方式来控制;二是通过在派生类中定义同名成员(包括成员函数和数据成员)来屏蔽在派生类中不起作用的部分基类成员。

3. 添加派生类新成员

根据例 6-1 可知,由于派生类 Student 和基类 Person 的作用有不同之处,仅仅继承基类的成员是不够的,需要在派生类中添加新成员 Score 等,以保证派生类自身属性和行为的实现。同时,基类的构造函数和析构函数是不能被继承的,因此,需要定义新的构造函数和析构函数完成派生类对象的初始化及有关清理工作。添加派生类新成员是继承机制的核心。

可见,继承和派生的目的在于重用派生类与基类的共性成员,并对基类成员进行合理的屏蔽,派生出符合问题实际需要的新类,实现代码重用。

6.3　访问权限的控制

派生类继承了除构造函数和析构函数之外的所有基类成员,而且这些成员的访问特性可以通过派生类对基类的继承方式进行控制。根据派生类的定义格式可知,其继承方式由关键字 public、protected 和 private 控制,分别表示公有、保护和私有 3 种继承方式。

6.3.1　公有继承

当类的继承方式为 public(公有)继承方式时,在派生类中,基类的公有成员和保护成员被继承后其访问属性没有变化,即分别作为派生类的公有成员和保护成员,派生类的成员可以直接访问它们,但派生类的成员无法访问基类的私有成员。在派生类的外部,无论是派生类的成员还是派生类的对象都不能访问基类的私有成员。

【例 6-2】　公有继承举例。

```
//examplech602.cpp
class Point                                    //基类 Point
{
public:
    void InitPoint(float PointA_x = 0, float PointA_y = 0)  //公有函数成员
    {
        P1_x = PointA_x;
        P1_y = PointA_y;
    }
    void Move(float New_x, float New_y)               //公有函数成员
    {
        P1_x += New_x;
        P1_y += New_y;
    }
    float GetPointx()
    {
        return P1_x;
    }
    float GetPointy()
```

```
    {
        return P1_y;
    }
private:                                          //私有数据成员
    float P1_x,P1_y;
};


class Circle: public Point
{
public:                                           //新增公有函数成员
    void InitCircle(float P1_x, float P1_y, float Radius)
    {
        InitPoint(P1_x,P1_y);                     //调用基类公有成员函数
        R = Radius;
    }
    float GetRadius()
    {
        return R;
    }
protected:
    float R;                                      //新增保护数据成员
};


class Rectangle: public Point
{
public:                                           //新增公有函数成员
    void InitRect(float P1_x, float P1_y, float Rect_H, float Rect_W)
    {
        InitPoint(P1_x,P1_y);                     //调用基类公有成员函数
        High = Rect_H;
        Wide = Rect_W;
    }
    float GetHigh()
    {
        return High;
    }
    float GetWide()
    {
        return Wide;
    }
protected:                                        //新增数据成员
    float High;
    float Wide;
};


#include "Point.h"
#include <iostream.h>
void main()
{
    Circle C1;                                    //定义Circle类的对象
    C1.InitCircle(10,10,28);
```

```
        C1.Move(10,10);                                    //移动到新位置
        cout <<"The Data of Circle(P1_x,P1_y,R):"<< endl;
        cout << C1.GetPointx()<<","<< C1.GetPointy()<<","
            << C1.GetRadius()<<","<< endl;                 //输出参数
        Rectangle Rect1;                                   //定义 Rectangle 类的对象
        Rect1.InitRect(5,5,20,30);
        Rect1.Move(10,10);                                 //移动到新位置
        cout <<"The Data of Rect(P1_x,P1_y,High,Wide):"<< endl;
        cout << Rect1.GetPointx()<<","                     //输出参数
            << Rect1.GetPointy()<<","
            << Rect1.GetHigh()<<","<< Rect1.GetWide()<< endl;
    }
```

程序运行结果：

```
The Data of Circle(P1_x,P1_y,R):
10,20,28
The Data of Rect(P1_x,P1_y,P2_x,P2_y):
15,15,20,30
```

本例分析：圆和矩形都需要以点的坐标作为基础，该程序定义了表示点的基类 Point，该类具有两个数据成员（点坐标）及对点进行初始化的成员函数 InitPoint()，同时，程序还定义了派生类 Circle 和 Rectangle，两个派生类都继承了基类 Point 的数据成员和成员函数，而且派生类 Circle 新增了表示属性的数据成员（半径 R），派生类 Rectangle 新增了表示矩形长和宽（High、Wide）的数据成员及相关成员函数。

6.3.2   私有继承

当类的继承方式为 private(私有)继承方式时，在派生类中，基类的公有成员和保护成员作为派生类的私有成员，派生类的成员可以直接访问它们，而派生类的成员无法访问基类的私有成员。在派生类的外部，派生类的成员和派生类的对象均无法访问基类的所有成员。

私有继承之后，所有基类成员在派生类中都成为了私有成员或不可访问的成员，如果进一步派生，则基类的成员再也无法在更下一级的派生类中使用，失去了继承与派生机制应有的优势，因此，私有继承方式一般很少使用。

【例 6-3】   私有继承举例。在例 6-2 中派生类 Circle 为 public 继承方式，当继承方式为 private 时，派生类 Circle 需要做必要的修改才能实现数据的访问（程序中的其他部分无须修改）。

```
//examplech603.cpp
class Circle: private Point                          //派生类的定义
{
public:
    void InitCircle(float P1_x, float P1_y, float Radius)
    {
        InitPoint(P1_x,P1_y);                        //调用基类公有成员函数
        R = Radius;
```

```
        }
        void Move(float New_x, float New_y)
        {
            Point::Move(New_x,New_y);
        }
        float GetPointx()
        {
            return Point::GetPointx();
        }
        float GetPointy()
        {
            return Point::GetPointy();
        }
        float GetRadius()
        {
            return R;
        }
    protected:
        float R;
};
```

该程序的运行结果和例 6-2 相同。

本例分析：为了加深读者对公有继承与私有继承差别的理解，该程序中 Circle 类为私有继承方式，Rectangle 类为公有继承方式。由于 Rectangle 类为公有继承方式，派生类对象可以访问基类的所有成员函数，而派生类 Circle 是私有继承方式，在派生类的外部，派生类对象无法访问基类的任何成员，基类的外部接口 Move()、Getpointx() 和 Getpointy() 被派生类封装起来，在派生类 Circle 中必须重新定义这些同名成员函数，当派生类中发生函数调用时对基类同名成员进行同名覆盖，从而调用派生类的同名成员函数。与基类成员函数相比，派生类的同名成员函数的作用域更为局部。

6.3.3 保护继承

当类的继承方式为 protected（保护）继承方式时，在派生类中，基类的公有成员和保护成员均作为派生类的保护成员，派生类的成员可以直接访问它们，而派生类的成员无法访问基类的私有成员。在派生类的外部，派生类的成员和派生类的对象均无法访问基类的所有成员。

根据私有继承和保护继承访问权限的控制原则，如果基类只进行了一次派生，则保护继承和私有继承的功能完全相同，但当派生类还需进一步派生更低一层的派生类时，两者具有实质性差别。

对于私有继承方式，基类的所有成员只能作为派生类的私有成员或者不可访问的成员，因此私有继承方式产生的派生类无法再产生新的派生类。与私有继承不同的是，对于保护继承方式，基类的公有成员和保护成员在派生类中均作为保护成员，在继续以保护继承或公有继承派生新类时，这些成员均可以继续继承，因而可以合理地利用基类的有关特性。由于保护继承的特殊性，如果能合理地利用，就可以有效地利用共享特性和隐蔽特性，既方便派生类的继承，又能较好地实现成员的隐蔽，并实现代码的高效重用。

【例 6-4】 保护继承举例。将例 6-2 中的 Circle 类的继承方式改为保护继承，这时 Circle 类还可以继续派生出新类。未注明的"…"表示与例 6-2 中相应部分的代码相同。

```cpp
//examplech604.cpp
class Point                              //基类 Point 的定义
{
    //…
};

class Circle: protected Point
{
    //…与例 6-3 的相应部分相同
};

class DCircle: protected Circle          //定义 Circle 的派生类 Dcircle(圆环)
{
public:
void InitDCircle(float P1_x, float P1_y,float Radius_i,float Radius_o)
{
    InitPoint(P1_x,P1_y);
    R_inside = Radius_i;
    R_outside = Radius_o;
}
void Move(float New_x, float New_y)
{
    Point::Move(New_x,New_y);
}
float GetPointx()
{
    return Point::GetPointx();
}
float GetPointy()
{
    return Point::GetPointy();
}
float GetRadius_i()
{
    return R_inside;
}
float GetRadius_o()
{
    return R_outside;
}
private:
    float R_inside,R_outside;
};

class Rectangle: public Point            //派生类的定义
{
    //…
```

```
};
# include < iostream.h >
void main()
{
    Circle C1;                                    //定义对象C1
    C1.InitCircle(10,10,28);
    C1.Move(10,10);                               //移动到新位置
    cout <<"The Data of Circle(P1_x,P1_y,R):"<< endl;
    cout << C1.GetPointx()<<","<< C1.GetPointy()<<","
        << C1.GetRadius()<<","<< endl;
    DCircle DC1;                                   //定义圆环对象DC1
    DC1.InitDCircle(10,10,28,38);
    DC1.Move(10,10);                              //将圆环移动到新位置
    cout <<"The Data of DCircle(CircleCenter_x,CircleCenter_y,
        R_inside,R_outside):"<< endl;
    cout << DC1.GetPointx()<<","<< C1.GetPointy()<<","
        << DC1.GetRadius_i()<<","
        << DC1.GetRadius_o()<<","<< endl;
    Rectangle Rect1;
    Rect1.InitRect(5,5,20,30);
    Rect1.Move(10,10);
    cout <<"The Data of Rect(P1_x,P1_y,High,Wide):"<< endl;
    cout << Rect1.GetPointx()<<","
        << Rect1.GetPointy()<<","
        << Rect1.GetHigh()<<","<< Rect1.GetWide()<< endl;
}
```

程序运行结果：

```
The Data of Circle(P1_x,P1_y,R):
20,20,28
DCircle(CircleCenter_x,CircleCenter_y,R_inside,R_outside):
20,20,28,38
The Data of Rect(P1_x,P1_y,High,Wide):
15,15,20,30
```

本例分析：该程序很好地体现了私有继承与保护继承的差异。由于Circle是保护继承，在直接派生类中，保护继承与私有继承没有本质的差别，因此，Circle代码与例6-3相同。与私有继承不同的是，Circle类可以产生新的派生类DCircle，因为在保护继承方式下，基类的部分成员可以继续传递给DCircle。如果Circle是私有继承方式，则在继续派生DCircle类时，基类的所有成员在DCircle中均不可用，因而实际上终止了基类功能的继续派生。

实际上，当只有一次继承时，由于无论继承下来的是私有成员还是保护成员，外界都不能访问，因此，保护继承和私有继承的属性完全相同。保护继承与私有继承方式的不同之处在于能否进一步将基类成员传递给派生类的派生类，保护继承方式可以继续传递部分基类成员，但私有继承方式不可以。

在3种继承方式下，派生类中基类成员的访问属性如表6-1所示。

表 6-1　3 种继承方式下派生类中基类成员的访问属性

基类成员 继承方式	公有成员	私有成员	保护成员
公有继承	公有	不可访问	保护
私有继承	私有	不可访问	私有
保护继承	保护	不可访问	保护

由表 6-1 可知,不论是哪种继承方式,派生类新定义成员均不能直接访问基类的私有成员,只能通过基类的公有成员函数或保护成员函数访问基类的私有数据成员,例如例 6-3 中的 GetPointx()、GetPointy()和 Move()等公有成员函数,而基类的私有成员函数根本就不会继承,更谈不上使用了。因此,在程序设计中一般不将成员函数定义为私有成员。

6.4　派生类的构造函数和析构函数

面向对象程序设计的继承与派生机制的重要目的之一就是在继承基类共性的前提下实现派生类的个性,即实现派生类自身的属性和行为。这样,基类的程序代码在派生类中可以重用,并且通过代码扩充,在基类中添加新的数据成员和成员函数,实现派生类的不同功能。由于基类的构造函数的功能是创建基类对象并进行初始化,而析构函数的功能是在基类对象生存期结束时对基类对象进行必要的清理工作,因此都没有继承的必要性。在派生类的生成过程中,派生类将产生新的成员,对新增数据成员的初始化需要由派生类自身的构造函数完成,而对派生类对象的清理工作需要由相应的析构函数完成。

6.4.1　派生类的构造函数

派生类对象拥有基类的所有数据成员,派生类的数据成员既包括基类的数据成员,又包括派生类新增数据成员,因此,派生类构造函数在对派生类对象进行初始化时需要对基类数据成员、新增数据成员和内嵌对象成员进行初始化。在定义派生类的构造函数时除了要对自己的数据成员进行初始化外,还必须调用基类的构造函数初始化基类的数据成员。如果派生类中拥有对象成员,还应调用对象成员类的构造函数初始化对象成员。

派生类构造函数的一般格式如下:

```
派生类名::派生类名 (总参数表): 基类名(参数表 1),对象成员名(参数表 2)
{
    派生类新增成员的初始化;
}
```

派生类的构造函数名与派生类名相同,其中,总参数表应包含完成基类初始化所需要的参数。根据对象初始化原则,在派生类中从基类继承的成员的初始化仍然由基类的构造函数完成,因此,派生类构造函数的调用顺序是,先调用基类的构造函数,再调用对象成员类的构造函数(如果有对象成员),最后调用派生类的构造函数。

【例 6-5】 继承方式下构造函数的调用顺序举例。

```cpp
//examplech605.cpp
# include < iostream. h >
class Base
{
public:
    Base(){cout <<"Base Constructor"<< endl;}
};

class DeriveA:public Base
{
public:
    DeriveA(){cout <<"DeriveA Constructor"<< endl;}
};

class DeriveB:public DeriveA
{
public:
    DeriveB(){cout <<"DeriveB Constructor"<< endl;}
};
void main()
{
    DeriveB B;
}
```

程序运行结果：

```
Base Constructor
DeriveA Constructor
DeriveB Constructor
```

本例分析：DerivedA 是基类 Base 的派生类，而 DerivedA 又有自己的派生类 DerivedB，根据派生类构造函数的调用顺序，先调用基类 Base 的构造函数，再调用派生类 DerivedA 的构造函数，最后调用 DerivedB 的构造函数。

【例 6-6】 派生类构造函数显式调用基类构造函数举例。

```cpp
//examplech606.cpp
# include< iostream. h >
class Base
{
private:
    int n;
    double a;
public:
    Base(int x1 = 100,double x2 = 200. 18):n(x1),a(x2)
    {
        cout <<"Call A Destructor"<< endl;
        cout <<"n = "<< n << endl;
        cout <<"a = "<< a << endl;
```

```
        }
        ~Base(){}
};

class Derive:public Base
{
private:
    int m;
    double b;
public:
    Derive( int x1 = 100,double x2 = 200.18,int y1 = 218,double y2 = 288.8):
        Base(x1,x2),m(y1),b(y2)
    {
        cout <<"Call B Destructor"<< endl;
        cout <<"m = "<< m << endl;
        cout <<"b = "<< b << endl;
    }
    ~Derive(){}
};

void main()
{
    Derive obj1;
}
```

程序运行结果：

```
Call A Destructor
n = 100
a = 200.18
Call B Destructor
m = 218
b = 288.8
```

本例分析：派生类构造函数 Derive()不仅要初始化派生类 Derive 中定义的数据成员，还要初始化派生类对象中的内嵌对象成员，因此，在设计派生类构造函数时需要显式调用基类构造函数 Base(x1,x2)为内嵌对象赋初值。

在应用派生类构造函数时，读者需要注意以下几点：

（1）当基类中没有显式定义构造函数时，派生类的构造函数定义可以省略，系统采用默认的构造函数。

（2）当基类定义了具有形参的构造函数时，派生类也必须定义构造函数，提供将参数传递给基类构造函数的途径，使基类对象在进行初始化时可以获得相关数据。在某些情况下，派生类构造函数的函数体可能为空，仅起参数传递及调用基类与内嵌对象构造函数的作用。

（3）派生类构造函数的执行顺序是，先调用基类构造函数，再调用内嵌成员对象的构造函数（如果有内嵌成员对象），最后执行派生类构造函数。

6.4.2 派生类的析构函数

在派生类的生成过程中,基类的析构函数不能被继承,因此,如果在派生类中需要进行清理工作,则在派生类中必须自行定义析构函数。派生类的析构函数的功能是,在该类对象的生存期结束前进行一些相关的清理工作。与构造函数相比,析构函数比较简单,既没有类型,也没有参数。

析构函数的调用顺序是,先调用派生类的析构函数,再调用对象成员类的析构函数(如果有对象成员),最后调用基类的析构函数,其执行顺序与构造函数的执行顺序完全相反。

【例 6-7】 构造函数和析构函数的调用顺序举例。

```
//examplech607.cpp
# include < iostream.h >
class BaseA
{
int x;
public:
    BaseA( int i)
    {
        x = i;
        cout <<"Constructing of BaseA"<< endl;
    }
    ~BaseA()
    {
        cout <<"Destructing of BaseA"<< endl;
    }
    void Display()
    {
        cout <<"x = "<< x << endl;
    }
};

class DerivedB:public BaseA
{
BaseA d;
public:
DerivedB( int i):BaseA(i),d(i)
{
    cout <<"Constructing of DerivedB"<< endl;
}
~DerivedB()
{
    cout <<"Destructing of DerivedB"<< endl;
}
};

main()
{
    DerivedB obj(10);
```

```
        obj.display();
        return 0;
}
```

程序运行结果：

```
Constructing of BaseA
Constructing of BaseA
Constructing of DerivedB
X = 10
Destructing of DerivedB
Destructing of BaseA
Destructing of BaseA
```

本例分析：该程序综合体现了继承方式下构造函数和析构函数的执行顺序,定义了一个基类 BaseA 和一个派生类 DerivedB,基类中含有一个需要传递参数的构造函数,以初始化基类数据成员 x。

6.5　多继承

除单继承方式外,在自然界中普遍存在多继承方式,如人类既继承了父亲的特性,也继承了母亲的特性。C++面向对象程序设计的继承机制支持多继承方式。实际上,单继承可以视为多继承的一个特例,多继承可以视为多个单继承的组合,它们有很多相同的特性。多继承在 Windows 程序设计中具有广泛的应用。

前面介绍的派生类都只有一个基类,这种只有一个基类的派生方式称为单继承。当派生类同时具有两个或两个以上的基类时称为多继承。

6.5.1　多继承的定义

在 C++中,定义具有两个或两个以上基类的派生类与定义单继承是类似的,只需在多个基类及继承方式之间用逗号分隔即可。

多继承的定义格式如下：

```
class 派生类名: 继承方式 基类名 1,…,继承方式 基类名 n
{
    派生类新定义的成员;
};
```

冒号之后为基类表,每一个基类名前都有继承方式,若继承方式省略,则系统默认为私有继承方式。实际上,派生类与每个基类之间的关系可以认为是一个单继承,因此,多继承可以认为是单继承的自然扩展。

6.5.2　多继承的构造函数

在多继承方式下,派生类构造函数的定义格式如下：

```
派生类名(总参数表): 基类名 1(参数表 1),…,基类名 n (参数表 n)
{
    派生类新增成员的初始化语句;
};
```

构造函数名与类名相同,其中,总参数表必须包含完成所有基类初始化需要的参数,各基类构造函数之间用逗号分隔。多继承方式下派生类的构造函数与单继承方式下派生类的构造函数相似,必须同时负责该派生类所有基类构造函数的调用。

多继承方式下构造函数的执行顺序也和单继承方式类似,先执行所有基类的构造函数,再执行对象成员的构造函数,最后执行派生类的构造函数。内嵌对象成员的构造函数的执行顺序与对象在派生类中声明的顺序一致,而处于同一层次的各基类构造函数的执行顺序取决于定义派生类时所指定的基类顺序,与派生类构造函数中所定义的成员初始化列表顺序没有关系。

多继承在面向对象软件设计方法中具有重要意义。在此以 Windows 操作系统下的办公软件为例,一个经常遇到的操作是在各种图形中添加文本,文本属于字符,因此有字体、字号、字型、颜色等属性,而图形则具有形状、大小、线条、颜色等属性。在程序设计中可以通过图形类和文本类以多继承方式派生出含有文本和图形的新类,这时新的派生类既具有文本处理能力又具有图形处理能力,还可以添加新的属性。

【例 6-8】 多继承方式下构造函数的调用顺序举例。

```cpp
//examplech608.cpp
# include < iostream. h >
class BaseA1                                    //基类 BaseA1
{
public:
    BaseA1( int i )
    {
        cout <<"Constructing BaseA1 "<< endl;
        x1 = i;
    }

    void print()
    {
        cout <<"x1 = "<< x1 << endl;
    }
protected:
    int x1;
};
class BaseA2                                    //基类 BaseA2
{
public:
    BaseA2( int j )
    {
        cout <<"Constructing BaseA2 "<< endl;
        x2 = j;
    }
```

```
        void print()
        {
            cout <<"x2 = "<< x2 << endl;
        }
    protected:
        int x2;
    };
    class BaseA3                                    //基类 BaseA3
    {
    public:
        BaseA3()
        {
            cout <<"Constructing BaseA3"<< endl;
        }

        void print()
        {
            cout <<"Costructing BaseA3 No Value!"<< endl;
        }
    };
    class MDerivedB: public BaseA2, public BaseA1, public BaseA3
    {
    public:
        MDerivedB(int a, int b, int c, int d):BaseA1(a),A2(d),
            A1(c),BaseA2(b){}                       //派生类构造函数
        void print()
        {
            BaseA1::print();
            BaseA2::print();
            BaseA3::print();
        }
    private:
        BaseA1 A1;
        BaseA2 A2;
        BaseA3 A3;
    };
    void main()
    {
        MDerivedB obj(1,2,3,4);
        obj.print();
    }
```

程序运行结果：

```
Constructing BaseA2
Constructing BaseA1
Constructing BaseA3
Constructing BaseA1
Constructing BaseA2
Constructing BaseA3
x1 = 1
x2 = 2
Constructing BaseA3 No Value!
```

　　本例分析：派生类 MDerivedB 具有 3 个基类，分别是 BaseA1、BaseA2 和 BaseA3，属于多继承方式。由于基类及内嵌对象成员有带参数的构造函数，因此，派生类需要定义一个带参数的构造函数 MDerivedB(int a,int b,int c,int d)，该构造函数的功能是初始化基类及内嵌对象成员。main()函数只定义了一个对象 obj，在生成对象 obj 时需要调用派生类的构造函数，构造函数的调用顺序是 BaseA2→BaseA1→BaseA3→BaseA1→BaseA2→BaseA3。

6.5.3 多继承的析构函数

　　在多继承方式下，析构函数名与类名一样，无返回值、无参数，而且其定义方式与基类中的析构函数的定义方式完全相同，其功能是在派生类中对新增的有关成员进行必要的清理工作。析构函数的执行顺序与多继承方式下构造函数的执行顺序完全相反，首先对派生类新增的数据成员进行清理，再对派生类对象成员进行清理，最后对基类继承来的成员进行清理，而这些清理工作是依靠派生类析构函数和基类析构函数的执行完成的。

　　【例 6-9】 多继承方式下构造函数和析构函数的调用顺序举例。

```
//examplech609.cpp
# include < iostream.h>
class BaseA1                                    //基类 BaseA1
{
public:
    BaseA1(int i)
    {
        cout <<"Constructing BaseA1 "<< endl;
        x1 = i;
    }
    ~BaseA1()
    {
        cout <<"Destructing BaseA1 "<< endl;
    }
    void print()
    {
        cout <<"x1 = "<< x1 << endl;
    }
protected:
    int x1;
};
class BaseA2                                    //基类 BaseA2
{
public:
    BaseA2(int j)
    {
        cout <<"Constructing BaseA2 "<< endl;
        x2 = j;
    }
    ~BaseA2()
    {
        cout <<"Destructing BaseA2 "<< endl;
    }
```

```cpp
        void print()
        {
            cout <<"x2 = "<< x2 << endl;
        }
protected:
        int x2;
};
class BaseA3                                    //基类 BaseA3
{
public:
        BaseA3()
        {
            cout <<"Constructing BaseA3"<< endl;
        }
        ~BaseA3()
        {
            cout <<"Destructing BaseA3 "<< endl;
        }
        void print()
        {
            cout <<"Costructing BaseA3 No Value!"<< endl;
        }
};
class MDerivedB: public BaseA2, public BaseA1, public BaseA3
{
public:
        MDerivedB(int a, int b, int c, int d):BaseA1(a),A2(d),
            A1(c),BaseA2(b){}                   //派生类构造函数
        void print()
        {
            BaseA1::print();
            BaseA2::print();
            BaseA3::print();
        }
private:
        BaseA1 A1;
        BaseA2 A2;
        BaseA3 A3;
};
void main()
{
        MDerivedB obj(1,2,3,4);
        obj.print();
}
```

程序运行结果：

```
Constructing BaseA2
Constructing BaseA1
Constructing BaseA3
Constructing BaseA1
```

```
Constructing BaseA2
Constructing BaseA3
x1 = 1
x2 = 2
Constructing BaseA3 No Value!
Destructing BaseA3
Destructing BaseA2
Destructing BaseA1
Destructing BaseA3
Destructing BaseA1
Destructing BaseA2
```

本例分析：该程序是例 6-8 的改进，派生类 MDerivedB 和 main() 函数均没有变化，但各类均定义了析构函数。该例属于典型的多继承方式，其构造函数具有多继承方式定义中的多种要素。析构函数的调用顺序与构造函数完全相反。注意，在执行派生类 MDerivedB 的默认析构函数时，分别调用了成员对象及基类的析构函数。

6.5.4 虚基类

一般情况下，在派生类中对基类成员的访问应该是唯一的。但是，在多继承方式下，可能造成对基类中某个成员的访问出现不唯一的情况，这种现象称为对基类成员访问的二义性问题。所谓二义性指在多继承方式下，派生类的某些数据成员可能出现多个副本，或成员函数出现多个映射地址等现象。

如果某一类的部分或全部直接基类是从另一个共同基类派生而来的，这些直接基类中从上一级基类继承而来的成员就拥有相同的名称，在派生类的对象中，这些同名数据成员会在内存中出现多个副本、同名成员函数会出现多个地址映射。在例 6-9 中，派生类 MDerivedB 的 3 个基类 BaseA1、BaseA2 和 BaseA3 中都拥有成员函数 print()，于是出现了同名成员函数 print() 的 3 个映射地址。那么，派生类 MDerivedB 的对象到底访问哪一个基类的 print() 函数呢？这就是典型的二义性问题。

解决二义性的方法有两个：其一是使用作用域运算符"::"通过直接基类名进行限定，这种解决方法的特点是派生类中的同名成员依然具有多个副本，但通过基类名标识；另一个解决方法是通过定义虚基类来解决，在多继承方式下，派生类的同名数据成员会在内存中出现多个副本、同名成员函数会出现多个地址映射，如果将直接基类的共同基类设置为虚基类，那么从不同的路径继承而来的同名成员在内存中只拥有一个副本，从而解决了同名成员的二义性问题。

1. 虚基类的定义

虚基类的定义需要通过关键字 virtual 限定，其定义格式如下：

```
class 派生类名: virtual 继承方式 共同基类名
```

上述定义方式声明了基类为派生类的虚基类，在定义了虚基类以后，派生类对象中只存在一个虚基类成员的副本。

【例 6-10】 虚基类的应用。

```cpp
//examplech610.cpp
# include < iostream. h >
class A
{
public:
    A()
    {
        a = 18;
        cout <<"Call A:a = "<< a << endl;
    }
protected:
    int a;
};
class A1:virtual public A                //定义虚基类
{
public:
    A1()
    {
        cout <<"Call A1:a = "<< a << endl;
    }
};
class A2:virtual public A                //定义虚基类
{
public:
    A2()
    {
        cout <<"Call A2:a = "<< a << endl;
    }
};
class A3:public A1,A2                     //派生类的声明
{
public:
    A3()
    {
        cout <<"Call A3:a = "<< a << endl;
    }
};
void main()
{
    A3 obj;                              //定义对象 obj
}
```

程序运行结果：

```
Call A:a = 18
Call A1:a = 18
Call A2:a = 18
Call A3:a = 18
```

本例分析：由于将基类定义为虚基类，类的层次结构关系如图 6-2 所示，可见，派生类对象只有一个虚基类成员副本，不存在二义性问题。

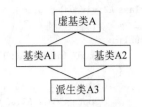

图 6-2　虚基类的类层次结构关系

2. 虚基类的初始化及构造函数的调用

虚基类的初始化与一般多继承的初始化在语法上相同，如果派生类有一个直接或间接的虚基类，那么派生类构造函数的成员初始化列表中必须列出对虚基类构造函数的调用，如果没有列出，则表示使用该虚基类的默认构造函数来初始化派生类从虚基类继承的数据成员。虚基类构造函数的调用顺序与多继承方式略有不同，规则如下：

（1）先调用虚基类的构造函数，再调用非虚基类的构造函数。

（2）若同一层次中包含多个虚基类，其调用顺序按定义时的顺序进行。

（3）若虚基类由非虚基类派生而来，则按先调用基类构造函数，再调用派生类构造函数的顺序进行。

（4）在创建对象时，如果该对象含有从虚基类继承而来的成员，则虚基类成员由创建对象的那个派生类的构造函数通过调用虚基类的构造函数进行初始化，该派生类的其他基类中所列出的对虚基类构造函数的调用在执行中被系统自动忽略，从而保证了对于从虚基类继承的成员只初始化一次。

【例 6-11】　引入虚基类后构造函数的调用顺序举例。

```
//examplech611.cpp
#include<iostream.h>
class A
{
public:
    A(int x0)
    {
        a = x0;
        cout <<"Call A:a = "<< a << endl;
    }
protected:
    int a;
};

class A1:virtual public A                //定义虚基类
{
public:
    A1(int x0, int x1):A(x0)
    {
        a1 = x1;
        cout <<"Call A1:a1 = "<< a1 << endl;
    }
protected:
    int a1;
};
```

```
class A2:virtual public A                 //定义虚基类
{
public:
    A2(int x0,int x2):A(x0)
    {
        a2 = x2;
        cout <<"Call A2:a2 = "<< a2 << endl;
    }
protected:
    int a2;
};
class A3:public A1,A2                      //派生类的声明
{
public:
    A3(int x0,int x1,int x2,int x3):A(x0),A1(x0,x1),A2(x0,x2)
    {
        a3 = x3;
        cout <<"Call A3:a3 = "<< a3 << endl;
    }
protected:
    int a3;
};
void main()
{
    A3 obj(12,18,28,58);                  //定义对象 obj
}
```

程序运行结果：

```
Call A:a = 12
Call A1:a1 = 18
Call A2:a2 = 28
Call A3:a3 = 58
```

本例分析：该程序定义 A 为虚基类,定义 A1 和 A2 是虚基类 A 的派生类,且它们又是 A3 的基类。虚基类 A 拥有带参数的构造函数 A(),在派生类对象 A1、A2 和 A3 的构造函数的初始化列表中必须调用虚基类的构造函数,在建立 A3 类的对象 obj 时,需要调用构造函数 A(),对从基类 A 中继承的成员进行初始化,在建立该对象时,还需要调用类 A1、A2 的构造函数,而构造函数 A1()、A2() 的初始化列表中也包含了对基类 A 的初始化,这样似乎从虚基类继承的成员被初始化了 3 次。但由于 A 被定义为虚基类,根据虚基类构造函数的调用规则,类 A1 和 A2 对构造函数 A() 的调用被系统自动忽略了,只有派生类 A3 的构造函数调用了虚基类的构造函数。

6.6　赋值兼容规则

顾名思义,赋值兼容规则是指在程序中需要使用基类对象的任何地方都可以用公有派生类的对象来替代。对于公有继承方式,派生类继承了除构造函数、析构函数以外的所有基

类成员,而且根据公有继承特性,所继承的所有成员的访问属性也和基类完全相同。这样,公有派生类就具备了基类的所有功能,凡是基类可以解决的问题,其公有派生类也能解决。

在替代之后,派生类对象就可以作为基类的对象使用了,但只能使用从基类继承的成员。例如下面声明的基类 A 和派生类 B:

```
class A
{...}
  class B:public A
{...}
main()
{A a1, * p;
  B b1, * pb;
}
```

这时,根据 C++ 的赋值兼容规则,可以进行以下情况的替代。

(1) 可以将派生类对象赋给基类对象,例如:

```
a1 = b1;
```

(2) 可以利用派生类对象初始化基类对象的引用,例如:

```
A &a1 = b1;
```

(3) 可以将派生类对象的地址赋给指向基类的指针,例如:

```
p = &b1;
```

(4) 可以将指向派生类对象的指针的值赋给指向基类对象的指针,例如:

```
* p = pb;
```

由于赋值兼容规则的引入,对于基类及其公有派生类的对象,程序员可以使用相同的函数统一进行处理,因此大大提高了编写程序的效率,这是 C++ 语言的又一重要特点,也是 C++ 多态性的基础之一。

【例 6-12】 赋值兼容规则实例。

```
//examplech612.cpp
# include< iostream.h>
class A
{
    public:
        int i;
        A( int x)
        {
            i = x;
        }
        void print()
        {
            cout <<"Call A"<< i << endl;
        }
};
```

```
void function(A * pointer)
{
    pointer - > print();
}

class B:public A
{
public:
    B( int x):A(x)
    {};
void print()
{
    cout <<"Call B"<< i << endl;
}
};

void main()
{
    A a1(10), * p;
    B b1(20);
    B b2(30);
    B b3(40);
    a1. print();
    a1 = b1;                      //将派生类对象赋给基类对象
    a1. print();
    A &a2 = b2;                   //派生类对象初始化基类对象
    a2. print();
    A * a3 = &b3;                 //将派生类对象的地址赋给指向基类对象的指针
    a3 - > print();
    A a4(200);
    p = &a4;                      //基类指针指向基类对象
    function(p);
    B b4(50);
    p = &b4;                      //基类指针指向派生类对象
    function(p);
    B * b5 = new B(60);
    A * a5 = b5;                  //将派生类对象的指针的值赋给指向基类对象的指针
    a5 - > print();
    delete b5;
}
```

程序运行结果：

```
Call A10
Call A20
Call A30
Call A40
Call A200
Call A50
Call A60
```

　　本例分析：该程序包含派生类对象给基类对象赋值、派生类对象初始化基类对象、派生类对象的地址给指向基类对象的指针赋值等赋值兼容规则的各种情况，定义了一个形式参数为基类指针的函数 function()，根据赋值兼容规则，可以将公有派生类对象的地址赋给基类类型的指针，因此，使用函数 function() 可以统一对类族中的对象进行操作。此外，该程序还分别将基类对象和派生类对象赋给基类类型指针，但只能访问到从基类继承的成员函数，不能访问派生类的同名成员函数。

6.7　程序实例

　　【例 6-13】　大学人员管理信息系统的设计。

```cpp
//examplech613.cpp
# include < stdlib. h >
# include < string. h >
# include < iostream. h >
# include < time. h >
const char null = '\0';
class Base
{
protected:
    char  * name;
    int age;
    char  * id_number;
public:
    Base();
    Base(char  * name1, int age1, char  * id_number1);
    ～Base();
    void display();
};

Base::Base()
{
    name = NULL;
    age = 0;
    id_number = NULL;
}

Base::Base(char  * name1, int age1, char  * id_number1)
{
    name = new char[strlen(name1) + 1];
    name = strcpy(name, name1);
    age = age1;
    id_number = new char[strlen(id_number1) + 1];
    id_number = strcpy(id_number, id_number1);
}

Base::～Base()
{
```

```
        delete[]name;
        delete[]id_number;
    }
    void Base::display()
    {
        cout <<"name:"<< name << endl;
        cout <<"age:"<< age << endl;
        cout <<"id_number:"<< id_number << endl;
    }


class Student: virtual public Base
{
protected:
    char * major;
    long int s_number;
    int level;
public:
    Student(char * name1,int age1,char * id_number1,char * major1,
        long int s_number1,int level1):Base(name1,age1,id_number1)
    {
        major = new char[strlen(major1) + 1];
        major = strcpy(major,major1);
        s_number = s_number1;
        level = level1;
    }
    ~Student();
    void display();
};

Student::~Student()
{
    delete[]major;
}

void Student::display()
{
    Base::display();
    cout <<"Major:"<< major << endl;
    cout <<"s_number:"<< s_number << endl;
    cout <<"level:"<< level << endl;
}

class Employee:virtual public Base
{
protected:
    char * dept;
    double salary;
public:
    Employee(char * name1,int age1,char * id_number1,char * dept1,
        double salary1):Base(name1,age1,id_number1)
        {
```

```
                    dept = new char[strlen(dept1) + 1];
                    dept = strcpy(dept,dept1);
                    salary = salary1;
            }
            ~Employee()
            {
                    delete[ ]dept;
            }
            void display();
    };

    void Employee::display()
    {
        Base::display();
        cout <<"Department:"<< dept << endl;
        cout <<"salary:"<< salary << endl;
    }

    class Teacher:virtual public Employee
    {
    protected:
        char * title;
    public:
        Teacher(char * name1,int age1,char * id_number1,char * dept1,
        double salary1,char * title1):Base(name1,age1,id_number1),
        Employee(name1,age1,id_number1,dept1,salary1)
        {
                title = new char[strlen(title1) + 1];
                title = strcpy(title,title1);
        }
        ~Teacher()
        {
                delete[ ]title;
        }
            void display();
    };

    void Teacher::display()
    {
        Employee::display();
        cout <<"title:"<< title;
    }

    class Graduate:public Employee, public Student
    {
    public:
        Graduate(char * name1,int age1,char * id_number1,
            char * major1,long int s_number1,int level1,
            char * dept1,double salary1): Base(name1,age1,id_number1),Employee(name1,age1,id_
    number1,dept1,
            salary1),
```

```
            Student(name1,age1,id_number1,major1,s_number1,level1){}
        void display();
};

void Graduate::display()
{
    Student::display();
    cout <<"Department:"<< dept << endl;
    cout <<"salary:"<< salary << endl;
}

void main()
{
    Student s1("WangWei",20,"010323650718123",
        "Computer Science",30516568,4);
    Employee E1("ZhangHua",28,"010436505031238",
        "Electrical Engineering",2800);
    Teacher t1("Chen Wei",38,"010234670607126",
        "Compter Scinece",3800,"professor");
    Graduate g1("Li Ming",36,"010123690918128",
        "Computer Science",206678,3,"Electriccal Engineering",3600);
    s1.display();
    cout << endl;
    E1.display();
    cout << endl;
    t1.display();
    cout << endl << endl;
    g1.display();
}
```

程序运行结果:

```
name:WangWei
age:20
id_number: 010323650718123
major: Computer Science
s_number: 30516568
level:4
name:ZhangHua
age:28
id_number: 010436505031238
Department: Electricial Engineering
Salary:2800
name:ChenWei
id_number: 010234670607126
age:38
Department:Computer Science
Salary:12.34
Title:Professor
Name:LiMing
Age:36
```

id number: 010123690918128
stu no:206678
Level:3
Department:Electricial Engineering
Salary:3600

本例分析：该程序具有学生类 Student、职工类 Employee、研究生类 Graduate、教师类 Teacher 和基类 Base。其中，Base 类被定义为虚基类，具有各类都具有的数据成员和成员函数。Employee 类和 Student 类是 Base 类的派生类，Teacher 类是 Employee 类的派生类，Graduate 类是 Student 类和 Employee 类的共同派生类，各类的层次关系如图 6-3 所示。由于每一个类具有各自的特殊属性，为实现输出功能，在虚基类的基础上，每个类都定义了各自的 display() 成员函数。

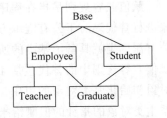

图 6-3　大学人员管理信息系统的类层次结构图

6.8　本章小结

面向对象程序设计的继承与派生机制源于自然界中普遍存在的现象，继承是指从前辈处获得了共同的特性。面向对象程序设计中的继承允许在既有类的基础上创建新类，并可以根据问题的不同情况对新类进行更具体、更详细的说明，从基类产生新类（派生类）的过程称为派生。继承是实现代码重用的重要手段之一。派生类的生成需要经过吸收基类成员、改造基类成员和添加派生类新成员 3 个步骤。

继承有 3 种方式：公有继承、私有继承和保护继承，分别由关键字 public、private 和 protected 表示。在不同的继承方式下，派生类对象对基类成员的访问权限不同。对于公有继承方式，基类的公有成员和保护成员分别成为派生类的公有成员和保护成员；对于私有继承方式，基类的公有成员和保护成员成为派生类的私有成员；对于保护继承方式，基类的公有成员和保护成员成为派生类的保护成员。但无论哪种方式都使派生类的成员无法访问基类的私有成员。根据构造函数和析构函数的功能与作用，基类的构造函数、析构函数和复制构造函数等不能被继承，因此，编程人员应根据派生类的需要定义派生类的构造函数和析构函数。

由于派生类继承了基类的所有数据成员，而没有继承基类的构造函数，所以在派生类的构造函数中需要调用基类的构造函数，给基类的数据成员分配存储空间并初始化，基类构造函数的参数也由派生类传递。在创建派生类对象时，首先调用基类的构造函数，如果存在内嵌对象成员，再调用对象成员的构造函数，最后调用派生类的构造函数。析构函数的调用顺序与构造函数完全相反。

与自然界存在多继承现象一样，根据派生类的基类数量，面向对象的继承机制可以分为单继承和多继承。当派生类只有一个基类时称为单继承，当派生类具有多个基类时称为多继承。在多继承方式下，派生类同时具有多个基类的特性。单继承可以认为是多继承的特例，多继承可以视为多个单继承的组合。

多继承在面向对象软件设计方法中具有重要的意义。在多继承方式下，如果某类的部分或所有直接基类是从另一个共同基类派生而来的,则这些直接基类中从上一级基类继承而来的成员就拥有相同的名称,可能出现成员的二义性问题,即在多继承方式下,派生类的某些数据成员可能出现多个副本,或成员函数出现多个地址映射的现象。解决二义性的方法有两个,一是使用作用域运算符"::"通过直接基类名进行限定;另一个解决方法是通过定义虚基类来解决。如果将直接基类的共同基类设置为虚基类,那么从不同的路径继承而来的同名成员在内存中只拥有一个副本,从而解决了同名成员的唯一标识问题。

赋值兼容规则是指在程序中需要使用基类对象的任何地方,都可以用公有派生类的对象进行替代。对于公有继承方式,由于所继承的所有成员的访问属性和基类完全相同,因此公有派生类就具备了基类的所有功能,凡是基类可以解决的问题,其公有派生类也能解决。赋值兼容规则中的替代包括4种含义:可以将派生类对象赋给基类对象;可以利用派生类对象初始化基类对象的引用;可以将派生类对象的地址赋给指向基类的指针;可以将指向派生类对象的指针的值赋给指向基类对象的指针。由于赋值兼容规则的引入,对于基类及其公有派生类的对象,程序员可以使用相同的函数统一进行处理,因此大大提高了编写程序的效率,这是C++语言的又一重要特点,也是C++多态性的基础之一。

6.9　思考与练习题

1. 什么是继承与派生? 它在软件设计中有什么作用?

2. 类的 public、protected 和 privated 继承方式有何差别?

3. 类的对象能直接调用其私有成员吗? 为什么?

4. 保护成员有哪些特性? 保护成员在公有继承和私有继承后的访问特性有何异同?

5. 什么是多继承? 在多继承方式下,构造函数和析构函数的调用顺序如何?

6. 什么是虚基类,引入虚基类有何作用?

7. 引入虚基类以后,构造函数的调用顺序如何?

8. 什么是C++的赋值兼容规则?

9. 如果派生类 A2 已经重新定义了基类 A1 的成员函数 fun1()、fun2(),但没有重新定义函数 fun3(),对于基类成员函数 fun1()、fun2()、fun3()应如何调用?

10. 分析下面程序的运行结果,考虑派生类成员的访问权限及程序是如何解决数据成员 n 的二义性问题的。

```cpp
//xt610.cpp
# include< iostream. h>
class Base
{
protected:
    int n;
public:
    Base(int i0):n(i0)
    {
        cout <<"Call Base"<< endl;
    }
    ~Base()
```

```cpp
    {
        cout <<"Call Destructor of Base"<< endl;
    }
};

class Derive1:public Base
{
protected:
    int n1;
public:
    Derive1(int i0,int i1):Base(i0),n1(i1)
    {
        cout <<"Call Derive1"<< endl;
    }
    ~Derive1()
    {
        cout <<"Call Destructor of Derive1"<< endl;
    };
};

class Derive2:public Base
{
protected:
    int n2;
public:
    Derive2(int i0,int i2):Base(i0),n2(i2)
    {
        cout <<"Call Derive2"<< endl;
    }
    ~Derive2()
    {
        cout <<"Call Destructor of Derive2"<< endl;
    };
};

class Derive3:public Derive1,public Derive2
{
protected:
    int n3;
public:
    Derive3(int i01,int i02,int i1,int i2,int cc):
        Derive1(i01,i1),Derive2(i02,i2),n3(cc)
        {
            cout <<"Call Derive3"<< endl;
        }
        ~Derive3()
        {
            cout <<"Call Destructor of Derive3"<< endl;
        };
    void Display()
        {
```

```
            cout <<"Derive1::n = "<< Derive1::n << endl;
            cout <<"Derive2::n = "<< Derive2::n << endl;
        }
    };
    void main()
    {
        Derive3 obj(18,28,30,40,58);
        obj.Display();
    }
```

11. 定义几何图形类 Shape 作为基类,并在 Shape 的基础上派生出圆形 Circle 类和矩形 Rectangle 类,两个派生类都有 CalculateArea()函数计算几何图形面积。

12. 定义 Point 作为基类,在此基础上派生出 Circle 类,该类含有计算面积的成员函数,并由 Circle 类派生出 Cylinder 类,该类含有计算圆柱体的表面积和体积的成员函数。

第 7 章

多态性

多态性是人类思维方式的一种反映和模拟,客观事物之间的联系和作用常常体现了多态性,即对于同一条消息,不同的对象有不同的反应。多态性是 C++ 面向对象程序设计的又一个重要的基本特征。简而言之,面向对象方法的多态性是指同样的消息被不同类型的对象接受时产生不同的执行结果和行为,这里所称的消息是指对类的成员函数的调用,不同的行为是指不同的函数实现,即调用了不同的函数。应用面向对象技术的多态性可以使程序设计变得更加简捷、便利,它为程序代码的重用提供了又一个重要的方法。本章首先介绍多态性的实现类型、多态性实现的相关技术,然后介绍虚函数的定义和使用、纯虚函数与抽象类等,最后介绍函数重载和运算符重载。

7.1 多态性的实现类型

面向对象的继承性特征较客观地反映了类与类之间的层次关系,多态性则是讨论这种不同层次的类以及一个类的内部,类的同名成员函数之间的关系问题,是解决功能和行为的再抽象问题。具体而言,多态性是指类中同一函数名对应多个具有相似功能的不同函数,用户可以使用相同的调用方式来调用这些具有不同功能的同名函数的特性,在 C++ 程序中,表现为用同一种调用方式完成不同的处理。

面向对象程序设计的多态性(如图 7-1 所示)可以分为四类,即重载多态、强制多态、参数多态和包含多态。重载多态和强制多态称为专用多态,而参数多态和包含多态称为通用多态。第 3 章介绍的普通函数重载及第 4 章中关于类的成员函数的重载都属于重载多态。强制多态是指将一个变元的类型进行强制性改变,以符合某一个特定函数或者操作的要求。例如第 2 章中介绍的加法运算符运用于浮点数与整型数相加时,需首先进行类型强制转换,将整型数转化为浮点数,然后再相加就属于强制多态。包含多态是研究类族中定义

图 7-1 面向对象程序设计的
多态性类型

于不同类中的同名成员函数的多态性,主要通过虚函数实现。参数多态与类模板直接相关,在第 8 章将要介绍的类模板就是一个参数化的模板,在使用时必须赋予实际的类型才可以实例化。

从多态实现的时间来划分,多态可以分为编译时多态和运行时多态。编译时多态是指

在编译阶段由编译系统根据程序的操作数确定具体调用哪一个同名函数；运行时多态是指在程序运行过程中根据产生的信息动态地确定需要调用哪一个同名函数。尽管表面上调用了同名函数,但由于这些同名函数的代码各有不同,因此,这些相同的函数调用实际上是执行了不同的操作和处理。

7.2　联编

C++采用联编(Binding)技术支持多态性。在多态性的实现过程中,确定调用哪一个同名函数的过程就是联编,又称为绑定(有些文献称为编联或束定等)。联编是指计算机程序自身彼此关联的过程,也就是将一个标识符(函数名)和一个存储地址联系在一起的过程。用面向对象程序设计的术语来讲,就是将一条消息和一个对象的行为相结合的过程。按照联编进行的阶段的不同,可以将联编分为静态联编和动态联编,这两种联编分别对应 C++面向对象技术的多态性的两种实现方式。

7.2.1　静态联编

静态联编(Static Binding)是指在编译阶段完成的联编方式。在编译过程中,编译系统可以根据参数类型和参数数量的不同来确定调用哪一个同名函数。由于联编过程是在程序执行前进行的,也被称为早期联编或前联编。静态联编的主要优点是函数调用速度快、效率高,不足之处是编程不够灵活。函数重载和运算符重载是通过静态联编方式实现的编译时多态的体现。

【例 7-1】　静态联编举例。

```
//examplech701.cpp
# include < iostream. h>
class Undergraduate
{
public:
    void Display()
    {
        cout <<"Call BaseClass"<< endl;
        cout <<"Unergraduate LiMing"<< endl;
    }
};

class Master:public Undergraduate
{
public:
    void Display()
    {
        cout <<"Call MasterClass"<< endl;
        cout <<"Master WangWei"<< endl;
    }
};
```

```
class Doctor:public Master
{
public:
    void Display()
    {
        cout <<"Call DoctorClass"<< endl;
        cout <<"Doctor ZhangHua"<< endl;
    }
};
void main()
{
    Undergraduate s1, * pointer;        //定义基类对象 s1 和指向基类的指针
    Master s2;                          //定义派生类对象 s2
    Doctor s3;                          //定义派生类对象 s3
    pointer = &s1;                      //指针 pointer 指向基类对象 s1
    pointer - > Display();
    pointer = &s2;                      //指针 pointer 指向基类对象 s2
    //期望调用对象 s2 的函数 Display(),但实际执行却调用了对象 s1 的 Display 函数
    pointer - > Display();
    pointer = &s3;
    //期望调用对象 s3 的函数 Display(),但实际执行却调用了对象 s1 的 Display 函数
    pointer - > Display();
}
```

程序运行结果：

```
Call BaseClass
Undergraduate LiMing
Call BaseClass
Undergraduate LiMing
Call BaseClass
Undergraduate LiMing
```

本例分析：Master 由 Undergraduate 类派生，而且又派生了 Doctor 类，根据赋值兼容规则，虽然可以将派生类 Master 的对象 s2 及 Doctor 的对象 s3 的地址赋给基类 Undergraduate 的指针 pointer，但系统却没有调用任何一个派生类的成员函数 Display()，而是仍然调用了基类的成员函数 Display()，这是由于静态联编的原因造成的结果。在编译阶段，基类指针 pointer 对函数 Display() 的操作只能绑定到基类 Undergraduate 的成员函数 Display()，导致程序没有执行所期望的函数功能，因此输出结果也不是程序设计者所期望的。

为了加深对问题的理解，可以在 main() 函数的有关语句之后增加以下语句，分别输出指针指向对象 s1、s2 和 s3 时指针和对象的地址值。

```
pointer = &s1;
cout <<" pointer value is:"<< pointer <<"s1 address is:"<< &s1 << endl;
pointer - > Display();
pointer = &s2;
cout <<" pointer value is:"<< pointer <<"s2 address is:"<< &s2 << endl;
```

```
pointer -> Display();
pointer = &s3;
cout <<" pointer value is:"<< pointer <<"s3 address is:"<< &s3 << endl;
```

由于增加了指针和对象地址的输出语句,新增语句的输出结果如下:

```
pointer value is:0x0065FDC4 s1 address is: 0x0065FDC4
pointer value is:0x0065FDEC s2 address is: 0x0065FDEC
pointer value is:0x0065FDE8 s3 address is: 0x0065FDE8
```

根据输出结果可以看出,指针的值分别与对象 s1、s2 和 s3 的地址一致,因此,在程序执行过程中,pointer 指针分别指向了对象 s1、s2 和 s3,但由于静态联编,指针 pointer 没有被绑定到派生类成员函数,依然只能绑定到基类的成员函数。

7.2.2　动态联编

通过分析例 7-1 知道,该程序的运行结果没有实现程序设计者的意图,因此,某些联编工作无法在编译阶段准确地完成,只有在程序运行时才能确定要调用哪一个函数。这种在程序运行过程中进行的联编方式称为动态联编(Dynamic Binding)。

动态联编又称为晚期联编或后联编。动态联编的主要优点是使编程更具灵活性、对问题的抽象更方便、程序的易维护性更好。与静态联编相比,其缺点是函数调用速度慢。

在例 7-1 中,静态联编方式将基类指针 pointer 指向的对象绑定到基类上,而在程序运行时进行动态联编则能够将 pointer 指向的对象绑定到派生类上。可见,同一个指针,在不同阶段绑定的类对象是不同的,因而被关联的类成员函数也是不同的。在 C++ 中,动态联编是通过继承和虚函数来实现的。

从上述分析可以看出,静态联编和动态联编都是多态性的表现,它们是在不同阶段对不同实现进行不同的选择。究竟怎样确定是采用静态联编还是采用动态联编呢？若同名函数的具体对象能够在编译连接阶段确定,则应选择静态联编方法实现,如重载多态、强制多态和参数多态等。对于在编译连接过程中不能解决的联编问题,需要等到程序运行以后才能确定,则选择动态联编方法实现,例如包含多态中操作对象的确定就是通过动态联编方法实现的。

7.3　虚函数

虚函数是动态联编的主要实现方式,是动态联编的基础。虚函数是非静态的成员函数,经过派生之后,虚函数在类族中可以实现运行时多态。

7.3.1　虚函数的声明

虚函数是一个在基类中通过关键字 virtual 声明,并在一个或多个派生类中被重新定义的成员函数。声明虚函数的格式如下:

```
virtual 返回值类型 函数名(参数表)
{
    函数体;
}
```

　　根据虚函数的定义可知,虚函数实际上是一个在类的声明中使用关键字 virtual 来限定的成员函数。一个成员函数一旦被声明为虚函数,则无论声明它的类被继承了多少层,在各层的派生类中,该函数都保持虚函数的特性。因此,在派生类中重新定义该函数时,可以省略关键字 virtual。但是,为了提高程序的可读性,一般不省略。在程序运行过程中,不同类的对象调用各自的虚函数,这就是运行时多态。

7.3.2　虚函数的调用

　　如果基类的某成员函数被声明为虚函数,则表示该成员函数在各派生类中可以有不同的函数实现方式。

　　实现动态联编方式的前提有 3 个:一是要先声明虚函数,二是类之间应当满足赋值兼容规则,三是通过成员函数调用或通过指针与引用来调用虚函数,这样才可以实现动态联编方式,即在程序运行过程中进行关联或绑定。下面分别举例说明通过对象指针和对象引用调用虚函数实现动态联编的方式。

　　【例 7-2】　通过对象指针调用虚函数实现动态联编。

```cpp
//examplech702.cpp
# include < iostream. h >
class Undergraduate
{
public:
    virtual void Display()
    {
        cout <<"Call BaseClass"<< endl;
        cout <<"Unergraduate LiMing"<< endl;
    }
};

class Master:public Undergraduate
{
public:
    virtual void Display()
    {
        cout <<"Call MasterClass"<< endl;
        cout <<"Master WangWei"<< endl;
    }
};

class Doctor:public Master
{
public:
```

```
        virtual void Display()
        {
            cout <<"Call DoctorClass"<< endl;
            cout <<"Doctor ZhangHua"<< endl;
        }
    };
    void main()
    {
        Undergraduate s1, * pointer;
        Master s2;
        Doctor s3;
        pointer = &s1;
        pointer -> Display();
        pointer = &s2;
        pointer -> Display();          //对象 s2 的指针调用派生类 Master 的虚函数
        pointer = &s3;
        pointer -> Display();          //对象 s3 的指针调用派生类 Doctor 的虚函数
    }
```

程序运行结果：

```
Call BaseClass
Undergraduate LiMing
Call MsterClass
Master Wangwei
Call DoctorClass
Doctor ZhangHua
```

本例分析：在例 7-1 中，基类指针 pointer 分别指向了派生类对象 s2 和 s3，但并没有真正调用派生类 Master 和 Doctor 的成员函数 Display()。而这里仅仅将例 7-1 中基类 Undergraduate 的成员函数 Display()声明为虚函数，就完全实现了程序设计者的设想。读者可以按例 7-1 的方式输出指针和对象的地址，其值与例 7-1 相同，但运行结果却不一样，这是因为通过虚函数实现了动态联编，程序先定义了虚函数 Display()，并通过对象指针 pointer 调用虚函数 Display()，从而指针指向了不同的派生类对象，实现了程序设计者的各种意图。

【例 7-3】 通过对象引用调用虚函数实现动态联编。

```
//examplech703.cpp
# include < iostream. h >
class Undergraduate
{
public:
    virtual void print()
    {
        cout <<"Call BaseClass"<< endl;
        cout <<"Undergraduate LiMing"<< endl;
    }
};
```

```
class Master:public Undergraduate
{
public:
    virtual void print()
    {
        cout <<"Call MasterClass"<< endl;
        cout <<"Master WangWei"<< endl;
    }
};

void function(Undergraduate &s)
{
    s.print();                          //通过对象引用调用虚函数
}
void main()
{
    Undergraduate s1;
    Master s2;
    function(s1);
    function(s2);
}
```

程序运行结果：

```
Call BaseClass
Undergraduate LiMing
Call MasterClass
Master WangWei
```

本例分析：程序的执行结果表明，在定义基类 Undergraduate 的对象引用之后，通过对象引用调用已声明的虚函数同样可以实现动态联编，使程序在运行时得到所期望的结果。

若 print()函数没有被声明为虚函数，则不能实现动态联编，这时程序的运行结果如下：

```
Call BaseClass
Undergraduate LiMing
Call BaseClass
Undergraduate LiMing
```

若将 function(Undergraduate & s)函数改为 function(Undergraduate s)，同样也不能实现动态联编。

因此，通过对象指针和对象引用均可以实现动态联编，熟练地使用虚函数，可以使程序员不必过多地考虑类的层次关系，无须显式地写出虚函数的路径，只需将对象指针指向相应的派生类或引用相应的对象，就可以实现动态联编，实现对消息的正确响应。

在使用虚函数时，读者应注意以下两点：

（1）当类的某成员函数被声明为虚函数后，派生类的相应成员函数就具有多态性，但如果仅仅是基类和派生类成员函数的名字相同，而参数的类型不一致，或者函数的返回值不一致,即使一个成员函数被声明为虚函数,派生类中相应的函数也不具备多态性。因此,在派生类中重新定义虚函数时,必须保证函数的返回值类型、参数类型与基类中该虚函数的声明完全一致。

(2) 如果在派生类中没有重新定义虚函数,则该派生类的对象将使用基类的虚函数代码。如果将类的成员函数定义为虚函数,系统将产生一些额外的开销,但有利于编程。通常将类族中具有共性的成员函数声明为虚函数,不具备多态性的函数不能声明为虚函数。不具备多态性的函数有以下几类:

① 静态成员函数。静态成员函数不能声明为虚函数,根据静态函数的特性,它不属于某一个对象,不具备多态性的条件和特征。

② 内联成员函数。内联(内置)成员函数不能声明为虚函数,因为内联函数的执行代码是确定的,不具有多态性的特征。若将那些在类的声明中就定义了内容的成员函数声明为虚函数,则成员函数不是内联函数,而表现为多态性。

③ 构造函数。构造函数不能是虚函数,构造函数的功能是在定义对象时由系统调用,以实现对象的初始化。这时对象还没有完全建立,也不具有多态性特征。虚函数作为运行时多态性的基础,主要是针对对象的,而构造函数在对象产生之前就需要运行,因此,将构造函数声明为虚函数没有实际意义。

7.3.3　虚析构函数

虽然在 C++中不能声明虚构造函数,但可以声明虚析构函数,而且常被定义为虚函数。虚析构函数的功能是在该类对象的生存期结束前进行一些必要的清理工作。和一般成员函数相比,虚析构函数没有类型,也没有参数,因此,虚析构函数比一般成员函数要相对简单。一般来说,若某类中有虚函数,则其析构函数也应定义为虚函数。特别是需要析构函数完成一些有意义的操作,如释放内存等操作,尤其应当如此。

如果一个类的析构函数是虚函数,那么,由它派生的所有子类的析构函数也是虚函数。由于多态性的实现是通过将基类的指针指向派生类的对象来完成的,如果删除该指针,就会调用该指针指向的派生类的析构函数,而派生类的析构函数又自动调用基类的析构函数,这样保证了对派生类对象等进行必要的清理工作。因此,析构函数常被声明为虚函数。

虚析构函数的定义如下:

```
virtual~类名()
{
    函数体
}
```

【例 7-4】　虚析构函数的应用。

```
//examplech704.cpp
# include<iostream.h>
class A0
{
public:
```

```
        virtual ~A0()
        {
            cout <<"Destructor Function A0::~A0() is called"<< endl;
        }
};
class B0:public A0
{
    public:
        virtual ~B0()
        {
        cout <<"Destructor Function B0::~B0() is called"<< endl;
    }
};

class C0:public B0
{
    char * pid;
public:
    C0(int k)
    {
        pid = new char[k];
    }
    virtual ~C0()
    {
        delete[] pid;
        cout <<"Destructor Function C0::~C0() is called"<< endl;
    }
};
void function(A0 * planta)
{
    delete planta;
}
void main()
{
    A0 * planta = new C0(20);
    function(planta);
}
```

程序运行结果：

```
Destructor Function C0::~C0() is called
Destructor Function B0::~B0() is called
Destructor Function A0::~A0() is called
```

如果类 A 中的析构函数不定义为虚函数，则程序的运行结果如下：

```
Destructor Function A0::~A0() is called
```

本例分析：第一个结果是因为基类析构函数被声明为虚函数，调用 function(planta)函数,执行"delete planta;"语句时采用动态联编,planta 被关联到派生类对象,先调用派生类 C0 的析构函数~C0(),再调用派生类 B0 的析构函数~B0(),最后调用基类 A0 的析构函数~A0()。析构函数被声明为虚函数之后,在使用指针引用时可以实现动态联编,从而保证使用基类类型的指针能够调用相关的析构函数指针对不同的对象进行清理工作。如果基类 A0 的析构函数不定义为虚函数,在调用 function(planta) 函数,执行"delete planta;"时采用静态联编,planta 将被关联到基类对象,只调用基类 A0 的析构函数~A0(),所以输出第二个结果。

虚函数是动态联编的重要实现方式,它为一个类族中各派生类的相同行为提供了统一的操作接口,用户仅需记住一个接口就可以实现不同的行为。因此,应用虚函数使软件开发更为灵活,代码的重用性更高。

7.4　抽象类

抽象类(Abstract class)是一种特殊的类,主要为一个类族提供统一的操作接口。抽象类专门用于基类派生新类,自身无法实例化,即无法声明一个抽象类的对象,只能通过面向对象的继承机制生成抽象类的非抽象派生类,然后实例化。抽象类的主要作用是将相关的派生类组织在一个继承层次结构中,由抽象类为它们提供一个公共的操作界面,相关的派生类就从这个公共的操作界面派生出来。

抽象类是带有纯虚函数的类,通过抽象类为一个类族提供一个公共的接口,这个接口就是纯虚函数。

7.4.1　纯虚函数的定义

纯虚函数是一个在基类中声明的虚函数,而且该虚函数只进行了函数声明而没有函数实现的具体代码,要求各派生类根据自己的实际需要定义自己的代码。纯虚函数在声明时要在函数原型的后面赋 0。纯虚函数声明的一般格式如下:

```
virtual 返回值类型 函数名(参数表) = 0;
```

注意:根据纯虚函数的声明格式,实际上,纯虚函数与一般虚函数原型的唯一不同在于后面多了赋值为 0 部分(即"＝0")。一个成员函数在被声明为纯虚函数之后,抽象类中就不会再给出函数的实现部分。需要注意的是,纯虚函数和函数体为空的虚函数的区别,纯虚函数只有函数声明,没有函数实现部分,即根本没有函数体;而函数体为空的虚函数既有函数的声明,又有函数的实现,即实际上有函数体,只是函数体没有语句而已。

7.4.2　抽象类的使用

具有纯虚函数的类是抽象类,抽象类只能用作其他类的基类,不能建立抽象类对象,建立抽象类是为了通过它多态地使用其成员函数。因此,抽象类是为了抽象和软件设计而建立的,不能用作参数类型、函数返回值类型或显式转换的类型,但可以说明指向抽象类的指

针或引用,该指针或引用可以指向抽象类的派生类,从而实现多态性。由于在抽象类中没有
纯虚函数的具体实现,因此,该类的构造函数与析构函数不应调用纯虚函数,否则可能造成
程序运行错误。

在抽象类派生出新类之后,如果派生类给出所有纯虚函数的函数实现,那么这个派生类
就可以定义自己的对象,因而不再是抽象类;反之,如果派生类没有给出所有纯虚函数的实
现,继承了部分纯虚函数,这时的派生类依然是一个抽象类。

【例 7-5】 应用纯虚函数和抽象类计算几何图形的面积。

```cpp
//examplech705.cpp
# include < iostream. h >
const double PI = 3. 14159;
class Shapes                          //定义抽象类
{
protected:
    int sidevalue1, sidevalue2, height;
public:
    void setvalue( int x, int y = 0, int h = 0)
    {
        sidevalue1 = x;
        sidevalue2 = y;
        height = h;
    }
    virtual void CalculateArea() = 0;    //声明纯虚函数
};

class Square:public Shapes
{
public:
    virtual void CalculateArea()          //计算正方形面积
    {
        cout <<"area of square:"<< sidevalue1 * sidevalue1 << endl;
    }
};

class Rectangle:public Shapes
{
public:
    virtual void CalculateArea()          //计算矩形面积
    {
        cout <<"area of rectangle:"<< sidevalue1 * sidevalue2 << endl;
    }
};

class Circle:public Shapes
{
public:
    virtual void CalculateArea()          //计算圆面积
    {
        cout <<"area of circle:"<< PI * sidevalue1 * sidevalue1 << endl;
```

```
        }
    };
    class LadderShape:public Shapes
    {
    public:
        virtual void CalculateArea()        //计算梯形面积
        {
            cout <<"area of
            laddershaper:"<<(sidevalue1 + sidevalue2) * height/2.0 << endl;
        }
    };


    void main()
    {
        Shapes *  pionter[4];
        Square s1;
        Rectangle r1;
        Circle c1;
        LadderShape l1;
        pionter[0] = &s1;                    //抽象类指针指向派生类对象
        pionter[0] -> setvalue(10);
        pionter[0] -> CalculateArea();       //抽象类指针调用派生类成员函数
        pionter[1] = &r1;                    //抽象类指针指向派生类对象
        pionter[1] -> setvalue(10,5);
        pionter[1] -> CalculateArea();       //抽象类指针调用派生类成员函数
        pionter[2] = &c1;                    //抽象类指针指向派生类对象
        pionter[2] -> setvalue(10);
        pionter[2] -> CalculateArea();       //抽象类指针调用派生类成员函数
        pionter[3] = &l1;
        pionter[3] -> setvalue(10,12,8);
        pionter[3] -> CalculateArea();
    }
```

程序运行结果：

```
area of square:100
area of rectangle:50
area of circle:314.159
area of laddershaper:88
```

本例分析：该程序共定义了一个抽象类 Shapes 和它的 4 个派生类 Square、Rectangle、Circle 与 LadderShaper。在 main() 函数中定义了包含 4 个元素的抽象类的指针数组 pointer，分别指向对象 sl、r1、cl 和 l1，从而通过这 4 个对象指针分别调用各自派生类中的虚函数 CalculateArea() 实现动态联编，计算各几何图形的面积。同时，派生类的虚函数也可以不显式声明，因为它们与基类 Shapes 的纯虚函数具有相同的名称、参数及返回值，由编译系统自动判断确定其为虚函数。

7.5 函数重载

　　软件人员在设计程序时,经常会遇到设计一些功能相同、但参数类型不一致或参数个数不同的函数,在实现这些函数时,程序员可以给它们取不同的函数名,也可以取相同的函数名,如果取不同的函数名,函数名过多会使程序的可读性变差,程序员也难以记住,但如果取相同的函数名,程序在使用时将更加方便。C++的函数重载机制提供了这种方便,函数重载是指两个或两个以上的函数具有相同的函数名,但参数类型不一致或参数个数不同,从而使重载的函数虽然函数名相同,但功能却不完全相同。

　　函数重载包括成员函数重载和普通函数重载。构造函数重载主要是为了适应定义对象时初始化赋值的多样性,其他成员函数的重载主要是为了适应相同成员函数的参数多样性。析构函数不可以重载,这是因为一个类中只允许有一个析构函数。成员函数重载在第4章及其他相关章节中有较多的例题,这里不再重述。

【例 7-6】 普通函数重载。

```cpp
//examplech706.cpp
int Max(int x, int y)
{
    if(x > y) return x;
        else return y;
}

double Max(double x, double y)
{
    if(x > y) return x;
        else return y;
}

int Max(int x, int y, int z)
{
    if(x > y&&x > z) return x;
    if(x > y&&x <= z) return z;
    if(y > z&&y >= x) return y;
        else return z;
}

double Max(double x, double y, double z)
{
    if(x > y&&x > z) return x;
    if(x > y&&x <= z) return z;
    if(y > z&&y >= x) return y;
        else return z;
}
# include < iostream. h>
void main()
{
```

```
        int x = 23, y = 35, z = 39, intMax1, intMax2;
        double a = 123.5, b = 56.7, c = 178.9, doubleMax1, doubleMax2;
        intMax1 = Max(x, y);
        cout << intMax1 << endl;
        intMax2 = Max(x, y, z);
        cout << intMax2 << endl;
        doubleMax1 = Max(a, b);
        cout << doubleMax1 << endl;
        doubleMax2 = Max(a, b, c);
        cout << doubleMax2 << endl;
    }
```

程序运行结果：

```
35
39
123.5
178.9
```

本例分析：求最大值是工程与数学中经常遇到的问题，本程序通过函数重载机制实现了 Max 函数求解不同参数类型和不同参数个数等多种情况的最大值，由于 4 个功能不同的函数使用了同一个函数名 Max，因此，程序调用者无须记住过多的函数名，从而提高了程序的可读性、方便了用户使用。

7.6 运算符重载

C++预定义的运算符只能对基本类型的数据进行操作，不能用于自定义数据类型的运算，但对于用户自定义的数据类型往往需要有类似的运算操作。因此，客观上需要定义适合用户自定义数据类型的有关运算，这就是对运算符进行重新定义的问题，即赋给预定义的运算符新的功能。赋给预定义的运算符新的功能可以通过成员函数实现，也可以通过运算符重载实现，而且通过后者实现更直观、更符合预定义运算符的使用习惯。

运算符重载就是对已有的运算符赋予多重含义，使同一个运算符作用于不同类型的数据时产生不同类型的行为。

运算符重载的实质是函数重载。在运算符重载的实现过程中，首先将指定的表达式转化为对运算符重载函数的调用，将操作数转化为运算符重载函数的实参，然后根据参数匹配原则来确定需要调用的函数。

运算符重载过程的实现是在程序编译过程中完成的，因此采用静态联编方式。与函数重载不同的是，运算符重载函数的参数一定含有对象且参数个数有限制，并且被重载后的运算符具有与预定义运算符的优先级、结合性以及语法结构不变等特性。

7.6.1 运算符重载规则

运算符重载应遵循的规则如下：

（1）C++中预定义的运算符除了以下少数几个之外，其他均可以重载。

不能重载的运算符有 6 个，分别是成员访问运算符"."、成员指针运算符"*"和"->"、作用域运算符"::"、sizeof 运算符和三目运算符（条件运算符）"?："。前 3 个运算符保证了 C++中访问成员函数功能的含义不被改变。作用域运算符和 sizeof 运算符的操作数是数据类型，而不是普通的表达式，不具备重载的特征。

（2）只能重载 C++预定义中已有的运算符，程序员不可以自己"创造"新的运算符进行重载。因为基本数据类型之间的关系是确定的，如果允许定义新运算符，那么，基本数据类型的内在关系将会发生混乱。

（3）重载之后的运算符的优先级和结合性都不会改变，同时保持原有预定义运算符的语法结构不变，而参数和返回值类型是运算符重载的实质所在。

（4）运算符重载是针对新的数据类型的实际需要，对原有运算符进行的适当改造与扩充。一般情况下应保持重载的功能与预定义运算符的原有功能类似，不能改变运算符的操作数个数，同时要求至少有一个操作数是用户自定义数据类型。

（5）运算符重载有两种方式：重载为类的成员函数和重载为类的友元函数。

当运算符重载为类的成员函数时，除后缀运算符"++"和"--"之外，其参数的个数比原来的操作数个数要少一个。单目运算符一般重载为成员函数。

当运算符重载为类的友元函数时，参数个数与原操作数个数相同。因为重载为类的成员函数时，如果某一个对象调用重载的运算符（成员函数），自身的数据可以直接访问，就无须再放在参数表中进行传递，少了的操作数就是该对象本身；而重载为友元函数时，友元函数对某个对象的数据进行操作，就必须通过该对象名进行，因此需使用的参数都要进行传递，参数个数与运算符原操作数个数相同。双目运算符一般重载为友元函数。

（6）当"++"和"--"单目运算符重载为类的成员函数时，由于不能区分是运算符前置还是后置，C++约定，若重载函数参数表有一个整型参数，表示运算符后置。

7.6.2　运算符重载为成员函数

当运算符重载为成员函数后，它就可以自由访问本类的任何成员。在实际使用时，总是通过该类的某个对象来访问重载的运算符。如果是双目运算符，其左操作数一定是对象本身，由 this 指针给出，另一个操作数则需要通过运算符重载函数的参数表进行传递；如果是单目运算符，对象的 this 指针直接给出操作数，因此不再需要任何其他参数。

运算符重载为类的成员函数的一般格式如下：

```
返回值类型 operator 运算符(形参表)
{
    函数体
}
```

其中，operator 是定义运算符重载函数的关键字，形参表中最多有一个形参。

【例 7-7】　运算符重载为成员函数实现复数类的加、减、乘、除和赋值运算。

```
//examplech707.cpp
```

```
# include < iostream. h >
# include < math. h >
class Complex                                    //复数类
{
public:
    Complex(double r = 0.0, double i = 0.0){Real = r; Imag = i; }
    double GetReal(){return Real;}               //返回复数的实部
    double GetImag(){return Imag;}               //返回复数的虚部
    Complex operator + (Complex &c);             //复数加复数
    Complex operator + (double d);               //复数加实数
    Complex operator - (Complex &c);             //复数减复数
    Complex operator * (Complex &c);
    Complex operator/(Complex &c);
    Complex operator = (Complex x);              //复数对象 = 复数
    void display( );
private:
    double Real, Imag;                           //私有数据成员
};

Complex Complex::operator + (Complex &c)         //重载运算符"＋",两个复数相加
{
    Complex temp;
    temp. Real = Real + c. Real;                 //实部相加
    temp. Imag = Imag + c. Imag;                 //虚部相加
    return temp;
}

Complex Complex::operator + (double d)           //重载运算符"＋",一个复数加一个实数
{
    Complex temp;
    temp. Real = Real + d;
    temp. Imag = Imag;
    return temp;
}

Complex Complex::operator - (Complex &c)         //重载运算符"－",两个复数相减
{
    Complex temp;
    temp. Real = Real - c. Real;                 //实部相减
    temp. Imag = Imag - c. Imag;                 //虚部相减
    return temp;
}

Complex Complex::operator * (Complex &c)         //重载运算符"＊",两个复数相乘
{
    Complex temp;
    temp. Real = Real * c. Real - Imag * c. Imag;
    temp. Imag = Real * c. Imag + Imag * c. Real;
    return temp;
}
```

```
Complex Complex::operator /(Complex &c)        //重载运算符"/",两个复数相除
{
    Complex temp;
    double abs;
    abs = c. Real * c. Real + c. Imag * c. Imag;
    temp. Real = (Real * c. Real + Imag * c. Imag)/abs;
    temp. Imag = ( - Real * c. Imag + Imag * c. Real)/abs;
    return temp;
}

Complex Complex::operator = (Complex c)         //重载运算符" = "
{
    Real = c. Real;
    Imag = c. Imag;
    return * this;                              // * this 表示当前对象
}

void Complex::display()
{
    cout << Real <<" + j"<< Imag << endl;
}

void main()
{
    Complex c1(12,13),c2(13,16),c3,c4,c5,c6,c7; //定义复数类的对象
    cout <<"c1 = ";
    c1.display();
    cout <<"c2 = ";
    c2.display();
    c3 = c1 + c2;                               //调用运算符" + "、" = "重载函数,完成复数加复数
    cout <<"c3 = c1 + c2 = ";
    c3.display();
    c4 = c3 + 18.5;                             //调用运算符" + "、" = "重载函数,完成复数加实数
    cout <<"c4 = c3 + 18.5 = ";
    c4.display();
    c5 = c2 - c1;                               //调用运算符" - "、" = "重载函数,完成复数减复数
    cout <<"c5 = c2 - c1 = ";
    c5.display();
    c6 = c1 * c2;                               //调用运算符" * "、" = "重载函数,完成复数乘复数
    cout <<"c5 = c1 * c2 = ";
    c6.display();
    c7 = c2/c1;                                 //调用运算符"/"、" = "重载函数,完成复数除复数
    cout <<"c7 = c2/c1 = ";
    c7.display();
}
```

程序运行结果：

```
c1 = 12 + j13
c2 = 13 + j16
c3 = c1 + c2 = 25 + j29
```

```
c4 = c3 + 18.5 = 43.5 + j29
c5 = c2 - c1 = 1 + j3
c6 = c1 * c2 = - 52 + j361
c7 = c2/c1 = 1.16294 + j0.0734824
```

本例分析：该程序将复数的加法、减法、乘法、除法和赋值运算符重载为复数类的成员函数。通过程序可以看出，除了在函数的声明与函数的实现中使用了关键字 operator 之外，运算符重载为成员函数与类的普通成员函数重载没有本质的区别。加、减、乘、除和赋值运算符经过重载之后，在应用的时候，可以像使用预定义的运算符一样直接对复数类对象进行各种相关运算操作。这时，与预定义运算符相比，其原有的功能都没有改变，对整型数、浮点数等基本类型数据的运算仍然遵循 C++ 预定义的规则，因此，经重载后的运算符作用于不同的对象上就会产生不同的操作行为，具有多态特征。

【例 7-8】 将运算符"＋"重载为成员函数形式，以适应字符串运算。

```cpp
//examplech708.cpp
# include < iostream. h >
# include < string. h >
class String
{
public:
    String(char *  str)
    {
        strcpy(ch,str);
    }
    String(){}
    ~String(){}
    String operator + (String&);          //"＋"运算符重载为成员函数
    void Display()
    {
        cout << ch << endl;
    }
private:
    char ch[256];
};
static char  * str;
String String::operator + (String &a)
{
    strcpy(str,ch);
    return strcat(str,a.ch);
}

void main()
{
    str = new char[256];
    String ch1("哈佛大学");
    String ch2("是美国著名大学");
    String ch3 = ch1 + ch2;
    ch3.Display();
```

```
    delete str;
}
```

程序运行结果：

哈佛大学是美国著名大学

本例分析：本例将"＋"运算符重载为成员函数,使仅适用于基本数据类型的"＋"运算符也可以适用于字符串运算,从而使字符串的"加"更直观、可读性更好,更符合人们的使用习惯。如果不定义运算符重载函数,将"＋"直接用于字符串相加是违反语法规范的。

【**例7-9**】 将单目运算符"＋＋"重载为成员函数形式。

```
//examplech709.cpp
# include < iostream. h >
bool LeapYear;
class DateAndTime
{
public:
    DateAndTime(int Y = 0, int M = 0, int D = 0, int H = 0, int Min = 0, int S = 0);
    void ShowTime();
    void operator++();                //单目运算符前置重载函数的声明
    void operator++(int);             //单目运算符后置重载函数的声明
private:
    int Year, Month, Date, Hour, Minute, Second;
};
DateAndTime::DateAndTime(int Y, int M, int D, int H, int Min, int S)
{
    if((Year % 4 == 0&&Year % 100!= 0)||(Year % 400 == 0))
        LeapYear = 1;
    if(0 < = M&&M < = 12&&0 < = H&&H < 24&&0 < = Min&&Min < 60&&0 < = S&&S < 60)
    {
        Year = Y;
        Month = M;
        Hour = H;
        Minute = Min;
        Second = S;
        if((M == 2)&&(LeapYear == 1)&&0 < = D&&D < = 29)
            Date = D;
        if((M == 2)&&(LeapYear!= 1)&&0 < = D&&D < = 28)
            Date = D;
        if ((M == 1||M == 3||M == 5||M == 7||M == 8
                ||M == 10||M == 12)&&0 < = D&&D < = 31)
            Date = D;
        if((M == 4||M == 6||M == 9||M == 11)&&Date > 30)
            Date = D;
    }
    else
        cout <<"Time error(数据错误)!"<< endl;
}
```

```cpp
void DateAndTime::ShowTime()                  //显示时间函数的实现
{
    cout << Year <<"年"<< Month <<"月"<< Date <<"日";
    cout << Hour <<"时"<< Minute <<"分"<< Second <<"秒"<< endl;
}
void DateAndTime::operator++()                //单目运算符前置重载函数的实现
{
    Second++;
    if(Second >= 60)
    {
        Second = Second - 60;
        Minute++;
        if(Minute >= 60)
        {
            Minute = Minute - 60;
            Hour++;
            if(Hour >= 24)
            {
            Hour = Hour - 24;
            Date++;
            if((Month == 2)&&(LeapYear == 1)&&Date > 29)
            {
                Date = Date - 29;
                Month++;
                if(Month > 12)
                {
                    Month = Month - 12;
                    Year++;
                }
            }
            if((Month == 2)&&(LeapYear!= 1)&&Date > 28)
            {
                Date = Date - 28;
                Month++;
                if(Month > 12)
                {
                    Month = Month - 12;
                    Year++;
                }
            }
            if((Month == 4||Month == 6||Month == 9||Month == 11)&&Date > 30)
            {
                Date = Date - 30;
                Month++;
                if(Month > 12)
                {
                    Month = Month - 12;
                    Year++;
                }
            }
            if ((Month == 1||Month == 3||Month == 5||Month == 7||Month == 8
```

```
                ||Month == 10||Month == 12)&&Date > 31)
            {
                Date = Date − 31;
                Month++;
                if(Month > 12)
                {
                    Month = Month − 12;
                    Year++;
                }
            }
        }
    }
}
        cout <<"++DateAndTime:";
}
void DateAndTime::operator++(int)                //单目运算符后置重载函数的实现
{
    Second++;
    if(Second >= 60)
    {
        Second = Second − 60;
        Minute++;
        if(Minute >= 60)
        {
            Minute = Minute − 60;
            Hour++;
            if (Hour >= 24)
            {
            Hour = Hour − 24;
            Date++;
            if((Month == 2)&&(LeapYear == 1)&&Date > 29)
            {
                Date = Date − 29;
                Month++;
                if(Month > 12)
                {
                    Month = Month − 12;
                    Year++;
                }
            }
            if((Month == 2)&&(LeapYear!= 1)&&Date > 28)
            {
                Date = Date − 28;
                Month++;
                if(Month > 12)
                {
                    Month = Month − 12;
                    Year++;
                }
            }
            if((Month == 4||Month == 6||Month == 9||Month == 11)&&Date > 30)
```

```
                {
                    Date = Date - 30;
                    Month++;
                    if(Month > 12)
                    {
                        Month = Month - 12;
                        Year++;
                    }
                }
                if ((Month == 1||Month == 3||Month == 5||Month == 7||Month == 8
                    ||Month == 10||Month == 12)&&Date > 31)
                {
                    Date = Date - 31;
                    Month++;
                    if(Month > 12)
                    {
                        Month = Month - 12;
                        Year++;
                    }
                }
            }
        }
    }
    cout <<"DateAndTime++:";
}
void main()
{
    DateAndTime myDateAndTime(2004,2,29,23,59,59);
    cout <<"This is the First time output :";
    myDateAndTime.ShowTime();
    cout <<"This is the Second time output:";
    myDateAndTime++;
    myDateAndTime.ShowTime();
    cout <<"This is the Third time output :";
    ++myDateAndTime;
    myDateAndTime.ShowTime();
}
```

程序运行结果：

This is the First time output	:2004 年 2 月 29 日 23 时 59 分 59 秒
This is the Second time output;DateAndTime++	:2004 年 3 月 1 日 0 时 0 分 0 秒
This is the Third time output: ++DateAndTime	:2004 年 3 月 1 日 0 时 0 分 1 秒

本例分析：该程序需要注意闰年对日期和时间的影响，这是该题算法的关键；此外，单目运算符前置重载函数(友元函数)没有参数，而单目运算符后置重载函数有一个整型参数，该参数并不使用，仅用于区别单目运算符是前置还是后置，因此参数表中仅给出了其类型名，没有参数名。

7.6.3 运算符重载为友元函数

运算符也可以重载为类的友元函数,当运算符重载为友元函数时同样可以自由地访问类的所有成员。与运算符重载为成员函数的不同之处是,运算符所需要的操作数都需要通过函数的形参来传递,在参数表中参数从左至右的顺序就是运算符操作数的顺序。

运算符重载为类的友元函数的一般格式如下:

```
friend 返回值类型 operator 运算符(形参表)
{
    函数体
}
```

其中,形参表中最多只能有两个形参。

【例 7-10】 实数加复数运算符重载为友元函数形式。

```cpp
//examplech710.cpp
# include < iostream. h>
class Complex
{
public:
    Complex(double r = 0, double i = 0):Real(r),Imag(i){}
    double GetReal(){return Real;}
    double GetImag(){return Imag;}
    Complex operator + (double);
    Complex operator = (Complex);
    friend Complex operator + (double,Complex&); //友元函数
    void display();                              //输出函数
private:
    double Real;
    double Imag;
};

Complex Complex::operator + (double d)
{
    Complex temp;
    temp. Real = Real + d;
    temp. Imag = Imag;
    return temp;
}

Complex Complex::operator = (Complex c)
{
    Real = c. Real;
    Imag = c. Imag;
    return * this;
}

Complex operator + (double d, Complex &c)           //普通函数
```

```
    {
        Complex temp;
        temp. Real = d + c. Real;
        temp. Imag = c. Imag;
        return temp;
    }

    void Complex::display()
    {
        cout << Real <<" + j"<< Imag << endl;
    }

    void main()
    {
        Complex c1(23,35),c2,c3;
        cout <<"c1 = ";
        c1.display();
        c2 = c1 + 6.5;                              //先调用成员函数"＋",再调用成员函数"＝"
        cout <<"c2 = c1 + 18.5 = ";
        c2.display();
        c3 = 6.5 + c1;                              //先调用友元函数"＋",再调用成员函数"＝"
        cout <<"c3 = 18.5 + c1 = ";
        c3.display();
    }
```

程序运行结果：

```
c1 = 23 + j35
c2 = c1 + 18.5 = 29.5 + j35
c3 = 18.5 + c1 = 29.5 + j35
```

本例分析：在例 7-7 中将运算符"＋"重载为成员函数，其左操作数一定是当前对象，因此不能完成实数加复数的运算。该程序将运算符"＋"重载为友元函数，两个参数都需要通过函数的形参传递，因此可以完成实数加复数的运算。

7.7　综合设计举例

【**例 7-11**】　可自己定义数组元素个数的数组类的设计。

```
//examplech711.cpp
# include < iostream. h >
# include < stdlib. h >
class Array
{
public:
    Array( int n1, int n2);
    Array( int re_length = 100);
    Array(const Array&a);
```

```
        ~Array();
        void operator = (const Array& a);
        double& operator[](int arr_no)const;
        void Resize(int re_length);
        void Resize(int re_start_s,int re_last_s);
        int ArraySize(void)const;
private:
        double * aptr;                        //数组指针
        int size;                             //数组个数
        int start_s;                          //数组下标下限
        int last_s;                           //数组下标上限
};

Array::Array(int n1,int n2)
{
        size = n2 - n1 + 1;
        start_s = n1;
        last_s = n2;
        aptr = new double[n2 - n1 + 1];
}

Array::Array(int re_length)
{
        if(re_length < = 0) exit(1);
        start_s = 0;
        last_s = re_length - 1;
        size = re_length;
        aptr = new double[size];
        if(aptr == NULL) exit(1);
}

Array::Array(const Array& a)
{
        int n = a.size;
        size = n;
        aptr = new double[size];
        if(aptr == NULL) exit(1);
        double * soucePtr = a.aptr;
        double * destPtr = aptr;
        while(n -- )
         * destPtr++ = * soucePtr++;
}

Array::~Array()
{
        delete[]aptr;
}

void Array::operator = (const Array& a)          //赋值运算符重载函数
{
        if(this == &a) return;
```

```cpp
        int n = a.size;
        size = n;
        aptr = new double[size];
        if(aptr = NULL) exit(1);
        double * souceptr = a.aptr;
        double * destptr = aptr;
        while(n--)
         * destptr++ = * souceptr++;
    }


double&Array::operator[](int arr_no)const        //数组下标运算符重载函数
{
    if(arr_no < start_s)
      {
          cout <<"数组下标为"<< arr_no <<"<定义的下限"<< start_s << endl;
          cout <<"出现数组 a["<< arr_no <<"]"<<"的下标越界"<< endl;
          exit(1);
      }
    if(arr_no > size)
      {
          cout <<"数组下标为"<< arr_no <<">定义的上限"<< size - 1 << endl;
          cout <<"出现数组 a["<< arr_no <<"]"<<"的下标越界"<< endl;
          exit(1);
      }
    return aptr[arr_no - start_s];
}


void Array::Resize(int re_length)
{
    int n;
    if(re_length <= 0) exit(1);
    if(re_length == size) return;
    double * re_Array = new double[re_length];
    if(re_Array == NULL) exit(1);
    double * souceptr = aptr;
    double * destptr = re_Array;
    if(size == 0) n = re_length;
    else n = size;
    while(n--)
        * destptr++ = * souceptr++;
    delete[]aptr;
    aptr = re_Array;
    start_s = 0;
    last_s = size - 1;
    size = re_length;
}


void Array::Resize(int re_start_s, int re_last_s)
{
    int n, re_length = re_last_s - re_start_s + 1;
    double * re_Array = new double[re_length];
```

```
        if(re_Array == NULL) exit(1);
        double * souceptr = aptr;
        double * destptr = re_Array;
        if(size == 0) n = re_length;
            else n = size;
        while(n--)
         * destptr++ = * souceptr++;
        delete[]aptr;
        aptr = re_Array;
        start_s = re_start_s;
        last_s = re_last_s;
        size = re_length;
}


int Array::ArraySize()const
{
        return size;
}


void main()
{
        Array a(0,5);
        cout <<"ArraySize = "<< a.ArraySize()<< endl;
        for(int i = 0;i <= 5;i++)
        {
            a[i] = i;
            cout <<"a["<< i <<"]"<<" = "<< i << endl;
        }
        a.Resize(100);                          //重新定义数组的个数
        a[80] = 168;
        cout <<"a[80] = "<< a[80]<< endl;
        cout <<"Resize of Array is:"<< a.ArraySize()<< endl;
}
```

程序运行结果：

```
ArraySize = 6
a[0] = 0
a[1] = 1
a[2] = 2
a[3] = 3
a[4] = 4
a[5] = 5
a[80] = 168
Resize of Array is:100
```

本例分析：该程序设计了一个 double 类型的数组类，同时将赋值运算符和数组界标运算符"[]"进行了重载，成员函数 Resize() 的作用是重置数组元素的个数，该程序可以根据需要自定义数组下标的上、下限，即数组大小，并可以对数组下标越界进行检查。

7.8　本章小结

多态性是指同一消息被不同类型的对象接收时产生了不同的行为特征,是对类的某些特定成员函数的再抽象。这里的同一消息是指对类的同名函数的调用,产生了不同的行为特征是因为这些同名函数具有不同的函数实现,本质上是调用了不同的函数。

C++面向对象技术的多态性可以分为重载多态、强制多态、参数多态和包含多态 4 种。重载多态和强制多态称为专用多态,参数多态和包含多态称为通用多态。多态从实现的角度可以分为两类,即编译时多态和运行时多态,分别通过静态联编和动态联编方式实现。所谓静态联编即程序在编译的过程中就确定了同名操作的具体操作对象,动态联编是指在程序的运行过程中才动态确定操作的具体对象。函数重载和运算符重载属于静态联编实现方式,动态联编则通过继承和虚函数实现。

虚函数是一个在基类中通过关键字 virtual 声明,并在一个或多个派生类中被重新定义的非静态成员函数。虚函数是动态联编的主要实现方式,是动态联编的基础。通过定义虚函数可以将基类指针指向派生类的对象,访问派生类的同名函数,即通过基类指针使不同派生类的对象对同一消息产生不同的行为特征,从而实现 C++的多态性。如果在基类中没有定义虚函数,那么通过基类指针只能访问基类的同名函数,即使将基类指针指向派生类对象也不能实现多态性。需要特别指出的是,要使多态性在派生类中延伸,派生类中的同名函数必须与基类虚函数的参数类型和返回值类型一致,否则在派生类中的同名函数不具有多态性。

纯虚函数是只给出了函数声明,未给出函数的具体实现,且对函数原型赋值为 0 的虚函数。包含纯虚函数的类称为抽象类,抽象类主要为派生类的多态提供共同的基类,自身不能实例化,不能定义对象,不能作为参数类型、函数返回值类型或显式转换的类型。纯虚函数是抽象类类族的公共接口,在不同派生类中需给出虚函数的不同实现,可以通过声明指针或引用作用于派生类对象实现多态性。

函数重载是指两个或两个以上的函数具有相同的函数名,但参数类型不一致或参数个数不相等,从而使这些函数虽然函数名相同,但功能却不完全相同。函数重载包括成员函数重载和普通函数重载,但由于一个类中只能有一个析构函数,因此,析构函数不可以重载。

运算符重载是给 C++系统预定义的运算符赋予多重含义,使预定义的运算符能够对包括类对象等用户自定义的数据类型进行与预定义相同含义的有关运算。运算符重载从本质上讲就是函数重载,不同之处在于在运算符重载的实现过程中,首先将指定的运算表达式转化为运算符重载函数的调用,将运算对象转化为运算符重载函数的实参,然后根据实参的类型确定需要调用的函数,这个过程是在编译阶段完成的。

7.9　思考与练习题

1. 什么是面向对象程序设计中的多态性? 在 C++中是如何实现多态的?
2. 重载有什么意义? 重载属于多态性吗?

3. 虚函数与重载在设计方法上有何异同？

4. 编写一个时间类，实现时间的加、减、读和输出。

5. 定义一个哺乳动物类 Mammal，再由此派生出狗类 Dog，两者都定义 Speak 成员函数，在基类中定义为虚函数，并定义一个 Dog 类的对象，调用 Speak 函数，观察运行结果。

6. 什么是抽象类？抽象类有何作用？

7. 在 C++ 中能否声明虚构造函数和虚析构函数？为什么？

8. 定义一个抽象类 Shape，在此基础上派生出 Square 类、Rectangle 类、Circle 类和 LadderShape 类，4 个派生类都由成员函数 CalculateArea() 计算几何图形的面积，CalculatePerim() 计算几何图形的周长。

9. 分析下面程序的运行结果。

```cpp
//xt709.cpp
# include < iostream. h>
class A
{
public:
    virtual void display(){cout <<"A::display()"<< endl;}
};
class B: public A
{
public:
    void display(){cout <<"B::display()"<< endl;}
};
class C: public B
{
public:
    void display(){cout <<"C::display()"<< endl;}
};
void function(A * ptr)
{ptr -> display();}

void main()
{
    A * pointer;
    B b;
    C c;
    pointer = &a;
    function(pointer);
    pointer = &b;
    function(pointer);
    pointer = &c;
    function(pointer);
}
```

10. 哪些运算符可以重载？哪些运算符不可以重载？

11. 设计一个 RMB 类（人民币类），并通过对"＋"、"＊"运算符重载实现直接利用"＋"和"＊"求人民币存款利息的功能。

12. 设计一个矩阵类，要求在矩阵类中重载"＋"、"－"、"＊"、"＝"运算符。

第8章

模板

C++面向对象程序设计语言的目标和重要特征之一就是实现代码重用,从而减少程序设计人员的工作量。如果要实现代码的可重用性,一般而言,其代码必须通用、高效,不受数据类型与操作的影响,可适用于不同的情况。越通用的代码越具备可重用性,这种程序设计方法称为参数化程序设计。模板是C++面向对象技术支持参数化的重要工具,是更高一级抽象和参数多态性的体现,是提高软件开发效率的一个重要手段,采用模板编程有效地提高了代码的重用性,方便了大型软件的开发。本章首先介绍C++面向对象方法中关于模板的概念,然后介绍函数模板、模板函数、类模板、模板类及类模板的友元,最后介绍迭代器、算法、容器等STL标准库的相关内容。

8.1 模板概述

在C++标准库中,几乎所有的代码都是模板代码。模板是对具有相同特性的函数或类的再抽象,模板是一种参数化的多态性工具。所谓参数化多态性,是指将程序所处理的对象的类型参数化,使一段程序代码可以用于处理多种不同类型的对象。因此,通过采用模板方式,可以为各种逻辑功能相同但数据类型不同的程序提供一种代码共享的机制。

模板分为函数模板和类模板,但模板并非通常意义上可直接使用的函数或类,它仅仅是对一族函数或类的描述,是参数化的函数和类。即模板是一种使用无类型参数来产生一族函数或类的机制,它由通用代码构成,称为参数化是因为模板不是以数据为参数,而是以它自己使用的数据类型为参数。模板通过参数实例化可以构建具体的函数或类,称为模板函数和模板类,如图8-1所示。

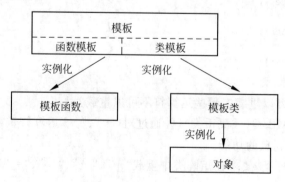

图 8-1　模板实例化示意图

8.2 函数模板

通常情况下,程序设计中的算法就理论本身而言可以不受数据类型的限制,但通过代码实现的各种算法和函数却受数据类型的影响,即使设计成重载函数,也只是使用了同样的函数名,函数体中的代码仍然不尽相同,需要分别实现。例如工程中经常应用的求最大值和求绝对值等函数,当数据为 int 或 double 类型时,程序代码将有所不同。

对于求最大值问题,当数据为 int 或 double 类型时,其函数的实现分别如下:

```
int Max(int x, int y)
{
    if(x > y) return x;
    else return y;
}
double Max(double x, double y)
{
    if(x > y) return x;
    else return y;
}
```

对于求绝对值问题,当数据为 int 或 double 类型时,其函数的实现分别如下:

```
int abs(int a)
{
    return a < 0? - a:a;
}

double abs(double a)
{
    return a < 0? - a:a;
}
```

这两组问题均有两个函数,对于同一问题,各函数只是参数类型不一样,其功能在本质上完全相同。工程中诸如此类的情况很多,如果能写一段通用代码,适用于各种数据类型,将使程序代码的可重用性得到大大提高,从而提高软件的开发效率。函数模板就是为满足这一需求而产生的,可以将逻辑功能相同但函数参数和返回值类型不同的多个重载函数用一个函数模板来描述,这样给程序设计带来了极大的方便。

因此,函数模板是参数化的函数,它代表了一族函数,可以支持多种不同的形参。

8.2.1 函数模板的定义

函数模板可以用来创建一个具有通用功能的函数,其定义格式如下:

```
template <模板形参表>
返回值类型 函数名(参数表)
{
    函数体
}
```

template是模板定义的关键字,<模板形参表>中包含一个或多个用逗号分开的模板形式参数,每一项均为关键字class或typename引导的一个由用户命名的标识符,此标识符为模板参数,表示一种数据类型,可以是基本数据类型或类类型。该数据类型将在发生实际函数调用时被实例化,即用调用处的实际数据类型替代它。<模板形参表>中的每个模板参数都必须在参数表中得到使用,即作为形参的类型。参数表中至少有一个参数说明,并且在函数体中至少使用一次。模板参数和基本数据类型一样,可以在函数中的任何地方使用。在函数模板中,可以使用模板参数定义函数体中的变量类型、函数返回值类型及参数类型。

8.2.2　函数模板的使用

函数模板只是一种说明,并不是一个具体的函数,C++编译系统不会产生任何可执行代码,只有在编译过程中遇到具体的函数调用时才根据调用处的具体参数类型在参数实例化后生成相应的代码,此时的代码称为模板函数,即由函数模板生成的函数。利用函数模板可定义一个对任何变量都可以进行操作的函数,大大提高了函数代码的通用性。

函数模板是模板函数的抽象定义,不涉及具体的数据类型,而模板函数是函数模板的一个具体实例,是模板参数实例化后的一个可执行的具体函数。普通函数只能传递变量参数,而函数模板提供了传递类型的机制。

【例8-1】　具有求绝对值功能的函数模板的定义。

```
//examplech801.cpp
# include < iostream. h>
template < typename T>          //模板定义,T为模板参数
T abs(T a)                      //定义函数模板
{
    return a < 0? - a:a;
}
void main()
{
    int x = - 12;
    double y = 12.5;
    cout << abs(x)<< endl;
    cout << abs(y)<< endl;
}
```

程序运行结果:

```
12
12.5
```

本例分析:abs是一个函数模板,并不是一个可执行的具体函数,参数T称为模板参数,T被实例化后函数才具有相应的功能,在程序执行中调用abs(x)时,由于实参x为int型数据,模板函数中的类型参数T被实例化为int,因此,系统根据模板函数生成一个具体的函数,内容如下。

```
int abs(int a)
```

```
{
    return a < 0? - a:a;
}
```

同样,在程序执行中调用 abs(y)时,由于 y 为 double 型参数,模板函数中的类型参数 T 被实例化为 double,并据此生成相应的具体函数。

【例 8-2】 具有求最大值功能的函数模板的定义。

```
//examplech802.cpp
# include < iostream. h >
template < class T >                          //模板定义,T为模板参数
T Max(T x, T y)                               //定义函数模板
{
    return (x > y)?x:y;
}
void main()
{
    int x1, y1;
    float x2, y2;
    double x3, y3;
    cout <<"请输入两个整型数据,用空格分隔: "<< endl;
    cin >> x1 >> y1;
    cout <<"The max of x1, y1 is:"<< Max(x1, y1)<< endl;    //T 为 int
    cout <<"请输入两个实型数据,用空格分隔: "<< endl;
    cin >> x2 >> y2;
    cout <<"The max of x2, y2 is:"<< Max(x2, y2)<< endl;    //T 为 float
    cout <<"请输入两个双精度数据,用空格分隔: "<< endl;
    cin >> x3 >> y3;
    cout <<"The max of x3, y3 is:"<< Max(x3, y3)<< endl;    //T 为 double
}
```

程序运行结果:

```
请输入两个整型数据,用空格分隔: 2    3
The max of x1, y1 is:3
请输入两个实型数据,用空格分隔: 3.2    5.5
The max of x2, y2 is:5.5
请输入两个双精度数据,用空格分隔: 6.28    8.188
The max of x3, y3 is:8.188
```

本例分析:Max 同样不是一个真正意义上的可执行函数,程序执行时根据调用处的实际参数类型,通过 Max 函数模板,分别用 int、float、double 将模板参数 T 实例化,生成了 3 个模板函数,即 Max($x1, y1$)、Max($x2, y2$)、Max($x3, y3$),分别求各数据类型的最大值。

8.2.3　函数模板的生成

函数模板不是一个实实在在的函数,它是对逻辑上功能相同的一族函数的统一描述,其参数类型和函数返回值类型由模板参数确定,可以是任意类型。编译系统并不为模板函数

产生任何执行代码,当程序中出现与函数模板相匹配的函数调用时才生成一个可以实际执行的重载函数,它是函数模板的一个具体实例,只处理一种确定的数据类型,该重载函数称为模板函数。根据例 8-1 和例 8-2 可以得出如图 8-2 所示的函数模板和模板函数之间的关系。

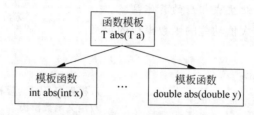

图 8-2　函数模板和模板函数的关系

函数模板的实例化是在编译系统处理函数调用时由系统自动完成的。在调用函数模板时,系统首先确定模板参数所对应的具体类型,并依据该类型生成一个具体函数,系统实际上是调用了这个具有确定参数类型的函数。在例 8-1 中利用 $abs(x)$ 调用函数模板 abs 时,由于 x 为 int 型实参,则系统据此自动生成的模板函数为 int abs(int x),其余情况以此类推。

8.3　类模板

与函数模板一样,类模板是参数化的类,即用于实现数据类型参数化的类。应用类模板可以使类中的数据成员、成员函数的参数及成员函数的返回值能根据模板参数匹配情况取任意数据类型,这种类型既可以是 C++ 预定义的数据类型,也可以是用户自定义的数据类型。

8.3.1　类模板的定义

与函数模板的定义类似,类模板的定义由关键字 template 引导,其定义格式如下:

```
template <模板形参表>
class 类模板名
{
    成员的声明;
}
```

其中,<模板形参表>中包含一个或多个用逗号分开的参数项,每一个参数至少在类的说明中出现一次。参数项可以包含基本数据类型,也可以包含类类型;若为类类型,则必须有前缀 class。模板形参表的类型用于说明数据成员和成员函数的类型。

【例 8-3】　求一个数的平方。对于 int 型和 double 型分别需要两个类来实现,Square1 类实现求 int 型数据的平方,Square2 类实现求 double 型数据的平方。如果采用类模板来实现,则只需要一次即可实现。

```
//examplech803.cpp
class Square1
{
public:
    Square1(int y):x(y){}
    int fun()
    {
        return x * x;
    }
private:
    int x,
};

class Square2
{
public:
    Square(double y):x(y){}
    double fun()
    {
        return x * x;
    }
private:
    double x;
};
```

采用类模板的方式实现：

```
template < class T >                     //T 为模板参数
class Square
{
public:
    Square(T y):x(y){}                   //T 的具体类型根据类模板的调用情况确定
    T fun()
    {
        return x * x;
    }
private:
    T x;
};
```

本例分析：Square1 类和 Square2 类有相同的逻辑功能，只是数据成员的类型不同，一个为 int 型，另一个为 double 型，这正是类模板可以解决的问题。因此，可以采用类模板的方式实现。

需要注意的是，模板类的成员函数必须是函数模板。对于类模板中的成员函数的定义，若放在类模板的定义之中，则与类的成员函数的定义方法相同；若放在类模板之外定义，则成员函数的定义格式如下：

```
template<模板形参表>
返回值类型 类模板名 类型名表：成员函数名(参数表)
{
    成员函数体
}
```

类模板名即类模板中定义的名称,类型名表是类模板定义中的类型形参表中的参数名。

8.3.2　类模板的使用

与函数模板一样,类模板也不能直接执行,因为类模板本身不是一个实实在在的类,它是参数化的类,只有当类模板在程序中被引用时,系统才根据引用处的参数匹配情况将类模板中的模板参数置换为确定的参数类型,生成一个具体的类,这种由类模板实例化生成的类称为模板类。即类模板必须先实例化为相应的模板类,并在定义该模板类的对象以后才可以使用。类模板实例化的格式如下:

```
类模板名 <实际类型>;
```

定义模板类的对象的格式如下:

```
类模板名 <实际类型> 对象名(实参表);
```

由于类模板只是对一个类族的抽象,因此,包括类模板中的成员函数定义在内,系统不会为类模板生成可执行代码,但是当程序中有模板引用时,类模板通过实例化就可以生成一个具体的类以及该类的有关对象等。

【例 8-4】　类模板的应用。

```cpp
//examplech804.cpp
# include < iostream. h>
template < typename T>                //typename 或 class
class Square                          //类模板的定义
{
T x;
public:
Square(T xx):x(xx){}
T fun(){return x*x;}
};

void main()
{
    Square < int > inta(15);          //T 置换为 int 的模板类,并创建对象 inta
    Square < float > floata(16.5);    //T 置换为 float 的模板类,并创建对象 floata
    Square < double > doublea(15.55); //T 置换为 double 的模板类,并创建对象 doublea
    cout <<"square of int data:"<< inta. fun()<< endl;
    cout <<"square of float data:"<< floata. fun()<< endl;
    cout <<"square of double data:"<< doublea. fun()<< endl;
}
```

程序运行结果:

```
225
272.25
241.803
```

本例分析：该程序通过定义类模板 Square，在主程序中对类模板的实际引用中将模板参数实例化为 int、float 和 double，分别实现求多种数据类型的平方的功能。

【例 8-5】 含有成员函数的类模板的定义。

```
//examplech805.cpp
# include < iostream. h>
# include < stdlib. h>
const int Len = 16;
template < class T>                  //模板定义
class SeqLn                          //顺序表类模板
{
public:
    SeqLn < T>():size(0){}           //类模板的构造函数
    ~SeqLn < T>(){}                  //类模板的析构函数
    void Insert(const T &m, const int nst); //数据类型为模板形参 T
    T Delete(const int nst);         //返回值类型为模板形参 T
    int LnSize()const
    {
        return size;
    }
private:
    T arr[Len];                      //数据元素为模板形参 T
    int size;
};

template < class T>                  //成员函数的模板定义
void SeqLn < T>::Insert(const T&m, const int nst)
{
    if (nst < 0||nst > size)
    {
        cerr <<"nst Error!"<< endl;
        exit(1);
    }
    if (size == Len)
    {
        cerr <<"the List is over, can't insert any data!"<< endl;
        exit(1);
    }
    for (int i = size; i > nst; i-- )arr[i] = arr[i-1];
    arr[nst] = m;
    size++;
}

template < class T>                  //成员函数的模板定义
T SeqLn < T>::Delete(const int nst)
{
    if (nst < 0||nst > size-1)
    {
        cerr <<"nst Error!"<< endl;
        exit(1);
```

```
    }
    if (size == 0)
    {
        cerr <<"the List is null,no data can be deleted!"<< endl;
        exit(1);
    }
    T temp = arr[nst];
    for(int i = nst;i < size - 1;i++)
        arr[i] = arr[i + 1];
    size -- ;
    return temp;
}
```

本例分析：该程序定义了一个顺序表 SeqLn<T>类模板,该类模板不仅具有数据成员,而且有类模板的构造函数和析构函数,以及 3 个成员函数。SeqLn<T>属于综合型类模板,不仅数据成员中含有模板参数,而且成员函数 Insert(const T& m,const int nst)和 Delete(const int nst)中也有模板参数(或返回值类型中有模板参数)。需要注意的是,类模板的成员函数必须是函数模板。

8.3.3 类模板的友元

第 4 章介绍了类的友元,类模板的友元和类的友元的特点基本相同,但也具有自身的特殊情况。在此以类模板的友元函数为例进行介绍,可以分为以下 3 种情况：

(1) 友元函数无模板参数。
(2) 友元函数具有与类模板相同的模板参数。
(3) 友元函数含有与类模板不同的模板参数。

同样,类模板也可以具有友元类,其特点和类模板的友元函数类似。

【**例 8-6**】 包含友元函数的类模板举例。

```
//examplech806.cpp
# include< iostream. h>
# include< iomanip. h>
# include< stdlib. h>
const int Len = 16;
template< class T >                    //模板定义
class SeqLn                            //顺序表类模板
{
public:
    SeqLn< T >():size(0){}             //类模板的构造函数
    ～SeqLn< T >(){}                   //类模板的析构函数
    void Insert(const T &m,const int nst);  //数据类型为模板形参 T
    T Delete(const int nst);           //返回值类型为模板形参 T
    int LnSize()const
    {
        return size;
    }
private:
    //转换函数模板的声明
```

```
        friend void IntToDouble(SeqLn < int > &n,SeqLn < double > &da);
        friend void Display(SeqLn < T > &mySeqLn);    //类模板的友元
        friend void Success();                        //类模板的友元
private:
        T arr[Len];                                   //数据元素为模板形参 T
        int size;
};

template < class T >                                  //成员函数的模板定义
void SeqLn < T >::Insert(const T&m,const int nst)
{
        if (nst < 0||nst > size)
        {
            cerr <<"nst Error!"<< endl;
            exit(1);
        }
        if (size == Len)
        {
            cerr <<"the List is over,can't insert any data!"<< endl;
            exit(1);
        }
        for (int i = size;i > nst;i -- )arr[i] = arr[i - 1];
        arr[nst] = m;
        size++;
}


template < class T >                                  //成员函数的模板定义
T SeqLn < T >::Delete(const int nst)
{
        if (nst < 0||nst > size - 1)
        {
            cerr <<"nst Error!"<< endl;
            exit(1);
        }
        if (size == 0)
        {
            cerr <<"the List is null,no data can be deleted!"<< endl;
            exit(1);
        }
        T temp = arr[nst];
        for(int i = nst;i < size - 1;i++)
            arr[i] = arr[i + 1];
        size -- ;
        return temp;
}

void Success()
{
        cout <<"the Transform is over."<< endl;
}
```

```
template < class T >
void Display(SeqLn < T > &mySeqLn)
{
    for( int i = 0;i < mySeqLn. size; i++)
    {
        cout << setw(5)<< mySeqLn. arr[ i];
        if((i + 1) % 8 == 0)                    //每行输出 8 个元素
            cout << endl;
    }
}

template < class T1,class T2 >                   //函数模板的模板定义
void IntToDouble( SeqLn < T1 > &n, SeqLn < T2 > &da)
{
    da. size = n. size;
    for( int i = 0;i < n. size; i++)
        da. arr[ i] = double(n. arr[ i]);
}

void main( )
{
    SeqLn < int > i_List;                       //定义 int 型顺序表类对象
    SeqLn < double > d_List;                    //定义 double 型顺序表类对象
    for( int i = 0;i < Len;i++)
        i_List. Insert(i,0);
    IntToDouble(i_List,d_List);
    Success( );
    Display(d_List);                            //输出转换后的结果
    d_List. Delete(2);                          //执行删除操作
    Display(d_List);                            //输出删除以后的结果
}
```

程序运行结果：

```
the Transform is over.
15   14   13   12   11   10  9  8
 7    6    5    4    3    3  1  0
15   14   12   11   10    9  8  7
 6    5    4    3    3    1  0
```

本例分析：该程序中包含了类模板的友元函数的 3 种不同情况。第二组输出是因为第 2 号元素(14)之后删除了一个元素,因此,共有 15 个元素。Success()函数是模板顺序表类 SeqLn<T>的友元函数,在程序中不起关键性作用,设计它的目的主要是为了说明友元函数无模板形参时的情况；Display()也是模板顺序表类 SeqLn<T>的友元函数,它具有和类模板相同的模板形参,该函数的作用是输出转换后的结果；IntToDouble()函数属于类模板的友元函数的第 3 种情况,它具有和类模板不同的模板形参,该函数的作用是将 int 型顺序表对象中的数据转换为 double 型并存放到 double 型顺序表。

8.4 STL 简介

STL(Standard Template Library)标准模板库是由泛型算法和数据结构组成的通用库,它是一个具有工业强度的、高效的 C++ 程序库。STL 被纳入 C++ 标准程序库(C++ Standard Library)中,是 ANSI/ISO C++ 标准中最新的、极具革新和挑战性的一部分。该库包含了许多计算机科学领域中常用的基本数据结构和基本算法。STL 类似于 MFC 和 VCL,为广大软件设计人员提供了一个可扩展的应用框架,体现了软件的高度可复用性。

STL 由被誉为 STL 之父的 Alexander Stepanov 首先提出,Stepanov 出生于莫斯科,工作于惠普实验室,早在 20 世纪 70 年代后半期,他便开始考虑在保证效率的前提下将算法从具体应用之中抽象出来的可能性,这便是后来泛型程序设计思想的雏形。STL 由 Alexander Stepanov 和 Meng Lee 共同开发完成,于 1994 年 7 月加入到 C++ 标准库中。

从逻辑层次来看,STL 体现了泛型程序设计思想,引入了许多新的理念,例如需求 (requirements)、概念(concept)、模型(model)、容器(container)、算法(algorithm)、迭代器 (iterator)等。与 OOP 的多态一样,STL 是一种软件重用技术。

从实现层面看,STL 是以一种类型参数化的方式实现的。读者阅读任何版本的 STL 源代码都可以发现,STL 的几乎所有组件都是模板,它极大地方便了使用、提高了编写程序的效率。模板是构成 STL 的基石,应用 STL 必须掌握模板的使用。一般而言,STL 作为一个泛型化的数据结构和算法库,并不涉及具体语言。STL 主要由迭代器(iterator)、算法 (algorithm)、容器(container)、函数对象(function object)和适配器(adapter)等相关部分组成。容器和算法通过迭代器可以进行无缝连接。实际上,string 也可以被认为是 STL 的一部分。

在 STL 中处处体现了泛型程序设计思想,基于这种思想的程序,大部分基本算法被抽象和泛化,独立于与之对应的数据结构,用于以相同或相近的方式处理各种不同的情况,具有高度的可重用性、高性能、高移植性。

8.4.1 STL 和 C++ 标准函数库

STL 是最新的 C++ 标准函数库中的一个子集,这个庞大的子集占据了整个库的 80% 左右。而模板几乎涉及整个 C++ 标准函数库。因此,读者有必要了解 C++ 标准函数库中所包含的内容,以及其中哪些属于 STL。

C++ 标准函数库为软件设计人员提供了一个可扩展的基础性框架,同时,软件设计人员也可以通过继承现有类自己编写符合接口规范的容器、算法、迭代器等方式对其进行扩展,为程序开发提供了极大的便利。图 8-3 所示为 C++ 标准函数库结构示意图。

(1) C 标准函数库。它基本保持了与标准 C 语言程序库的良好兼容,尽管有微小变化。在 C++ 标准库中存在两套函数库,即带有 .h 扩展名和不带 .h 扩展名的库函数库,它们没有本质上的不同。

(2) 语言支持(language support)。它包含了一些标准类型的定义以及其他特性的定义,这些内容被用于标准库中涉及语言之处或具体的应用程序中。

(3) 诊断(diagnostics)。它提供了用于程序诊断和报错的功能,包含异常处理

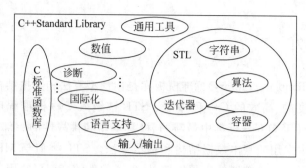

图 8-3　STL 和 C++标准函数库

(exception handling)、推断(assertions)、错误代码(error number codes) 3 种方式。

(4) 通用工具(general utilities)。这部分内容为 C++标准库的其他部分提供支持,如动态内存管理工具、日期/时间处理工具,而且其内容已经被泛化了,即采用了模板机制。

(5) 字符串(string)。它用来表示和处理文本,并具有强大的功能。事实上,文本是一个 string 对象,它可以被看作是一个字符序列,字符类型可能是 char 或者 w_char 等。string 可以被转换成 char 类型,这样便可以和以前的 C/C++代码一致。

(6) 国际化(internationalization)。作为 OOP 特性之一的封装机制在这里表现为可以消除文化和地域差异,采用 locale 和 facet 可以为程序提供众多国际化支持,包括对各种字符集的支持、日期和时间的表示、数值和货币的处理等。例如,我国和欧美国家表示日期的习惯就不一样。

(7) 容器(container)。容器是 STL 的一个重要组成部分,涵盖了许多数据结构,例如大家都熟悉的链表等,此外,还有 vector(类似于大小可动态增加的数组)、queue(队列)、stack(堆栈)等,string 也可以看作是一个容器,适用于容器的方法同样适用于 string。

(8) 算法(algorithm)。它是 STL 的一个重要组成部分,包含了约 100 个通用算法,用于操控各种容器,同时也可以操控内建数组。例如,find 用于在容器中查找等于某个特定值的元素,for_each 用于将某个函数应用到容器中的各个元素上,sort 用于对容器中的元素排序,所有这些操作都是在保证执行效率的前提下进行的。

(9) 迭代器(iterator)。迭代器也是 STL 的一个重要组成部分,如果没有迭代器,容器和算法便无法结合得如此完美。事实上,每个容器都有自己的迭代器,它类似于指针,算法通过迭代器来定位和操控容器中的元素。

(10) 数值(numerics)。它包含了一些数学运算功能,提供了对复数运算的支持。

(11) 输入/输出(input/output)。它实际上是经过模板化的原有标准库中的 iostream 部分,提供了对 C++程序输入/输出的基本支持,在功能上保持了与原有 iostream 的兼容,并且增加了异常处理机制,支持国际化。

在 C++标准中,STL 被组织为 13 个头文件,即＜algorithm＞、＜deque＞、＜functional＞、＜iterator＞、＜vector＞、＜list＞、＜map＞、＜memory＞、＜numeric＞、＜queue＞、＜set＞、＜stack＞和＜utility＞。

8.4.2　容器

在软件开发中,程序员常常重复着一些为了实现向量、链表等结构而编写的代码,这些代码都十分类似,只是为了适应不同数据的变化而略有不同。STL 容器提供了这样的方便,它允许用户重复利用已有的实现构造自己特定类型下的数据结构,通过设置一些模板类,STL 容器对最常用的数据结构提供了支持,这些模板的参数允许指定容器中元素的数据类型,简化程序设计工作。

在实际开发过程中,数据结构和算法具有同样的重要性。与其他许多类库一样,STL 的容器类用于包含其他对象的类。STL 中的容器类有 vector、deque、set、list、stack、multimap、map、hash_set、hash_multiset、hash_map 和 hash_multimap 等。每个类都是模板,并且可以包含其他各种类型的对象,各容器类的主要特性如表 8-1 所示。

表 8-1 各容器类的主要特性

容　器	特　　性	头文件
向量(vector)	用于容纳不定长的对象序列,提供对序列的快速随机访问	`<vector>`
列表(list)	由结点组成的双向链表,每个结点包含一个元素,可以从链表的任意一端遍历	`<list>`
双队列(deque)	连续存储的指向不同元素的指针所组成的数组。它不同于一般队列只能从首部出队列、尾部入队列,对象既可以从首部也可以从尾部入队列或出队列	`<deque>`
集合(set)	不允许重复值,可快速查找	`<set>`
多重集合(multiset)	允许重复值,可快速查找	`<set>`
栈(stack)	后进先出的值的排列	`<stack>`
队列(queue)	插入只可以在尾部进行,删除、检索和修改只允许从头部进行。按照先进先出的原则	`<queue>`
优先队列(priority_queue)	随机访问循环,提供 push()、pop()和 top()运算,可以从 vector 或 deque 模板中产生	`<queue>`
映射(map)	一对一映射,不允许重复值,具有基于关键字的快速查找能力	`<map>`
多重映射(multimap)	一对多映射,允许重复值,具有基于关键字的快速查找能力	`<map>`

8.4.3 算法

数据类型对函数库的可重用性起着重要的作用,例如一个求方根的函数,如果使用浮点数作为参数类型,其可重用性就比使用整型作为参数类型高。而 C++的函数实质上是通过参数化的函数实现重用性,STL 正是利用这一特点提供了许多高效的算法。

STL 的算法部分主要由头文件 `<algorithm>`、`<numeric>` 和 `<functional>` 组成。`<algorithm>` 是所有 STL 头文件中最大的一个部分,由一系列模板函数组成,具有比较、交换、查找、遍历、复制、修改、移除、反转、排序、合并等各种常用功能,各函数保持较高的独立性。`<numeric>` 体积很小,只包括几个在序列上进行简单的数学运算的函数模板,包括加法和乘法在序列上的一些操作。`<functional>` 则定义了一些模板类,用于声明函数对象。

STL 包含了大量的算法来操作存储在容器中的数据。例如:

```
reverse(v.begin(),v.end());          //应用reverse算法倒序排列向量中的元素
```

这一条语句可以将向量类中从首地址到末地址的所有元素倒序，代码非常简洁。STL 的算法非常高效、简便，是不可多得的算法。

STL 提供了大约 100 个实现算法的模板函数，例如算法 for_each 将为指定序列中的每一个元素调用指定的函数，stable_sort 以程序员指定的规则对序列进行稳定性排序等。如果程序员熟悉 STL，可以将许多代码大大简化，只需要调用相关算法模板就可以完成所需要的功能，并大大提高效率。

8.4.4　迭代器

与自然界中的许多其他现象一样，软件设计有一个基本原则，就是多数问题可以通过引进一个间接层来实现简化，这种简化在 STL 中是用迭代器来完成的。概括地说，迭代器在 STL 中用于将算法和容器联系起来，起着一种连接作用。几乎 STL 提供的所有算法都需要通过迭代器存取元素序列进行工作，每一个容器定义了其本身所专有的迭代器，用于存取容器中的元素。

那么什么是迭代器呢？简而言之，迭代器即指针的泛化，而指针本身就是迭代器。刚才的倒序算法 reverse(v.begin(),v.end()) 应用了两个参数表示向量中需倒序元素的范围。v.begin() 与 v.end() 所返回的是向量类中元素的指示器，称为迭代器。

例如，以下代码将数组 d 的元素倒序。

```
double d[3] = {1.8,2.8,5.18,5.18};
reverse(d,d+4);
```

其中，d 是数组的首地址，也是一个迭代器。迭代器的种类有输入迭代器（input iterator）、输出迭代器（output iterator）、前向迭代器（forward iterator）、双向迭代器（bibirectional iterator）以及随机访问迭代器（random access iterator）等，迭代器的主要功能如表 8-2 所示。

表 8-2　迭代器功能表

迭代器	功　　能
输入迭代器（input iterator）	从输入源读对象并存储对象，这种迭代器可以被修改、引用和进行比较
输出迭代器 （output iterator）	向输出源写入对象，只能向一个序列写入数据，可以被修改和引用
前向迭代器 （forward iterator）	向前读/写（read and write forward），结合了输入和输出迭代器的功能，并且能保存迭代器的值，以便从原先的位置重新开始遍历序列
双向迭代器 （bidirectional iterator）	向前或向后/读写（read and write forward and backward），双向迭代器可以用来读和写，除含有前向迭代器的功能外，还可以对本迭代器增值和减值
随机访问迭代器 （random access iterator）	随机读/写（read and write with random access），功能最强的迭代器，具有随机读/写的功能

STL 迭代器部分主要由头文件＜utility＞、＜iterator＞和＜memory＞组成。＜utility＞是一个很小的头文件，它包括了贯穿使用在 STL 中的几个模板的声明；＜iterator＞中提供了

迭代器使用的许多方法；＜memory＞的主要部分是模板类 allocator,它负责产生所有容器中的默认分配器,为容器中的元素分配存储空间,同时为某些算法执行期间产生的临时对象提供机制。

8.4.5 函数对象

STL 的另一个重要组成部分是函数对象。STL 中包含了许多不同的函数对象,函数对象将函数封装在一个对象中,使得它可以作为参数传递给有关的 STL 算法,因此,如同迭代器是指针的泛化一样,函数对象是函数的泛化。

函数对象将书写函数对象的进程简单化,标准库提供了两个类模板作为这样的对象的基类,即 std∷unary_function 和 std∷binary_function,它们都在头文件＜functional＞中声明。

```
template < class Arg, class Res > struct
    unary_function
    {
        typedef Arg argument_type;
        typedef Res result_type;
    };
    template < class Arg, class Arg2, class Res >
    struct binary_function
    {
        typedef Arg first_argument_type;
        typedef Arg2 second_argument_type;
        typedef Res result_type;
    };
```

其中,unary_function 为只有一个参数的函数对象,例如 $f(x)$；而 binary_function 为具有两个参数的函数对象,例如 $f(x,y)$。

下面的简易代码定义了一个函数对象,该函数对象的特点是需要应用运算符(operator())来定义。

```
Struct mod_3
{
    bool operator()(int& v)
    {
        return(v % 3 == 0);
    }
}
```

尽管函数指针被广泛地用于实现函数调用,但使用函数对象代替函数指针有几个优点,首先,由于对象可以在内部修改而不用改动外部接口,使设计更灵活、更富有弹性。函数对象也具有存储先前调用结果的数据成员,在使用普通函数时需要将先前调用的结果存储在全程或者本地静态变量中,但是全程或者本地静态变量具有明显的缺点。其次,在函数对象中编译器能实现内联调用,从而进一步增强了性能。

函数对象是泛型程序设计的一个重要组成部分,通过使用函数对象不仅可以抽象化对象类型,而且可以对所进行的有关操作进行抽象。

8.5　STL 应用实例

推出 STL 的目的是为软件开发提供各种可重用的标准化组件,软件开发人员可以直接使用这些现成的组件而无须进行重复开发。尽管使用 STL 是一个挑战,但使用 STL 开发的代码简洁、高效和稳定,可以收到事半功倍的效果。

【例 8-7】　利用 STL 提供的容器和算法,对数组进行倒序输出。

```cpp
//examplech807.cpp
# include < iostream. h >
# include < vector >                    //向量容器类包含在 vector 中
# include < algorithm >                 //倒序算法
# include < utility >                   //迭代器
using namespace std;
void main()
{
    vector < int > v(6);                //定义一个有 6 个元素的向量类
    v[0] = 10;
    v[1] = v[0] + 10;
    v[2] = v[0] + v[1];
    v[3] = 2 * v[2];
    v[4] = 70;
    v[5] = 80;
    cout <<"output element (original):"<< endl;
    vector < int >::iterator pt;        //定义一个迭代器 pt,指向整型向量
    for(pt = v. begin();pt!= v. end();++pt)
    cout << * pt <<" ";
    cout << endl;
    reverse(v. begin(),v. end());       //调用倒序算法
    cout <<"output element (reverse):"<< endl;
    for (int i = 0;i < 6;i++)
    cout << v[i]<<" ";
    cout << endl;
}
```

程序运行结果:

```
output element (original):
10　20　50　100　70　80
output element (reverse):
80　70　100　50　20　10
```

本例分析:该程序使用了向量容器类、迭代器和算法。迭代器 pt 用于指向整型向量,迭代器包含在 utility 中,函数 reverse(v. begin(),v. end())用于实现倒序算法,倒序程序代码十分简洁。

【例 8-8】 采用 STL 求任意指定整数以内的所有素数。

```cpp
//examplech808.cpp
# include < iostream >
# include < iomanip >
# include < vector >
using namespace std ;
void main()
{
    vector < int > PrimeArray(10);          //用来存放素数的向量
    int UpperLimit;                          //素数范围的上限
    int Pcount = 0;
    int i,j;
    cout <<"Input the upper limit of prime:";
    cin >> UpperLimit;
    PrimeArray[Pcount++] = 2;               //2 是第一个素数
    for(i = 3;i < UpperLimit;i++)
    {
        if(Pcount == PrimeArray.size())      //如果素数表满继续分配空间
            PrimeArray.resize(Pcount + 10);
        if(i % 2 == 0)
            continue;
        j = 3;
        while(j <= i/2&&i % j!= 0)           //检查 i/2 以下是否因子
            j += 2;
        if (j > i/2)
            PrimeArray[Pcount++] = i;
    }
    for (i = 0;i < Pcount;i++)
    {
        cout << setw(8)<< PrimeArray[i];
        if((i + 1) % 8 == 0)                 //每行 8 个素数
            cout << endl;
    }
    cout << endl;
}
```

程序运行结果：

```
Input the upper limit of prime:200
    2     3     5     7    11    13    17    19
   23    29    31    37    41    43    47    53
   59    61    67    71    73    79    83    89
   97   101   103   107   109   113   127   131
  137   139   149   151   157   163   167   173
  179   181   191   193   197   199
```

本例分析： 素数的判别是数论中的一个经典算法，该程序采用向量实现，这样存放素数的数组元素大小可以随时根据给定上界的需要确定。

【例 8-9】　利用 STL 比较数据大小并排序。

```
//examplech809_1.cpp
# include < stdlib. h>
# include < iostream. h>
int compare(const void * arg1, const void * arg2);
void main()
{
    const int max_size = 10;          //初置数组个数
    int num[max_size];                //整型数组
    int n;
    for(n = 0;cin >> num[n];n ++);    //从标准设备读入数据,直到输入是非整型数据为止
    qsort(num, n, sizeof(int),compare);
        for(int i = 0; i < n; i++)
            cout << num[i]<<"\n";
}
int compare(const void * arg1,const void * arg2)
{
    return( * (int * )arg1 < * (int * )arg2)? - 1:
        ( * (int * )arg1 > * (int * )arg2)?1:0;
}
```

分析：该程序的有关算法和数据都需要程序员自己设计，虽然程序应用了 C 标准库中的排序函数 qsort()，但数据比较大小需要通过自编函数 compare() 实现，main() 函数通过两组 for 循环语句实现输入/输出。而且排序程序 qsort() 本身也依赖于 compare() 函数。compare() 函数的作用是比较两个数的大小，如果 * (int *)arg1 比 * (int *)arg2 小，则返回 −1；如果 * (int *)arg1 比 * (int *)arg2 大，则返回 1；如果 * (int *)arg1 等于 * (int *)arg2，则返回 0。

利用 STL 改进以上程序，比较数据大小并排序：

```
//example809_2.cpp
# include < iostream >
//include < iomanip >
# include < vector >
# include < algorithm >
using namespace std;
void main()
{
    vector < int > num;                      //STL 中的 vector 容器
    int element;
    while(cin >> element)                    //从标准设备读入数据,直到输入是非整型数据为止
        num.push_back(element);
    sort(num.begin(),num.end());             //STL 中的排序算法
    for(int i = 0;i < num.size(); i++)
        cout << setw(5) << num[i];
}
```

程序运行结果：

28	18	5	2.2
2	5	18	28

本例分析：该程序的主要部分采用了 STL 的组件，因此比第一个程序更简洁，而且没有使用 compare()函数。该程序中使用了 vector，它是 STL 的一个标准容器，用来存放一些元素，可以将 vector 简单地理解为一个整型数组 int[]，且实现的数组大小未知。vector 是一个可以动态调整大小的容器，当增加元素时 vector 自动扩大容量。push_back 是 vector 容器的一个类属成员函数，用于在容器末尾插入一个元素。while 循环的作用是不断向 vector 容器末尾插入整型数据，同时自动维护容器空间的大小。

sort 是 STL 中的标准算法，用来对容器中的元素进行排序，比 qsort()更简洁、高效，不需要 compare()函数。sort 的两个参数分别表示排序元素的范围，begin()用于指向 vector 的开始，而 end()则指向 vector 的末端。在这里 begin()和 end()的返回值可以认为是一个指向整型数据的指针，相应的，sort 函数声明也可以看作是 void sort(int ﹡ first, int ﹡ last)。函数 size()的作用是返回 vector 中元素的个数，push_back()函数的作用是将元素添加到向量的尾部，当向量内存不够时自动申请内存。

为了使读者对 STL 有更多的理解，继续对以上代码进行改进：

```cpp
//example809_3.cpp
# include < iostream >
# include < iomanip >
# include < vector >
# include < algorithm >
# include < iterator >
using namespace std;
void main()
{
    typedef vector < int > int_vector;
    typedef istream_iterator < int > istream_itr;
    typedef ostream_iterator < int > ostream_itr;
    typedef back_insert_iterator < int_vector > back_ins_itr;
    int_vector num;                                      //STL 中的 vector 容器
    //从标准输入设备读入整数,直到输入的是非整型数据为止
    copy(istream_itr(cin), istream_itr(), back_ins_itr(num));
    sort(num.begin(), num.end());                        //STL 中的排序算法
    copy(num.begin(), num.end(), ostream_itr(cout, " "));    //数据之间空两格
}
```

程序运行结果：

25	18	8	3.3
3	8	18	25

本例分析：该程序短小精悍，除 main 行外几乎每行代码都应用了 STL，并且包含了 STL 中的容器(container)、迭代器(iterator)、算法(algorithm)和适配器(adaptor)等多个重

要部件,对数据的操作被高度抽象化了,算法和容器之间的组合就像搭积木一样轻松自如,降低了系统的耦合度,充分体现了STL的方便与高效。

8.6 本章小结

模板是对具有相同特性的函数或类的再抽象,是一种参数化的多态性工具。所谓参数化多态性,是指将程序所处理的对象的类型参数化,使程序代码可以用于处理多种不同类型的对象。模板分为函数模板和类模板,模板并非通常意义上可以直接使用的函数或类,它仅仅是对一族函数或类的描述,是参数化的函数和类。即模板是一种使用无类型参数来产生一族函数或类的机制,它由通用代码构成,称为参数化是因为模板不是以数据为参数,而是以它自己使用的数据类型为参数。模板通过参数实例化可以构建具体的函数或类,称为模板函数和模板类。类模板的友元和类的友元类似。模板是面向对象程序设计中提高软件开发效率的一个重要手段。

STL标准模板库由Alexander Stepanov首先提出,由Alexander Stepanov和Meng Lee共同开发完成,它是C++标准库中的重要成员,也是其中最具革新和挑战性的一部分。STL是由泛型算法和数据结构组成的通用库,它包含许多计算机科学领域中常用的基本数据结构和算法。推出STL的目的是标准化组件,程序员可以直接使用这些组件而无须重复开发,STL为广大软件设计人员提供了一个可扩展的应用框架,体现了软件的高度可复用性。

STL主要由迭代器(iterator)、算法(algorthm)、容器(container)、函数对象(function object)和适配器(apapter)等部分组成。容器和算法通过迭代器可以进行无缝连接。STL是基于泛型程序设计思想的标准程序,其基本算法被抽象和泛化,独立于与之对应的数据结构。STL的几乎所有组件都是模板,模板是构成STL的基石,应用STL必须掌握模板的使用。运用STL可以使开发的程序简洁、高效和稳定,具有高度的可重用性、高性能、高移植性。

8.7 思考与练习题

1. 什么是模板?什么是函数模板?什么是模板函数?
2. 编写一个函数模板,实现求不同类型的数的相反数。
3. 编写一个函数模板,实现对不同类型的数组排序。
4. 什么是类模板?什么是模板类?
5. 使用函数模板实现swap(x,y)交换数据x与y的值。
6. 用插入法建立两个升序排列的整数链表,并用两个链表的数据建立一个降序链表。
7. 写出类模板的定义格式并叙述类模板的调用方法。
8. 类模板的友元函数包含几种情况?
9. 类模板的友元函数和模板类的友元有什么关系?
10. 在实际程序设计中,双向队列比普通队列的应用更加广泛,以下是C++中双向队列类(deque)的成员函数。

- assign()：给一个双向队列重新赋值；
- begin()：返回指向双向队列中的第一个元素的指针；
- end()：返回指向双向队列中的最后一个元素的指针；
- swap()：交换两个双向队列中的元素；
- pop()：从非空队列中删除最后一个元素；
- front()：返回一个非空双向队列的第一个元素；
- back()：返回一个非空双向队列的最后一个元素；
- size()：返回双向队列的元素个数；
- max_size()：返回可支持的双向队列的最大元素数量。

（1）试构造一个整型双向队列，然后对这个队列使用上述成员函数（至少 3 个以上成员函数）进行操作；

（2）试构造一个字符型双向队列，然后对这个队列使用上述成员函数（至少 3 个以上成员函数）进行操作。

11. 使用模板分别对数组、向量、表和多重集合进行插入操作，对每个容器插入 10 000 个随机整数。

第9章

I/O流

输入/输出(I/O)是每一个程序必须具备的基本功能。输入(Input)是指数据从外部输入设备传送到计算机内存的过程;输出(Output)是指将程序运算结果从计算机内存传送到外部输出设备的过程,C++中的所有I/O都是通过流来实现的。

C++和C一样本身没有定义输入/输出操作。在C++程序中可以继续使用C的标准输入/输出库函数 printf 和 scanf 实现输入/输出功能;此外,C++语言给用户提供了功能完整、可扩展的输入/输出流类,即I/O流类库,又称I/O流库。通过使用I/O流库,用户不仅能够处理基本类型数据的输入/输出,还能够处理自定义数据类型的输入/输出。本章围绕数据的输入/输出,首先介绍流的概念、I/O流库的层次关系,然后介绍 ios 类成员函数和操作符函数两种输入/输出格式控制方法,最后介绍文本文件和二进制文件的输入/输出过程和自定义数据类型的输入/输出方法。

9.1 I/O 流库的层次结构

虽然 C++ 语言可以继续使用 C 语言的标准库函数实现输入/输出功能,但 C 语言的标准库函数不包含用户自定义数据类型,而且用户也不能通过重载库函数的方式实现用户自定义数据类型的输入/输出。在 C 语言中,对于自定义数据类型输入/输出的实现既麻烦,又增加了程序设计的复杂性。在 C++ 中,编译系统为程序员提供了功能完整、具有类层次结构、可方便扩充的流类库实现输入/输出功能。

9.1.1 流的概念

输入/输出是一种基本的数据传递操作,它可以理解为字符序列在计算机内存与外设之间的流动。C++将数据从一个对象到另一个对象的流动抽象为流(stream),将实现设备之间交换信息的类称为流类,按面向对象方法组织的多个流类及其类层次集合构成了I/O流类库,简称为流库。流库中的每一个流类都定义了一种设备之间的信息交换方式,按信息流动方向的不同,可以分为输入流与输出流:与输入设备(如键盘)相联系的流称为输入流,与输出设备(如屏幕)相联系的流称为输出流;与输入/输出设备相联系的流称为输入/输出流。

在 C++程序中,数据可以从键盘流到程序,也可以从程序流向屏幕或磁盘文件。从流中获取数据的操作称为提取操作,向流中添加数据的操作称为插入操作,数据的输入/输出应通过I/O流实现。每个流是一种与设备相联系的对象,在默认情况下,指定的标准输入设备指键盘,指定的标准输出设备指显示终端(屏幕)。

9.1.2　ios 类的层次关系

C++语言中的 I/O 流类由两类平行基类 ios 和 streambuf 组成,所有流类都通过这两个基类派生出来。

ios 类是所有 ios 类层次的基类,提供输入/输出所需要的公共操作。ios 类的层次关系如图 9-1 所示,它有两个直接派生类,分别是输入流类 istream、输出流类 ostream,这两个流类称为流库中的基本流类。ios 类包含一个指向 streambuf 的指针,提供格式标志(flags),进行 I/O 格式化处理、文件模式设置及提供建立 I/O 流的方法。因此,ios 基类主要完成其所有派生类中均需要的流的状态设置、状态报告、显示精度、域宽、填充字符设置和文件流的操作模式的定义等。

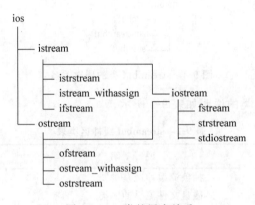

图 9-1　ios 类的层次关系

根据层次结构关系可以看出,在 ios 类层次中,istream 和 ostream 是最重要也是相对比较复杂的类。输入流类 istream 提供了 C++主要的输入操作功能,输出流类 ostream 提供了 C++主要的输出操作功能,iostream 类是以 istream 和 ostream 为基类经多继承产生的。

ios 流库及其派生类功能如表 9-1 所示。

表 9-1　I/O 流类表

	类　　名	说　　明	头 文 件
抽象流基类	ios	流基类	iostream.h
输入流类	istream	标准输入流类和其他输入流的基类	iostream.h
	ifstream	输入文件流类	fstream.h
	istream_withassign	cin 的输入流类	iostream.h
	istrstream	输入字符串流类	strstream.h
输出流类	ostream	标准输出流类和其他输出流的基类	iostream.h
	ofstream	输出文件流类	fstream.h
	ostream_withassign	cout、cerr、clog 的输出流类	iostream.h
	ostrstream	输出字符串流类	strstream.h
输入/输出流类	iostream	标准 I/O 流类和其他 I/O 流的基类	iostream.h
	fstream	I/O 文件流类	fstream.h
	strstream	I/O 字符串流类	strstream.h
	stdiostream	标准 I/O 文件流	stdiostr.h

在 C++ 中,cin、cout、cerr、clog 是 I/O 流类预定义的 4 个流类对象。cin 是 istream 流类的一个对象,用于处理标准设备的输入;cout、cerr、clog 是 ostream 流类的对象,其中,cout 用于处理标准设备的输出,cerr 和 clog 均可用于处理标准出错信息,不同之处在于 cerr 输出不带缓冲功能,clog 输出具有缓冲功能。

9.1.3　streambuf 类的层次关系

streambuf 是一个抽象类,它具有 3 个派生类,其层次结构关系如图 9-2 所示。streambuf 提供对缓冲区的底层操作支持,如设置缓冲区、对缓冲区指针进行操作、从缓冲区取字符和向缓冲区插入字符等功能。

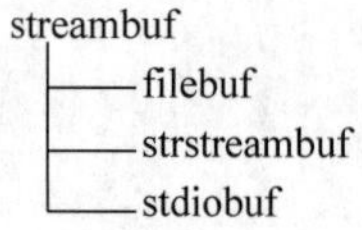

```
streambuf
   ├── filebuf
   ├── strstreambuf
   └── stdiobuf
```

图 9-2　streambuf 类的层次关系

streambuf 及其派生类的说明如表 9-2 所示。

表 9-2　**streambuf 缓冲区类表**

类名	说　明	头文件
streambuf	抽象流缓冲区基类	iostream. h
filebuf	磁盘文件流缓冲区类	fstream. h
strstreambuf	字符串缓冲区类	strstream. h
stdiobuf	标准 I/O 文件的流缓冲区类	stdiostr. h

9.2　输入与输出格式的控制

应用 C++ 预定义的流类对象 cin 和 cout 可以实现默认格式的输入/输出功能,但仅仅依靠 C++ 默认格式的输入/输出是不能满足实际需要的,在程序设计中往往需要实现各种指定格式的输入/输出,例如通过设定各输出项的宽度及浮点数的精度等实现各输出项的整齐排列和美观。C++ 提供了两种格式化输入/输出方法:一种是采用 ios 类成员函数进行格式控制,另一种是采用操作符函数进行输入/输出格式控制。

9.2.1　ios 类成员函数的格式控制

ios 类提供了所有派生类中都需要的流的状态设置标志,其成员函数主要是通过对状态标志、输出宽度、填充字符以及输出精度进行设置来实现输入/输出的格式化功能。

输入/输出的状态标志共有 15 个,每个状态标志各占一个二进制位,每一个二进制位称为一个状态标志位。输入/输出的格式由这些状态标志进行控制,它们在 ios 类中被定义为枚举值,如表 9-3 所示。

表 9-3　ios 类输入/输出的状态标志

状态标志	值	含　　义	输入/输出
skipws	0x0001	跳过输入中的空字符	用于输入
left	0x0002	输出数据左对齐	用于输出
right	0x0004	输出数据右对齐	用于输出
iternal	0x0008	数据右对齐、符号左对齐、中间为填充字符	用于输出
dec	0x0010	转换基数为十进制	用于输入/输出
oct	0x0020	转换基数为八进制	用于输入/输出
hex	0x0040	转换基数为十六进制	用于输入/输出
showbase	0x0080	输出的数值数据前面带有基数符号	用于输入/输出
showpoint	0x0100	浮点数输出带有小数点	用于输出
uppercase	0x0200	用大写字母输出十六进制数	用于输出
showpos	0x0400	正数前带"＋"符号	用于输出
scientific	0x0800	浮点数输出采用科学记数法表示	用于输出
fixed	0x1000	使用定点数形式表示浮点数	用于输出
unitbuf	0x2000	完成输入操作后立即刷新流的缓冲区	用于输出
stdio	0x4000	完成输入操作后刷新系统的 stdout、stderr	用于输出

注：表格中的 0x 表示十六进制。

1．用 ios 类成员函数设置状态标志

ios 类定义了设置状态标志、取消状态标志和取状态标志 3 类成员函数，使用这些函数可以对状态标志进行设置，并且定义了一个 long 型数据成员记录当前状态标志。这些状态标志可通过按位或运算符"|"进行组合实现复合功能。

（1）设置状态标志。ios 类定义了成员函数 setf 设置状态标志，其函数原型如下：

```
long  ios::setf(long flags)
```

（2）取消状态标志。ios 类定义了成员函数 unsetf 用于取消已经设置的状态标志，其函数原型如下：

```
long  ios::unsetf(long flags)
```

（3）取状态标志。在 ios 类中重载了两个取状态标志的成员函数 flags，其函数原型分别为以下形式。

形式一：

```
long  ios::flags()
```

其功能是返回当前流的状态标志值。

形式二：

```
long  iso::flags(long flags)
```

其功能是设置指定位的状态标志,并返回当前流的状态标志值。

设置状态标志必须通过流类对象 cin 和 cout 调用 ios 类成员函数,其调用格式如下:

```
流类对象.ios 成员函数名(iso::状态标志)
```

【例 9-1】 状态标志的应用。

```
//examplech901.cpp
# include < iostream. h >
void main()
{
        int n;
        double a;
        n = 588;
        a = 588.18;
    cout. setf( ios::showpos);              //正数前标注正号"＋"
    cout << n <<" "<< a << endl;
        cout. setf( ios::scientific);       //按科学记数法输出
    cout << n << endl;
        cout << a << endl;
    cout. setf( ios::hex);                  //按十六进制输出
    cout << n << endl;
    cout << a << endl;
    cout. unsetf( ios::showpos);            //取消"＋"号标注
    cout << a << endl;
}
```

程序运行结果:

```
＋588    588.18
＋588
＋5.8818e＋002
24c
＋5.8818e＋002
5.8818e＋002
```

本例分析:ios 类的标志位一经设置,在取消设置前始终有效,因此,要实现正数前不带
"＋"号,必须在最后一行输出语句"cout＜＜a＜＜endl"之前取消符号设置,这样输出正数
时才能取消"＋"号标志。

2. 输出宽度、填充字符及输出精度设置

(1) 输出宽度设置。设置输出宽度有两种形式,分别如下:

```
int ios::width(int n)
```

功能是设置输出宽度为 n,并返回原来的输出宽度。

```
int ios::width()
```

功能是返回当前的输出宽度。

两种形式都必须用流类对象 cin 和 cout 调用。

（2）填充字符设置。填充字符的作用是实现各种个性化的输出形式，系统默认的填充字符为空格。填充字符设置函数有两种形式，分别如下：

```
char ios::fill(char ch)
```

功能是设置填充字符 ch，并返回设置前的填充字符。

```
char ios::fill()
```

功能是返回当前的填充字符。

要实现填充字符需和 width() 函数配合使用，否则没有实际意义。任何一种设置形式都必须用流类对象 cin 和 cout 调用。

（3）输出精度设置。设置浮点数输出精度有两种形式，分别如下：

```
int ios::precision(int n)
```

功能是设置输出精度为 n 位，并返回设置前的输出精度。

```
int ios::precision()
```

功能是返回当前的输出精度。

任何一种设置形式都必须用流类对象 cin 和 cout 调用。

【例 9-2】 宽度设置的应用。

```
//examplech902.cpp
# include < iostream. h >
void main()
{
    double values[ ] = {1.18,28.18,518.88};
    for(int i = 0;i < 3;i++)
    {
        cout.width(10);
        cout << values[i]<< endl;
    }
    for(int j = 0;j < 3;j++)
    {
        cout.width(10);
cout.fill('＃');
        cout << values[j]<< endl;
    }
}
```

程序运行结果：

```
1.18
          28.18
          518.88
＃＃＃＃＃＃1.18
      ＃＃＃＃28.18
      ＃＃＃＃518.88
```

本例分析：ios 类的标志位一经设置始终有效，直到取消设置为止。该程序将输出宽度设置为 10 个字符，当不足 10 个字符时，左端自动以空格字符填充(默认为右对齐)。要以其他字符替代空格字符，需要通过 ios 类的成员函数 cout. fill('ch')进行设置，ch 表示需要填充的字符，fill()必须和 width()函数联合使用。

9.2.2　操作符函数的格式控制

除通过使用 ios 类成员函数设置状态标志实现格式控制以外，在 C++标准库中还提供了操作符函数实现格式控制。操作符函数定义在 iomanip. h 头文件之中，不属于任何类成员。将它们用在提取运算符"＞＞"或插入运算符"＜＜"后面来设定输入/输出格式，即在读/写对象之间插入一个修改状态的操作。C++操作符函数包括无参操作符函数和有参操作符函数，其中，无参操作符函数可直接称为操作符。C++提供的标准操作符函数如表 9-4 所示。

表 9-4　标准操作符函数及其功能

操作符函数		功　能	用　　途
无参操作符函数	dec	数值数据采用十进制表示	用于输入/输出
	hex	数值数据采用十六进制表示	用于输入/输出
	oct	数值数据采用八进制表示	用于输入/输出
	ws	提取空白符	用于输入
	endl	插入换行符	用于输出
	ends	插入"\0"字符	用于输出
	flush	刷新与流相关的缓冲区	用于输出
有参操作符函数	setbase(int n)	设置数值转换基数为 *n*	用于输出
	resetiosflags(long f)	清除参数所指定的状态标志	用于输入/输出
	setiosflags(ling f)	设置参数所指定的状态标志	用于输入/输出
	setfill(int c)	设置填充字符	用于输出
	setprecision(int n)	设置浮点数输出精度	用于输出
	setw(int n)	设置输入/输出宽度	用于输入/输出

【**例 9-3**】　设置输出宽度应用举例。

```
//examplech903.cpp
＃include< iostream. h >
＃include< iomanip. h >
void main()
```

```
{
    double values[ ] = {1.18,28.18,518.88};
    for(int i = 0;i < 3;i++)
    {
        cout << values[i]<< endl;
    }
    for(int j = 0;j < 3;j++)
    {
        cout << setw(10)<< values[j]<< endl;
    }
}
```

程序运行结果：

```
1.18
    28.18
    518.88
1.18
        28.18
        518.88
```

本例分析：函数 setw(n)的参数 n 表示指定的输入/输出宽度。当用于输出时,若数据的实际宽度小于设置的宽度 n,数据往右对齐,若实际宽度大于设置宽度 n,则按数据的实际宽度输出。第一组输出没有进行格式设置,默认输出宽度为 0,由于数据的实际宽度大于默认输出宽度,因此按数据的实际宽度输出(输出不进行截断)。但当 setw(n)函数用于输入时,若输入数据的实际宽度大于设置宽度 n,则超出部分被截断作为下一输入项的数据。需要注意的是,利用 setw(n)函数进行输入/输出设置只对其后的一次操作有效。

9.2.3　自定义操作符函数的格式化

C++编译系统不仅提供了系统定义的标准操作符函数,还允许程序员自行定义操作符函数,程序员既可以自定义输入操作符函数,也可以自定义输出操作符函数。

1. 自定义输出操作符函数

对于函数参数中不带输出流参数的情况,自定义输出操作符函数的使用格式如下：

```
ostream&  操作符函数名(ostream&  stream)
{
    自定义语句序列;
    return stream;
}
```

操作符函数名指用户自定义的函数名,只要符合 C++关于标识符的命名规则即可。

【例 9-4】　自定义输出操作符函数的应用。

```
//examplech904.cpp
```

```
# include < iostream. h >
# include < iomanip. h >
ostream& sethex(ostream& stream)
{
    stream.setf(ios::hex|ios::uppercase);
    stream << setw(8);
    return stream;
}
void main()
{
    int n;
    cout <<"Please Input Integer n = ";
    cin >> n;
    cout <<"系统默认以十进制格式输出:";
    cout <<"n = "<< n << endl;
    cout <<"自定义十六进制格式输出:";
    cout << sethex <<"n = "<< n << endl;
}
```

程序运行结果:

```
Please Input an Integer n = 1000
系统默认以十进制格式输出:1000
自定义十六进制格式输出:     3E8
```

本例分析:该程序自定义了一个操作符函数 sethex,该函数不仅可以实现数据的十六进制输出,而且指定了十六进制数据的输出宽度,并定义为以大写十六进制方式输出。因此,通过采用自定义操作符函数,可以实现各种复杂的输出格式。

2. 自定义输入操作符函数

和自定义输出操作符函数一样,无参数的输入操作符函数的使用格式如下:

```
istream&   操作符函数名(istream&   stream)
{
    自定义语句序列;
    return stream;
}
```

操作符函数名指由用户自定义的函数名。

【例 9-5】 自定义输入操作符函数的应用。

```
//examplech905.cpp
# include < iostream. h >
# include < iomanip. h >
istream& hexInput(istream& stream)
{
    cin >> hex;
    cout <<"Input hex number:";
```

```
        return stream;
    }

    void main()
    {
        int a;
        int b;
        cin >> hexInput >> a;
        cout << a << endl;
        cin >> hexInput >> b;
        cout << b << endl;
    }
```

程序运行结果：

```
Input hex number:64
100
Input hex number:1FF
511
```

本例分析：该例以两种方式输出了结果，其中，hexInput是一个自定义的输入操作符函数，其功能是提示用户输入十六进制数据，并提取所输入的数据给相应的变量，所输入的十六进制数据大小写均可。hexInput的功能是输入流类对象cin功能的扩展，因此，通过采用自定义的操作符函数，可以实现各种复杂的输入功能。

9.3　文件的输入与输出

到目前为止，前面各章所使用的输入/输出都是以终端为对象，即由计算机终端"键盘"输入数据，并在终端"屏幕"上输出运行结果。从操作系统的角度来说，每一个与主机相连的输入/输出设备都可以视为一个文件。如果想获取文件中的数据，必须找到指定的文件，然后才能从该文件中读取数据；如果要将数据存储到外存中，同样需要先建立一个文件，这样才能向文件输出数据。

C++把文件视为字符（字节）序列，认为文件是由一个一个字符数据顺序组成的。依据数据的组织形式，文件可分为文本文件和二进制文件。按操作方法分类，文件可以分为输入文件和输出文件。文本文件又称为ASCII码文件，它的每一个字节以ASCII码形式存放一个字符，代表一个字符。二进制文件是按数据在内存中的存储形式原样输出到磁盘文件中存储。

在此以整型数据20 005为例，数据在计算机内存中只占两个字节，如果按文本形式输出到磁盘上，需要占5个字节，而采用二进制形式输出，则只需占两个字节。由此可知，采用文本形式输出时，虽然占用较多的存储空间，但一个字节对应一个字符，即ASCII码形式与字符一一对应，因此便于对字符进行输出和处理；若采用二进制形式，一个字节不能对应一个字符，因此不能直接以字符形式输出，但可以节约存储空间。

9.3.1　文件的打开与关闭

在 C++程序进行文件的输入/输出时,必须首先创建一个输入/输出流,并将创建的流与文件相关联,即先打开文件,才可以对文件进行读/写操作,操作完成之后需要关闭所打开的文件。在 C++中进行文件输入/输出操作的一般步骤如下:

(1) 用 ♯include 指令包含头文件 fstream.h。

(2) 为文件定义一个流类对象,例如:

```
ifstream in;                    //定义输入流类对象 in
ofstream out;                   //定义输出流类对象 out
fstream io;                     //定义输入/输出流类对象 io
```

(3) 应用 open()函数建立(或打开)文件。如果文件不存在,则建立该文件;如果磁盘上已经存在该文件,则打开该文件。open()函数原型在 fstream.h 中定义,在 ifstream、ofstream 和 fstream 流类中均有定义。该函数原型如下:

```
void open (char * filename, int mode, int access);
```

其中,第一个参数用于传递文件名;第二个参数 mode 的值表示文件的使用方式,如表 9-5 所示;第 3 个参数表示文件的访问方式,如表 9-6 所示。

表 9-5　文件使用方式选项表

标　志	功　　能
ios::app	打开一个已经存在的文件用于输出,打开时文件指针指向文件尾部,向文件尾部添加数据
ios::ate	打开一个已经存在的文件,查找文件尾,可以用于输入或输出
ios::in	打开文件进行读操作,文件必须已经存在,如果用 ifstream 类建立流,其隐含方式即为此方式
ios::out	打开文件进行写操作,如果用 ofstream 类建立流,其隐含方式为此方式
ios::nocreate	如果文件存在,则打开文件;如果文件不存在,则 open()函数操作失败
ios::noreplace	如果文件不存在,建立新文件并打开文件;如果文件存在,则 open()函数操作失败
ios::trunc	打开文件,如果文件已经存在,则清除该文件的内容。如果指定为 ios::out 方式,但未指定 ios::ate 方式或 ios::app 方式,则隐含为此方式
ios::binary	以二进制方式打开文件,若没有指定为该方式,则默认以文本方式打开文件

表 9-6　文件访问方式选项表

标志	含义	标志	含义
0	普通文件	2	隐含文件
1	只读文件	3	系统文件

(4) 进行读/写操作。在建立(或打开)的文件上执行所要求的输入/输出操作。一般来说,在内存与外设的数据传输中,由内存到外设称为输出或写,反之称为输入或读。

(5) 使用 close()函数关闭文件。在完成操作后,应将所打开的文件关闭,以避免因其他操作或误操作而破坏文件。在 C++ 中,使用 open() 函数打开一个文件就是将这个文件与一个流建立关联,使用 close() 函数关闭一个文件就是取消这种关联。

9.3.2　ifstream、ofstream 和 fstream 类

在 C++ 的 ios 类层次结构中,ifstream、ofstream 和 fstream 类用于内存与文件之间的数据传输,它们分别用于定义读文件流对象、写文件流对象和读/写文件流对象。所有文件流可以根据程序设计需要定义为文本文件或二进制文件。

1. ifstream 类

ifstream 类由 istream 派生而来,它是 C++ 系统用于处理输入文件流的类。根据继承与派生机制的特性,ifstream 类的对象可以使用 istream 类中定义的包括输入操作符"＞＞"在内的所有公有操作特性及相关公有成员函数。

ifstream 类重载了 4 个构造函数,分别如下:

```
ifstream()
ifstream(filedesc fd)
ifstream(filedesc fd,char * pch,int nLength)
ifstream(const char * szName,int nMode = ios::in,int nProt = filebuf::openprot)
```

其中,最后一个构造函数是 ifstream 类常用的定义 ifstream 类对象的初始化构造函数,它的 3 个参数分别表示文件名、文件流的操作模式及打开文件的共享/保护模式。文件流操作模式的默认值为 ios::in,所打开文件的共享/保护模式的默认值为 filebuf::openprot。

2. ofstream 类

ofstream 类由 ostream 派生而来,它是 C++ 系统用于处理输出文件流的类。根据继承与派生机制的特性,ofstream 类的对象可以使用 ostream 类中定义的包括输出操作符"＜＜"在内的所有公有操作特性和相关公有成员函数。

ofstream 类重载了 4 个构造函数,分别如下:

```
ofstream()
ofstream(filedesc fd)
ofstream(filedesc fd,char * pch,int nLength)
ofstream(const char * szName,int nMode = ios::out,int nProt = filebuf::openprot)
```

最后一个构造函数是 ofstream 类常用的定义 ofstream 类对象的初始化构造函数,它的 3 个参数分别表示文件名、文件流的操作模式及打开文件的共享/保护模式。文件流操作模式的默认值为 ios::out,所打开文件的共享/保护模式的默认值为 filebuf::openprot。

3. fstream 类

fstream 类是 C++ 系统用于处理输入/输出文件流的类。它由 iostream 类派生而来,而 iostream 类由 istream 和 ostream 派生而来,根据继承与派生机制的特性,fstream 类的对象可以使用 istream 类和 ostream 类中定义的包括输入操作符"＞＞"和输出操作符"＜＜"在内的所有公有操作特性及相关公有成员函数。

fstream 类重载了 4 个构造函数,分别如下:

```
fstream()
fstream(filedesc fd)
fstream(filedesc fd,char * pch,int nLength)
fstream(const char * szName,int nMode,int nProt = filebuf::openprot)
```

最后一个构造函数是 fstream 类常用的定义 fstream 类对象的初始化构造函数,它的 3 个参数分别表示文件名、文件流的操作模式及打开文件的共享/保护模式,共享/保护模式的默认值为 ios::openprot。

关闭 ifstream、ofstream 和 fstream 类对象的成员函数均为 void close()。

9.3.3　文本文件的输入与输出

1. 文本文件流的读

文件流的读是从一个打开的文件向其他设备(如内存变量)交换信息的过程,即对应内存变量的输入。在打开文件时,只要没有定义为以二进制格式打开,文件都默认为以文本格式打开,由于 ifstream 类是从 istream 类派生而来,因此,ifstream 类对象可以使用 istream 类中定义的所有公有操作和公有成员函数,ifstream 类的对象可以使用 istream 类中定义的输入操作符">>"以及 get()、getline()等成员函数。

【例 9-6】　文本文件格式读操作举例。

```cpp
//examplech906.cpp
# include < iostream. h >
# include < fstream. h >
# include < stdlib. h >
# include < iomanip. h >
void testread()
{
    ifstream incth;
    incth. open("test1.dat",ios::in);
    if(!incth)
    {
        cerr <<"Error! Cannot open file!"<< endl;
        exit(1);
    }
    char ch;
    int total;
    total = 0;
    //将文件中的字符序列插入到内存变量
    while(incth. get(ch))
    {
        cout. put(ch);
        total++;
    }
    cout << endl;
    cout <<"the amount of char is:"<< total << endl;
```

```
}

void main()
{
    testread();
}
```

程序运行结果：

```
20050508
this is c++file!
the amount of char is:27
```

本例分析：该程序定义了 ifstream 类对象 incth 实现对文本文件 testl 的读操作（默认方式为文本文件），文件 testl 是已经存在的文本文件。程序中的 while 循环语句通过流类对象 incth 调用成员函数 get(ch)将文件流中的字符序列输入到内存变量，并控制循环次数，直到从输入流中提取完所有字符结束循环；循环体内采用 total 变量对输入流字符进行计数，包括回车换行字符在内，输入流的总字符数为 27 个；输出通过 C++预定义的流类对象 cout 和成员函数 put(ch)将 ch 表示的字符插入到输入流中。需要注意的是，在执行完文件打开语句以后，需要判断文件打开是否成功，如果文件打开失败，流对象的值为 0。此外，用户还可以使用提取操作符"＞＞"（见本章习题 13）及成员函数 getline()将文件流中的字符序列输入到内存变量之中。

2. 文本文件流的写

文件流的写是从其他设备向一个打开的文件交换信息的过程，即对应内存变量的输出。ofstream 类是 ostream 类派生的，因此，ofstream 类的对象可以使用 ostream 类中定义的所有公有操作和公有成员函数，例如 ostream 类中定义的输出操作符"＜＜"及成员函数 put()、write()等。

【例 9-7】 文本文件格式的写操作举例。

```
//examplech907.cpp
# include < string. h>
# include < fstream. h>
# include < stdlib. h>
void testwrite()
{
    ofstream outcth;
    outcth. open("test10. dat",ios::out);
    if(!outcth)
    {
        cerr <<"Error! Cannot open file!";
        exit(1);
    }

    char ch[] = "20050508\nthis is C++file!\nthe amount of char is:51";
    int n, i;
```

```
        n = strlen(ch);

        for (i = 0;i < n;i++)
        {
            outcth.put(ch[i]);              //将字符序列输出到文件 test10 中
cout << ch[i];                              //向屏幕输出文件 test10 的信息
        }
}

void main()
{
    testwrite();
}
```

程序运行结果：

```
20050508
this is C++file!
the amount of char is:51
```

本例分析：该程序定义了 ofstream 类的对象 outcth，实现了以文本文件格式写文件流的功能，并用成员函数 put()将内存变量 ch 中的字符序列输出到文件 test10 中。为了加深理解，可以将文件的内容输出到屏幕，以便于直接观察。本例也可以利用成员函数 write()将字符序列输出到文件流中，只需对程序中的相关部分进行以下修改即可。

```
//examplech907_1.cpp
# include < string.h >
# include < fstream.h >
# include < stdlib.h >
void main()
{
    ofstream outcth;
    outcth.open("test10.dat",ios::out);
    if(!outcth)
    {
        cerr <<"Error! Cannot open file!";
        exit(1);
    }
    char ch1[] = "20050508\n";
    char ch2[] = "this is C++file!\n";
    char ch3[] = "the amount of char is:51";
    int n1,n2,n3,i;
    n1 = strlen(ch1);
    n2 = strlen(ch2);
    n3 = strlen(ch3);
    outcth.write(ch1,n1);
    outcth.write(ch2,n2);
    outcth.write(ch3,n3);
    for(i = 0;i < n1;i++)
```

```
            cout << ch1[i];
        for(i = 0;i < n2;i++)
            cout << ch2[i];
        for(i = 0;i < n3;i++)
            cout << ch3[i];
        cout << endl;
    }
```

其运行结果与例 9-7 完全相同。

以上两例均直接使用 open 函数进行打开文件的操作,但在大多数情况下通常不直接使用 open 函数打开文件,例如例 9-12 中使用语句"ofstream outcth("test10.dat",ios::out)"进行打开文件操作,因为 ifstream、ofstream 和 fstream 类都可以自动打开文件的构造函数,这 3 个类的构造函数的参数的默认值与 open 函数完全相同。即语句:

```
ofstream outcth("test10.dat",ios::out);
```

与以下两条语句的作用完全相同:

```
ofstream outcth;
outcth.open("test10.dat",ios::out);
```

9.3.4　二进制文件的输入与输出

大多数文件流的输入/输出(读/写)都是以文本文件格式进行的,而对于二进制位图文件、汉字字模库文件等的读/写操作,需要采用二进制格式进行操作。由于默认方式下文件流的读/写为文本文件方式,因此,在创建读文件流类的文件对象时,需采用逻辑或运算增加二进制文件操作模式(ios::binary),表示采用二进制格式进行文件的读/写。

对二进制文件的输入/输出有两种方式,一种是使用成员函数 get()和 put(),另一种是使用 read()和 write()。这 4 个函数也可以用于文本文件的输入/输出操作。

【例 9-8】 用 put 和 get 函数实现二进制文件的读/写。

```
//examplech908.cpp
# include < fstream.h >
# include < iostream.h >
# include < stdlib.h >
void testwrite()
{
    ofstream writechar;
    writechar.open("test100.dat");
    if(!writechar)
    {
        cout <<"Error! Cannot Open File!"<< endl;
        exit(1);
    }
    int k;
    char ch;
    cout <<"ch = ";
    cin >> ch;
```

```
        for(k = 0;k < 26;k++)
        {
            writechar.put(ch);
            ch++;
        }
    }

void testread()
{
    ifstream readchar;
    char ch;
    readchar.open("test100.dat",ios::binary);
    if(!readchar)
    {
        cout <<"Error!Cannot Open File!"<< endl;
        exit(1);
    }
    while(readchar.get(ch))
        cout << ch;
}
void main()
{
    testwrite();
    testread();
}
```

程序运行结果:

```
ch = A
ABCDEFGHIJKLMNOPQRSTUVWXYZ
```

本例分析：若给字符变量 ch 输入字符 A,则该例可实现将 26 个英文字母读入文件,然后将这些字符从文件读出并在屏幕上显示的功能。put()是在输出流 ostream 中定义的成员函数,它可以向与流类对象连接的文件中每次写入一个字符,即将字符 ch 写入文件流中。get()是在输入流 istream 中定义的成员函数,它可以从流类对象连接的文件中每次读出一个字符,并将该值存入字符变量 ch 中。默认条件下,文件以文本方式打开,若以二进制方式打开,需要指定打开方式(ios::binary)。

【例 9-9】 二进制文件的读/写操作。

```
//examplech909.cpp
# include < fstream.h >
# include < stdlib.h >
# include < iostream.h >
void testwrite()
{
    ofstream outcth2("test2.dat",ios::out||ios::binary);
    if(!outcth2)
    {
```

```
            cerr <<"Error! Cannot open file!";
            exit(1);
        }
    int n1,n2;
    char c1;
    c1 = ',';
    n1 = 158;
    n2 = 168;
    outcth2 << n1;
    outcth2 << c1;                          //c1 作为 n1 和 n2 之间的分隔符
    outcth2 << n2;
    outcth2.close();
}


void testread()
{
    ifstream incth2("test2.dat",ios::binary);
    if(!incth2)
    {
        cerr <<"Error! Cannot open file!"<< endl;
        exit(1);
    }
    int n1,n2;
    char c1;
    incth2 >> n1;
    incth2 >> c1;
    incth2 >> n2;
    cout <<"n1 = "<< n1 << endl;
    cout <<"c1 = "<< c1 << endl;
    cout <<"n2 = "<< n2 << endl;
}
void main()
{
    testwrite();
    testread();
}
```

程序运行结果：

```
n1 = 158
c1 = ,
n2 = 168
```

本例分析：该程序定义了 ifstream 类、ofstream 类的对象 incth2 和 outcth2，分别用于建立和关闭文件流，outcth2 用于输出文件流，incth2 用于输入文件流。程序运行结束后，读者若以二进制方式打开文件 test2.dat，相关的显示内容为"31 35 38 2c 31 36 38"，由此读者可进一步理解二进制文件的存储形式。

9.4　自定义数据类型的输入与输出

C++不仅可以实现预定义数据类型的输入/输出，还可以通过重载输入运算符"＞＞"和输出运算符"＜＜"实现自定义数据类型的输入/输出。

9.4.1　输出运算符重载

C++通过重载输出运算符"＜＜"的方法，可以实现和基本数据类型一样，用运算符"＜＜"直接实现包括类对象在内的用户自定义数据类型的输出。

输出运算符"＜＜"重载函数的格式如下：

```
ostream &operator <<(ostream &out,class_name &obj)
{
    out << obj.变量名 1;
    out << obj.变量名 2;
              ⋮
    out << obj.变量名 n;
}
```

重载函数中的第一个参数 out 是 ostream 类对象的引用，因此，out 必须是输出流，标识符 out 应符合 C++关于标识符的命名规则。第二个参数是自定义数据类型 class_name 的对象的引用。变量名 1、变量名 2、…、变量名 n 是自定义数据类型的各数据成员。

【例 9-10】 输出运算符"＜＜"重载举例。

```
//examplech910.cpp
# include< iostream.h>
class cio_test
{
private:
    int x1;
    int x2;
public:
    cio_test( int i1 = 0, int i2 = 0)
    {
        x1 = i1;
        x2 = i2;
    }
    friend ostream &operator <<(ostream &os,cio_test &obj);      //重载为友元函数
};

    ostream &operator <<(ostream &os,cio_test &obj)
    {
        os <<"a. x1 = "<< obj.x1 << endl;
        os <<"a. x2 = "<< obj.x2 << endl;
        return os;
```

```
    }

    void main()
    {
        cout <<"自定义数据类型的输出:"<< endl;
        cio_test a(158,168);
        cout << a << endl;                          //直接输出类对象 a 的数据成员
    }
```

程序运行结果:

自定义数据类型的输出:
a. x1 = 158
a. x2 = 168

本例分析：该程序通过运算符重载函数实现了使用输出运算符直接输出类对象的数据成员的功能。重载函数的第二个参数是引用,主要是为了减少调用时系统的开销,因为无论是结构体还是类对象,自定义数据类型一般具有多个数据成员,如果使用普通对象作为参数,在调用时需要传递多个数据成员的值,将消耗更多的内存及时间,而使用引用作为参数只需传递对象地址即可完成类对象多个数据成员的传递。

由于在类的定义中可以包含私有数据成员,为了保证数据成员的访问属性,一般将运算符重载函数(包括输入运算符重载函数和输出运算符重载函数)定义为友元函数。

9.4.2 输入运算符重载

C++通过重载输入运算符"＞＞"的方法,可以使用提取运算符"＞＞"直接实现包括类对象在内的用户自定义数据类型的输入功能。

输入运算符"＞＞"重载函数的格式如下:

```
    istream &operator <<(istream &in, class_name &obj)
    {
        in << obj.变量名 1;
        in << obj.变量名 2;
                    ⋮
        in << obj.变量名 n;
        return in;
    }
```

与输出运算符重载一样,为保证对私有数据成员的访问属性,输入运算符重载函数也需要定义为类的友元函数。

【例 9-11】 输入运算符"＞＞"重载举例。

```
//examplech911.cpp
# include < iostream. h >
class cio_test
{
```

```
    private:
        int x1;
        int x2;
        int x3;
    public:
        cio_test(int i1,int i2,int i3)
        {
            x1 = i1;
            x2 = i2;
            x3 = i3;
        }
        friend istream &operator >>(istream &is,cio_test &obj);
        friend ostream &operator <<(ostream &os,cio_test obj);
};

    istream &operator <<(istream &is,cio_test &obj)
    {
        cout <<"输入对象的各数据成员值:";
        is >> obj.x1;
        is >> obj.x2;
        is >> obj.x3;
        return is;
    }

    ostream &operator <<(ostream &os,cio_test obj)
    {
        os <<"a.x1 = "<< obj.x1 << endl;
        os <<"a.x2 = "<< obj.x2 << endl;
        os <<"a.x3 = "<< obj.x3 << endl;
        return os;
    }

    void main()
    {
        cout <<"自定义数据类型的输入/输出:"<< endl;
        cio_test a(18,158,168);
        cout << a << endl;              //直接输出类对象 a 的数据成员
        cin >> a;                       //直接更新(输入)类对象 a 的数据成员
        cout << a << endl;              //输出类对象 a 的数据成员
    }
```

程序运行结果:

```
自定义数据类型的输入/输出:
a.x1 = 18
a.x2 = 158
a.x3 = 168
输入对象的各数据成员值:
128 200 258
a.x1 = 128
a.x2 = 200
a.x3 = 258
```

本例分析：该程序分别定义了输入/输出运算符重载函数,使之适用于类对象的输入/输出。需要注意的是,为保证对私有数据成员的访问属性,输入/输出运算符重载函数都应定义为类 cio_test 的友元函数。

9.5 本章小结

数据的输入/输出可以理解为字符序列在计算机内存与外设之间的流动,C++将这种数据从一个对象到另一个对象的流动抽象为流,将实现设备之间交换信息的类称为流类,C++提供了支持输入/输出操作的 I/O 流类库,简称为 I/O 流库。

I/O 流库包括两个平行的基类 ios 类和 streambuf 类,其他流类均由这两个基类派生而来。ios 类有输入流类 istream 和输出流类 ostream 两个直接派生类,这两个流类都是流库中的基本流类。标准输入流对象 cin 与键盘设备相关联,标准输出流对象 cout 与屏幕设备相关联。streambuf 具有 filebuf、strstreambuf 和 stdiobuf 3 个派生类,主要作用是提供对缓冲区底层操作的支持。

基本数据类型可以使用预定义的流类对象 cin 和 cout 以及插入运算符">>"和提取运算符"<<"实现输入和输出功能,有两种方法可以实现输入/输出格式控制：一种是通过 ios 类的成员函数,另一种方法是通过 C++ 的操作符函数,而且用户还可以根据需要自定义操作符函数,实现较复杂的输入/输出功能。此外,C++ 还可以通过重载输入运算符和输出运算符实现自定义数据类型的输入/输出,为保证对私有数据成员的访问属性,一般将运算符重载函数定义为友元函数。

按数据的组织形式,C++ 文件可分为文本文件和二进制文件。文本文件又称为 ASCII 码文件,它的每一个字节以 ASCII 码形式存放一个字符,代表一个字符。二进制文件是以计算机内部的二进制形式存储字符和数据。在进行文件输入/输出操作时,必须首先创建一个输入/输出流,并将创建的流与文件相关联(即打开文件),才可以对文件进行读/写操作,操作完成后需要关闭所打开的文件。

9.6 思考与练习题

1. 什么是流？什么是流类？在 C++ 中用什么方法实现数据的输入/输出？

2. C++ 中的 I/O 流库由哪些类组成？其类的层次关系如何？

3. C++ 系统预定义的流类对象有哪些？ cerr 和 clog 有何区别？

4. 在 C++ 中进行格式化输入/输出的方法有哪几种？各是怎样实现的？

5. ios 类中的格式状态位有哪些重要作用？怎样进行状态位设置？

6. 操作符具有哪些功能？怎样使用操作符？

7. 根据以下程序代码分析程序的运行结果：

```
//xt907.cpp
# include < iostream. h >
# include < iomanip. h >
```

```
void main()
{
    int n;
    n = 2005;
    cout << setw(8) << n << endl;
    cout << n << endl;
}
```

8. 编写程序,实现从键盘输入一个十进制数,分别以八进制数和十六进制数大小写等4种形式输出,输出采用左对齐格式。

9. 根据以下程序代码分析程序的运行结果:

```
//xt909.cpp
# include < iostream. h>
# include < iomanip. h>
void main()
{
    int n;
    n = 2558;
    cout. setf(ios::hex);
    cout << setw(8) << n << endl;
    cout. setf(ios::uppercase);
    cout << n << endl;
    cout. setf(ios::dec);
    cout << n << endl;
}
```

10. 在 C++中进行文件输入/输出的过程主要有哪些?

11. 什么是文件、文本文件以及二进制文件?

12. 使用 I/O 流以文本方式建立文本文件 text1. txt,然后向建立的文本文件写入信息"这是一个刚建立的文本文件!",并使用 Windows 记事本应用程序打开,查看信息是否成功写入。

13. 根据以下程序代码分析程序的运行结果:

```
//xt913.cpp
# include < iostream. h>
# include < fstream. h>
# include < stdlib. h>
# include < iomanip. h>
void main()
{
ifstream incth;
incth. open("test1. dat", ios::in);
if(! incth)
{
    cerr <<"Error! Cannot open file!"<< endl;
    exit(1);
}
char ch;
int total;
```

```
    total = 0;
    while(!incth.eof())
    {
        incth >> ch;
        cout << ch;
        total++;
    }
    cout << endl;
    cout <<"the amount of char is:"<< total << endl;
    }
```

14. 使用 C++ 语言的 I/O 流类的 open 函数打开文件，对于 ifstream 类，文件的使用方式（mode 参数）采用默认值，文件打开后能进行哪些操作？

15. 根据以下程序代码写出程序的运行结果：

```
//xt915.cpp
# include < iostream. h >
# include < iomanip. h >
ostream &cout1(ostream &stream)
{
    stream.setf(ios::left);
    stream << setw(8) << hex << setfill(' * ');
    return stream;
}
void main()
{
    int n;
    n = 251;
    cout << n << endl;
    cout << cout1 << n << endl;
}
```

16. 当使用 open 函数打开文件时，mode 参数为 ios::nocreate 和 ios::noreplace 各有何特点？

第10章

异常处理

人们在使用不同软件系统时可能会遇到各种异常或错误,软件运行中产生的异常给应用带来了不便,因此,软件设计过程中,在保证软件能正确完成任务的同时,还应该使之具有良好的容错性。所谓容错性是指软件的一种执行能力,即软件不仅能在正确的环境和正确的操作下运行正确,还能在环境出现异常或用户使用不当时合理地处理运行过程中可能出现的各种异常,而不会产生意想不到的后果,将软件因异常产生的影响降至最低。

由于目前软件技术和软件环境本身并非尽善尽美,软件产生错误的可能性始终存在。因此,在软件设计阶段,开发人员就应当充分分析各种可能出现的异常或错误,并给予合理的处理,这就是通常所说的异常处理。本章围绕异常处理方法,主要介绍异常处理的任务与思想、异常处理的实现与应用、异常处理中的构造与析构以及 C++标准异常类等内容。

10.1 异常处理的任务与思想

现在,信息技术已经应用到了国民经济和社会生活的各个方面,但程序运行时常常会产生各种异常与错误,如果能对这些错误进行合理的处理,将显著地提高软件的应用性能。实际上,程序运行中的各种异常通过分析完全可以预料,例如计算机内存空间不足、硬盘文件破坏、打印机未连接等许多由系统运行环境造成的错误,都可以在程序设计阶段经过分析予以考虑,根据异常的不同情况进行有效的处理,包括给出适当的提示信息、允许用户排除环境错误、继续运行程序等,这些都是异常处理的基本任务。

10.1.1 传统的异常处理方法

软件运行中的异常包括各种各样的错误,也包括某些很少出现的特殊情况或事件。为了处理异常,在传统的程序设计方法中通常采用系统提供的中断函数或指令,如表 10-1 所示。当被调用函数发生异常或产生错误时返回一个特定的值,以便调用函数在检测到错误标志后做出处理,或当错误产生时释放所有资源,结束程序的运行。

表 10-1　常用中断函数或指令

函数原型/指令	功　能	头文件
void abort()	中断程序执行,返回主 C++窗口	stdlib. h
void assert(表达式)	若表达式的值为 false,则中断程序执行,并显示中断所在的文件和行号	assert. h
void exit(状态)	中断程序执行,返回退出代码(状态值)	stdlib. h
return 表达式	终止函数执行,返回表达式的值	

【例 10-1】 无异常处理机制的错误处理方式。

```cpp
//examplech1001.cpp
# include < iostream.h>
double div(double,double);
void main()
{
    double x,y;
    cout <<"Please input y = ";
    cin >> y;
    cout <<"Please input x = ";
    cin >> x;
    if(x == 0)
        cout <<"Divided by zero,Error!"<< endl;
    else
    {
        cout <<"q = "<< div(x,y)<< endl;
        cout <<"End of the program."<< endl;
    }
}
double div(double x,double y)
{
    return y/x;
}
```

程序运行结果：

```
Please input y = 18.0
Please input x = 0
Divided by zero,Error!
End of the program.
```

　　传统异常处理方法的优点是异常处理直接，系统运行开销小，适用于处理简单的局部错误与异常；不足之处是异常处理代码分布于程序中可能出错的各个地方，异常处理代码与系统的功能代码互相混杂在一起，降低了程序的可读性与可维护性，不适用于大型软件的开发，也不符合现代软件工程的理念。

10.1.2　C++异常处理机制

　　在大型软件开发实践中，由于函数之间具有各自明确的分工并可能存在调用关系，发生错误的函数可能不便于或不具备处理错误的条件。因此，最好的解决方法是在软件设计的分析阶段就开始综合分析软件的任务，对于捕获的异常或错误，在最适宜之处对异常进行处理，使软件因异常产生的代价最小，并以合理的方式解决异常。

C++异常处理机制的基本思想是将异常检测与异常处理分离,即产生异常的函数不一定需要具备异常处理能力,当一个函数发生异常时,它抛出所发生的异常或错误,由调用者捕获或处理异常,若上层调用函数仍不便于处理异常,还可以进一步抛出异常,按调用层次关系传递给更上一层处理,一直可以传递到 C++ 运行系统,由系统终止程序的运行。显然,一旦产生异常,没有异常处理机制时产生的代价比拥有异常处理机制时要高。

C++异常处理机制是一种不唤醒机制,即抛出异常的函数或模块一旦将异常抛出,将不再恢复程序的运行,系统将有序地释放调用链上的资源,包括函数调用栈的释放、执行析构函数删除已建立的对象等。

C++ 的异常处理机制可以捕获各种类型的异常。图 10-1 表明了 C++异常处理模式,函数 A_1、A_2、$\cdots$、A_{n-1}、A_n 形成了一个函数调用链。A_n 可以向它的调用者 A_{n-1} 抛出异常,如果 A_{n-1} 不能处理,可以向 A_2,直至向 A_1 抛出异常,由 A_1 进行异常处理,并释放由 A_{n-1} 至 A_1 调用链上的资源。

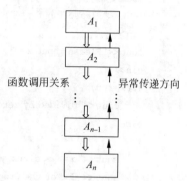

图 10-1　C++异常处理模式

C++ 的异常处理机制要求在软件设计中就合理地考虑可能产生的各种异常,异常的产生和处理可以不在同一处,而是在最适于处理之处进行异常处理,使软件不同部分的处理能力得到充分的发挥,如具有底层功能的函数可以重点解决具体问题,而不必过多地考虑异常处理方法,在其他方便之处可以设计异常处理代码专门处理可能产生的各种异常。

异常处理机制在 C++语法的支持下,由软件开发人员自己控制,因此,在软件设计的分析阶段就应当充分分析可能产生的各种异常与错误,使软件因异常产生的影响降至最低,从而使软件更具健壮性。

10.2　C++异常处理的实现

C++语言提供了对异常处理机制的内部支持,由 try、throw 和 catch 语句提供了 C++用于实现异常处理的机制。在异常处理机制的支持下,可以更合理、更有效地处理程序运行过程中存在的各种异常现象,从而使程序能更好地从这些异常现象中恢复过来。

10.2.1　异常处理语法

try-throw-catch 是 C++异常处理机制的实现语句,其中 3 个单词都是异常处理的关键词。程序中可能产生异常的部分应包含于 try 语句块之中,异常由紧随其后的 catch 语句块捕获和处理,而 throw 语句的作用是抛出异常。

异常处理程序的使用形式如下:

```
try
{
    语句;
}
catch (类型 1,参数 1)
{
    与类型 1 相关的异常处理语句;
}
catch (类型 2,参数 2)
{
    与类型 2 相关的异常处理语句;
}
            ⋮
catch (类型 n,参数 n)
{
    与类型 n 相关的异常处理语句;
}
```

throw 表达式的使用形式如下:

```
throw 表达式;
```

从 try-throw-catch 语句的使用格式可以看出,try 语句块实际上是程序代码的保护段,表明该程序段在执行过程中可能会产生异常或出现错误。在软件设计过程中通过分析,若预料某段程序代码或某个函数可能发生异常或错误,应当将其置于 try 语句块之内,一旦该代码段或函数在调用过程中产生了异常情况,throw 语句将抛出这个异常,并通过 throw 之后的表达式返回一个值。

当程序的某一代码段或函数出现了自己不能处理的异常时,可以使用"throw 表达式"将异常抛出。关键词 throw 之后的"表达式"表示异常类型,它在语法上与 return 语句的"表达式"值类似。需要注意的是,throw 语句表达式的值不能用来区分不同的异常,因此,当程序要抛出多个异常时,应该用不同类型的表达式值相互区别。

catch 语句块是异常处理程序代码,捕获和处理由"throw 表达式"所抛出的异常。catch 之后的异常类型声明可以是任何有效的数据类型,它与函数的形参类似,既可以是 int、float、double 等某个类型的值,也可以是引用及 C++的类。类型声明用于指定 catch 语句块所处理异常的类型。当异常被抛出以后,catch 语句块依次被检查,若某 catch 语句块的异常类型声明与被抛出的异常类型一致,则执行该异常处理程序段。

catch 处理程序出现的顺序很重要,因为在一个 try 语句块内,异常处理程序将按照它出现位置的先后顺序进行检查。若找到一个匹配的异常类型,后面的异常处理都将被忽略。

如果异常类型声明是一个省略号(…),则表示 catch 语句块可以处理任何类型的异常,类型为省略号的 catch 处理程序必须是 try 块的最后一段处理程序。

【例 10-2】　异常处理机制的应用。

```
//examplech1002.cpp
```

```
# include < iostream. h>
double div(double,double);
void main()
{
    double x,y;
    try                                    //try 语句块
    {
        cout <<"Please input y = ";
        cin >> y;
        cout <<"Please input x = ";
        cin >> x;
        cout <<"q = "<< div(x,y)<< endl;
    }
    catch(double)                          //捕获异常
    {
cout <<"Divided by zero,Error!"<< endl;
}
cout <<"End of the program."<< endl;
}

double div(double x,double y)
{
    if(x == 0)
            throw y;                       //若 x = 0,抛出异常
    return y/x;
}
```

程序运行结果：

```
Please input y = 5.8
Please input x = 0
Divided by zero,Error!
End of the program.
```

本例分析：若用户输入的被除数为 0,函数 div()将发生除以零的异常,由 throw 抛出异常,由 catch 语句捕获异常,执行异常处理语句。C++的异常处理机制是一种不唤醒机制,在执行完异常处理语句之后,不再返回 div()函数继续执行后续语句。

从上述程序的异常处理流程可以发现,在一般情况下,异常处理的执行过程如下：

(1) 控制通过正常的顺序执行到 try 语句,然后执行 try 块内的保护段。

(2) 若保护段在执行期间没有产生异常,则 try 语句块后的 catch 语句块不会被执行,程序从最后一个 catch 语句块后面的语句继续执行。

(3) 若保护段在执行期间或在保护段调用的任何函数中(直接或间接的调用)有异常抛出,则从通过 throw 操作数创建的对象中创建一个异常对象(可能包含一个复制构造函数)。然后寻找 catch 语句块或一个能处理任何类型异常的 catch 处理块。catch 语句块按其出现的顺序被检查,如果没有匹配的 catch 处理块,则继续检查下一个动态封闭的 try 块,直到最外层的封闭 try 块被检查完。

（4）若没有匹配的 catch 处理块，则 terminate 函数将被自动调用，而 terminate 函数的默认功能是调用 abort 函数终止程序。

（5）若有匹配的 catch 处理块，且它通过值进行捕获，则其形参通过复制异常对象进行初始化；如果它通过引用进行捕获，则形参被初始化为指向异常对象。在形参被初始化之后，堆栈解退的过程开始运行，这包括对那些在与 catch 处理器相对应的 try 块开始和异常抛出点之间创建的、尚未析构的所有自动对象进行析构，然后执行 catch 处理程序。

【例 10-3】 多种异常的检测。

```cpp
//examplech1003.cpp
# include < iostream. h >
double judgement(char * ptr, int age, double s);
void main()
{
    char name[20];
    double salary;
    int age;
    cout <<"Please input name:"<< endl;
    cin >> name;
    cout <<"Please input age:"<< endl;
    cin >> age;
    cout <<"Please input salary:"<< endl;
    cin >> salary;
    if(judgement(name, age, salary))
    {
        cout <<"name = "<< name << endl;
        cout <<"age = "<< age << endl;
        cout <<"salary = "<< salary << endl;
    }
    cout <<"End of the program."<< endl;
}

double judgement(char * ptr, int a, double s)
{
    bool logic;
    logic = 't';
    try
    {
        if(a < 16) throw a;
        if(s < 1580) throw s;
    }
    catch(int a)
    {
        logic = 'f';
        cout <<"职工年龄小于 16 岁,违反劳动法!"<< a << endl;
    }
    catch(double s)
```

```
        {
            logic = 'f';
            cout << "工资低于本市最低工资 1580 元,违反劳动法!" << s << endl;
        }
        return logic;
}
```

程序运行结果：

```
Please input name:
wangwei
Please input age:
15
Please input salary:
580
职工年龄小于 16 岁,违反劳动法!
End of the program.
```

本例分析：该程序可以处理两种类型的异常。若职工年龄小于 16 岁或工资低于劳动法规定的最低工资,都违反劳动法,如果出现这两种情况中的任何一种,都将抛出异常并由相应的 catch 块处理异常。catch 语句的异常匹配根据语句中的类型进行匹配,而不是其参数值。

10.2.2　异常处理接口

C++程序设计中经常会发生函数调用,程序员在调用函数时除需要了解函数参数值和返回值类型之外,当函数有异常抛出时,还需要知道函数抛出异常的方式,以便调用函数（主调函数）对异常进行处理,因此,对函数异常接口的声明进一步提高了程序的可读性。

现在,异常的抛出、捕获和处理已经成为函数接口的一部分,因此,在函数原型中需指定函数可以抛出的异常类型。

下面介绍指定函数所抛出异常的几种形式。

1. 指定异常类型

类型　函数名（参数表）　throw(A_1，A_2，…，A_n)；
该函数原型声明表明可以抛出的异常类型为 A_1、A_2、…、A_n 及这些类型的子类型异常。

2. 抛出任意类型的异常

类型　函数名（参数表）；
该函数原型没有 throw 说明,使用该函数可以抛出任意类型的异常。

3. 不抛出异常

类型　函数名（参数表）　throw()；
throw 之后是一个空表,该函数原型声明表示该函数不抛出任何类型的异常。

10.3　异常处理中的构造与析构

使用 C++异常处理机制不仅能处理各种不同类型的异常,而且能处理构造函数异常,即 C++异常处理机制具有为抛出异常前构造的所有局部对象自动调用析构函数的能力。

对于异常处理中的构造和析构,主要考虑以下几种情况:

(1) 若所抛出的异常是一个对象,则捕获和处理异常时,异常处理器要访问所抛出对象的复制构造函数。

(2) 如果在构造函数中抛出异常,对于抛出异常之前要构造的对象需要调用析构函数,而且对于抛出异常之前每个 try 块中构造的局部对象要调用析构函数。

(3) 发生异常时,若有匹配的 catch 处理块,且它通过值进行捕获,则其形参通过复制异常对象进行初始化。如果它通过引用进行捕获,则其形参被初始化为指向异常对象。

(4) 如果对象有成员函数,而且异常在外层对象构造完成之前抛出,则执行发生异常之前所构造成员对象的析构函数。如果发生异常时部分构造了对象数组,则只调用已构造数组元素的析构函数。

【例 10-4】　标准异常类的应用。

```cpp
//examplech1004.cpp
#include<iostream.h>
void TestFun();
class TestA
{
  public:
    TestA()
    {
    cout <<"Constructing TestA..."<< endl;
    };
    ~TestA()
    {
    cout <<"Destructing TestA"<< endl;
    };
    void Display()
    {
        cout <<"Class TestA Exception!"<< endl;
    }
};
class TestB
{
public:
    TestB();
    ~TestB();
};
TestB::TestB()
{
    cout <<"Constructing TestB"<< endl;
}
```

```
TestB::~TestB()
{
    cout <<"Destructing TestB"<< endl;
}


void TestFun()
{
    TestB tb;
    cout <<"Throw TestA Exception!"<< endl;
    throw TestA();
}
void main()
{
    cout <<"Now Enter main()"<< endl;
    try
    {
        cout <<"Now Call TestFun()"<< endl;
        TestFun();
    }
    catch( TestA ta )
    {
        cout <<"An TestA Exception Occurred!"<< endl;
        ta.Display();
    }
    catch(...)
    {
        cout <<"Other Exception Occurred!"<< endl;
    }
    cout <<"Return main()"<< endl;
}
```

程序运行结果：

```
Now Enter main()
Now Call TestFun()
Constructing TestB
Throw TestA Exception!
Constructing TestA…
Destructing TestA
Destructing TestB
An TestA Exception Occurred!
Class TestA Exception!
Destructing TestA
Destructing TsetA
Return main()
```

本例分析：这是一个具有构造和析构的异常处理程序，程序中含有两个 catch 语句块，第一个 catch 语句捕获和处理类异常，第二个 catch 语句块没有参数，可以捕获任意类型的异常。

10.4 C++标准异常类

C++标准库提供了包括 exception 类在内的 9 个标准异常类,其中,exception 类是异常类的基类,该类的成员函数都包含一个没有指定异常列表的 throw()。基类 exception 的框架代码如下:

```
class exception
{
public:
    exception() throw();                    //声明构造函数
    exception(const exception &rhs) throw(); //复制构造函数
    exception & operator = (const exception & rhs) throw();
    virtual ~ exception() throw()
    virtual const char * what() const throw();
}
```

在异常类 exception 中含有成员函数 what(),该函数可以被 exception 类及该类的其他派生类重载,用于返回一个描述异常的字符串常量。除 exception 类之外,其他异常处理类如表 10-2 所示。

表 10-2　C++标准库异常类

类	描 述	类	描 述
domain_error	处理运行时的域异常	out_of_range_ error	处理运行时的越界异常
invalid_argument	处理运行时的参数异常	overflow_error	处理向上溢出异常
length_error	处理运行时的长度异常	range_error	处理范围异常
logic_error	处理逻辑异常	underflow_error	处理向下溢出异常

【例 10-5】 标准异常类的应用。

```
//examplech1005.cpp
# include < iostream >
# include < exception >
using namespace std;
void main()
{
    try
    {
        exception exceptionError;              //声明一个 C++标准异常类对象
        throw(exceptionError);
    }
    catch(const exception &exceptionError)
    {
        cout << exceptionError.what()<< endl;//调用 what()成员函数显示错误原因
    }
    try
    {
        range_error rangeError("RangeError!");
```

```
            throw(rangeError);
        }
        catch(const exception &rangeError)
        {
            cout << rangeError.what()<< endl;
        }
        try
        {
            logic_error LogicError("LogicError!");
            throw(LogicError);
        }
        catch(const exception &LogicError)
        {
            cout << LogicError.what()<< endl;
        }
    }
```

程序运行结果：

```
Unknown exception
RangeError!
LogicError!
```

本例分析：该程序示例了 C++标准库中 exception、range_error 和 logic_error 3 种异常类的用法，在使用标准库的异常类进行异常处理时，首先需要声明该异常类的对象，然后抛出异常并处理异常，成员函数 what()用于显示异常原因。

【例 10-6】 多路异常捕获的应用。

```
//examplech1006.cpp
# include < iostream. h >
# include < string. h >
class String
{
public:
    String(char * str, int si);
    class exception1                        //嵌套类 exception1
    {
    public:
        exception1(int j)
        {
            e1 = j;
        }
        int e1;
    };

    class exception2                        //嵌套类 exception2
    {
    public:
        exception2()
```

```
            {
                e2 = 0;
            }
            double e2;
        };

        char &operator[](int k)
        {
            if(k >= 0&&k < len)
                return p[k];
            throw exception1(k);
        }
private:
    char * p;
    int len;
    static int max;
};

int String::max = 28;                    //静态变量赋初值
String::String(char * str,int si)
{
    if(si < 0||si > max)
        throw exception2();
    p = new char[si];
    strncpy(p,str,si);
    len = si;
}

void display(String &str)
{
    int num = 10;
    for(int n = 0;n < num;n++)
        cout << str[n];
    cout << endl;
}

void fun()
{
    try
    {
        String s("aaaaaaaaaaaaaaaaa",10);
        display(s);
    }
    catch(String::exception1 abnormal)
    {
        cout <<"out of range:"<< endl;
        cout <<"Exception One:"<< abnormal.e1 << endl;
    }
    catch(String::exception2 abnormal2)
    {
        cout <<"Size Error!"<< endl;
```

```
            cout <<"Exception Two:"<< abnormal2.e2 << endl;
        }
        cout <<"Continued Here."<< endl;
    }

    void main()
    {
        fun();
        cout <<"End of the program."<< endl;
    }
```

程序运行结果：

```
aaaaaaaaaa
Continued Here.
End of the program.
```

本例分析：String 类包含了两个内嵌的异常类(称为嵌套类)exception1 和 exception2，嵌套类的成员函数可以在包含该类的外部定义。该程序可以捕获多路异常，若在函数 fun 中抛出了异常，该异常的类型与 catch 参数的数据类型匹配，由相应的 catch 块捕获异常。如果下标值超出范围，则下标运算符"[]"抛出一个 exception1 异常。如果 String 构造函数的参数 si 不在给定的范围内，则抛出一个 exception2 异常。若将 try 语句块中的第一条语句修改为"String s("aaaaaaaaaaaaaaaaaa",30)"，则参数 si 不在给定的范围内，抛出 exception2 异常。

10.5　本章小结

异常包括程序运行中产生的各种各样的意外和错误，也包括某些很少出现的特殊情况或事件。为了处理异常，传统的程序设计方法通常采用系统提供的中断函数或指令。这种异常处理方法的优点是异常处理直接、系统运行开销小，适用于处理简单的局部异常；不足之处是异常处理代码分布于程序可能产生异常的各个地方，异常处理代码与系统功能实现代码互相混杂在一起，降低了程序的可读性与可维护性，不适用于大型软件的开发。

在大型软件中，由于函数之间具有各自明确的分工并存在调用关系，发生异常的函数可能不便于或不具备处理条件。C++异常处理机制的基本思想是将异常检测与异常处理分离，即产生异常的函数不一定需要具备异常处理能力，当一个函数发生异常时，它抛出所发生的异常，由调用者捕获或处理异常，若上层调用函数仍不便于处理异常，还可以进一步抛出异常，按调用层次传递给更上一层处理。由于将异常置于最适合处理处进行处理，软件因异常产生的影响和代价最小。

try-throw-catch 语句是 C++抛出和捕获异常的基本语法，由 throw 语句抛出产生的异常，由 catch 语句块捕获和处理异常。一旦程序中有异常抛出，try 语句块的执行会被终止，并执行 catch 语句块。若在 catch 语句块中没有终止程序执行的语句，则执行完 catch 语句块后继续执行 catch 之后的语句。若程序没有抛出异常，则 catch 语句块被忽略。C++异常处理机制不仅能处理多种类型的异常,而且具有为异常抛出前构造的所有局部对象自动调用析构函数的能力。

为了提高程序的可读性,若函数有异常抛出,在发生函数调用时,程序员除需了解函数参数值和返回值的类型外,还需要知道函数抛出异常的方式,从而便于调用函数对异常进行处理。C++标准库提供了包括 exception 类在内的 9 个标准异常类,且 exception 类是其他异常类的基类。

10.6 思考与练习题

1. 什么是软件执行中的异常? 什么是异常处理?

2. C++的异常处理机制与一般的异常处理方法相比,具有哪些优点?

3. 常用的中断函数有哪些? 各有何作用?

4. 试说明 try、catch 和 throw 语句的使用格式。

5. 用 try、catch 和 throw 语句实现求解实系数一元二次方程($ax^2+bx+c=0$)的实数根,当方程没有实数根时产生异常,由 throw 抛出异常,由 catch 语句块捕获异常。

6. 定义一个异常类 Exception,其成员函数 Display 用于显示异常类型,并定义函数 ExcpFun 用于触发异常,在 main()函数的 try 语句块中调用 ExcpFun 函数,实现并测试这个类。

第11章

Visual C++应用简介

Visual C++是微软公司推出的基于C++的高效集成开发工具,它是Visual Studio中功能最强大、代码效率最高的软件开发工具。程序员可以利用Visual C++以两种方式开发Windows应用程序:一种是基于Windows应用程序接口(Application Programming Interface,API)函数的编程模式,用C/C++编写Windows应用程序,虽然程序代码的效率高,但开发难度和工作量大;另一种是基于MFC编程模式,用C++编写Windows应用程序,这是目前广泛流行的Windows应用程序开发方式。

Visual C++的应用程序向导AppWizard可用于创建基于MFC的应用程序,自动生成各种Windows应用程序的基本框架,在此基础上,开发人员只需根据应用程序的特定需求添加相应的代码即可实现有关功能,因此,MFC有效地简化了软件开发的难度,提高了编程效率。此外,MFC提供的标准类库及各成员函数,可以处理各种常用的Windows标准任务,如工具栏、状态栏、OLE支持、窗口生成、Active控件和消息处理等,利用MFC可以实现各种既定任务和复杂的功能。本章将在介绍Visual C++开发环境的基础上,介绍Windows的多任务、多线程和基于事件驱动的编程模式,然后介绍MFC类库的组成及利用AppWizard向导创建基于MFC应用程序的方法。

11.1 Visual C++编程基础

Visual C++是微软公司推出的基于Windows平台的可视化集成开发环境,它功能强大、用户界面友好、可扩展性强、支持Internet,成为目前最流行、功能最强大的C++开发工具,本章以Visual C++ 6.0集成开发环境进行介绍。

11.1.1 Visual C++的环境介绍

在安装Visual C++ 6.0之后就可以开始编写程序了,首先单击屏幕左下角的"开始"按钮,选择"程序",从级联菜单中选择Microsoft Visual Studio 6.0,然后单击Microsoft Visual C++ 6.0命令(如图11-1所示),就进入了Visual C++ 6.0开发环境。由于没有打开任何程序,其主窗口是空白的,这时用户可以打开任何一个程序,例如打开CCthDemo工程,这是一个已经完成的程序,这时主窗口如图11-2所示。

从图11-2可以看出,Visual C++ 6.0的开发环境由标题栏、菜单栏、工具栏、项目工作区窗口、源程序编辑区窗口、输出窗口以及状态栏7部分组成。

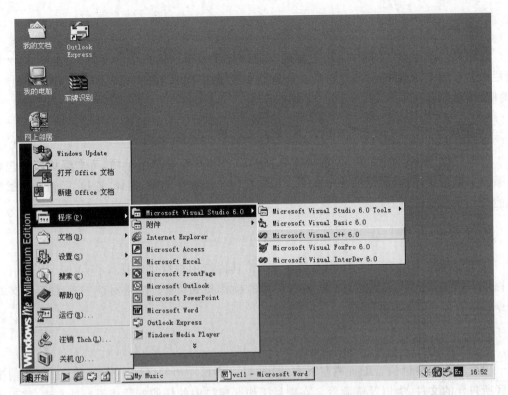

图 11-1 运行 Visual C++ 6.0

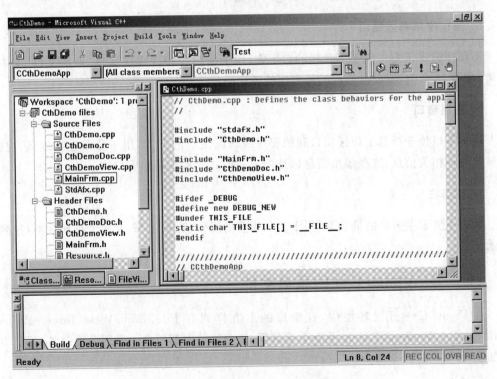

图 11-2 打开 Visual C++ 6.0 工作区后的主窗口

1. 标题栏

标题栏位于主窗口的顶端，用于显示当前源程序编辑区窗口中的文件名，如图 11-2 标题栏中显示的 CCthDemoApp，同时在标题栏的右边依次有"最小化"、"最大化（还原）"和"关闭"按钮。

2. 菜单栏

菜单栏位于标题栏的下方，它包括 File、Edit、View 等 9 个菜单项，每个菜单项都包含一系列菜单命令，功能详尽的菜单命令为用户提供了源程序编辑、编译、连接、运行及调试等功能。

3. 工具栏

几乎所有的 Windows 应用程序都有一个工具栏给用户提供快捷操作，Visual C++ 6.0 也提供了功能强大的工具栏，它包含一系列的操作按钮，每个按钮对应一些常用的菜单命令。

4. 项目工作区窗口

项目工作区窗口位于工具栏左下方（即图 11-2 中部左边的区域部分），用于显示当前工作区所包含的文件、类以及资源等。在项目工作区窗口中的任何标题或图标处右击，将弹出相应的快捷菜单，显示当前状态下可以进行的操作。

5. 源程序编辑区窗口

源程序编辑区窗口位于工具栏的右下方，用于编辑各种源程序文件、资源文件、文本文件等，在图 11-2 中，该窗口显示的是程序的源代码。

6. 输出窗口

输出窗口位于项目工作区窗口和源程序编辑区窗口的下方，用于显示包括编译、连接、调试等各种相关信息，这些输出信息以选项卡的形式显示在输出窗口中。

7. 状态栏

状态栏位于主窗口的最底部，用于显示当前的操作状态、注释、文本光标所在的行/列等提示信息。

11.1.2　Visual C++ 的菜单功能

在 Visual C++ 开发环境中，在窗口的上方排列有 File、Edit、View、Insert、Project、Build、Tools、Window 和 Help 共 9 个菜单项，每个菜单项都包含一系列菜单命名，其基本功能如表 11-1～表 11-9 所示。

1. File 菜单

File 菜单主要处理与文件和项目工作区有关的操作,功能如表 11-1 所示。

表 11-1 Visual C++的 File 菜单功能

菜 单 命 令	快 捷 键	功 能 说 明
New	Ctrl+N	创建一个新文件工程
Open	Ctrl+O	打开一个已存在的文件
Close		关闭当前被打开的文件
Open Workspace		打开一个已存在的 Workspace
Save Workspace		保存当前被打开的 Workspace
Close Workspace	Ctrl+S	关闭当前被打开的 Workspace
Save		保存当前文件
Save As		以新文件名保存当前文件
Save All		保存所有打开的文件
Page Setup		设置文件的页面
Print	Ctrl+P	打印文件的全部或选定的部分
Recent Files		最近的文件列表
Recent Workspaces		最近的 Workspaces 列表
Exit		退出集成开发环境

2. Edit 菜单

Edit 菜单用于编辑源程序文件,如文本的复制、删除等处理,功能如表 11-2 所示。

表 11-2 Visual C++的 Edit 菜单功能

菜 单 命 令	快 捷 键	功 能 说 明
Undo	Ctrl+Z	撤销上一次编辑操作
Redo	Ctrl+Y	恢复被取消的编辑操作
Cut	Ctrl+X	将选定的文本从活动窗口剪切掉,移到剪贴板中
Copy	Ctrl+C	将活动窗口被选定的文复制到剪贴板中
Paste	Ctrl+V	将剪贴板中的内容粘贴到另一位置的文件或应用程序中
Delete		删除选定的对象或光标所在处的字符
Select All	Ctrl+A	一次性选定窗口中的所有内容
Find	Ctrl+F	查找指定的字符(串)
Find in Files		在多个文件中查找指定的字符(串)
Replace	Ctrl+H	替换指定的字符(串)
Go To	Ctrl+G	光标自动转移到指定位置
Bookmarks	Alt+F2	给文本文件加书签
Advanced		快速缩排、对指定内容进行大小写转换等编辑功能
Breakpoints	Alt+F9	编辑程序中的断点
List Members	Ctrl+Alt+T	列出所有关键字
Type Info	Ctrl+T	显示变量、函数或方法的语法
Parameter Info	Ctrl+Shift+Space	显示函数的参数
Complete Word	Ctrl+Space	给出相关关键字的全称

3. View 菜单

View 菜单主要用于改变窗口的显示方式,激活调试时所用的各窗口,其功能如表 11-3 所示。

表 11-3　Visual C++的 View 菜单功能

菜 单 命 令	快捷键	功 能 说 明
Class Wizard	Ctrl＋W	编辑应用程序中的类
Resource Symbols		浏览和编辑资源文件中的符号
Resource Includes		编辑修改资源文件名及预处理指令
Full Screen		在窗口的全屏幕方式和正常方式之间进行切换
Workspace	Alt＋0	激活 Workspace 窗口
Output	Alt＋2	激活 Output 窗口
Debug Windows		调试窗口,用于查看表达式、函数调用状态、内存及变量等
Refresh		更新选择域
Properties	Alt＋Enter	编辑当前被选定对象的属性

4. Insert 菜单

Insert 菜单主要用于工程、文件及资源的创建和添加,功能如表 11-4 所示。

表 11-4　Visual C++的 Insert 菜单功能

菜 单 命 令	快捷键	功 能 说 明
New Class		创建新类并加入到工程中
New Form		创建新表并加入到工程中
Resource	Ctrl＋R	创建各种新资源
Resource Copy		对选定的资源进行复制
File As Text		在当前源文件中插入一个文件
New ATL Object		在工程中增加一个 ATL 对象

5. Project 菜单

Project 菜单主要用于完成对文件的添加工作,功能如表 11-5 所示。

表 11-5　Visual C++的 Project 菜单功能

菜 单 命 令	快捷键	功 能 说 明
Set Active Project		激活工程
Add To Project		在工程上增加新文件、文件夹或增加数据链接等
Dependencies		编辑工程组件
Settings	Alt＋F7	编辑工程编译及调试的设置
Export Makefile		以 Makefile 形式输出可编译工程
Insert Project into Workspace		把已存在的工程插入 Workspace 窗口中

6. Build 菜单

Build 菜单主要用于应用程序的编译、连接、调试和运行等,功能如表 11-6 所示。

表 11-6　Visual C++Build 菜单功能

菜 单 命 令	快捷键	功 能 说 明
Compile xxxx. cpp	Ctrl+F7	编译 C 或 C++源代码文件
Build xxxx. exe	F7	编译和连接工程
Rebuild All		编译和连接工程及资源
Batch Build		一次编译和连接多个工程
Clean		删除中间及输出文件
Start Debug		开始或继续调试程序
Debugger Remote Connection		编辑远程调试连接配置
Execute xxxx. exe	Ctrl+F5	运行程序
Set Active Configuration		选择激活的工程及配置
Configurations		编辑工程的配置
Profile		设置 Profile 选项,显示 Profile 数据

7. Tools 菜单

Tool 菜单主要用于选择和定制集成开发环境中的一些实用工具,以改变窗口的显示方式,激活调试时所用的各窗口,功能如表 11-7 所示。

表 11-7　Visual C++的 Tools 菜单功能

菜 单 命 令	快捷键	功 能 说 明
Source Browser	Alt+F12	在选定对象或当前文本中查询
Close Source Browser File		关闭信息库
Visual Component Manager		激活 Visual Component Manager
Register Control		激活 Register Control
Error Lookup		激活 Error Lookup
ActiveX Control Test Container		激活 ActiveX Control Test Container
OLE/COM Object Viewer		激活 OLE/COM Object Viewer
Spy++		激活 Spy++
MFC Tracer		激活 MFC Tracer
Customize		定制 Tool 菜单和工具栏
Options		改变集成开发环境的各项设置
Macro		创建和编辑宏
Record Quick Macro	Ctrl+Shift+R	记录宏
Play Quick Macro	Ctrl+Shift+P	运行宏

8. Window 菜单

Window 菜单主要用于排列集成开发环境中的各窗口,打开或关闭一个窗口,使用窗口分离或重组,改变窗口的显示方式等,功能如表 11-8 所示。

表 11-8　Visual C++的 Window 菜单功能

菜 单 命 令	快捷键	功 能 说 明
New Window		为当前文件打开一个新的窗口
Split		分割窗口
Docking View	Alt+F6	启用或关闭 Docking View 模式
Close		关闭当前打开的窗口
Close All		关闭所有打开的窗口
Next		激活下一个窗口
Previous		激活上一个窗口
Cascade		多个窗口重叠出现在显示区域中
Tile Horizontally		把窗口按水平方向排列
Tile Vertically		把窗口按垂直方向排列
Windows		管理当前打开的窗口

9. Help 菜单

与 Windows 中的其他软件类似,Visual C++提供了大量详细的帮助信息,这些信息可以通过 Help 菜单查到,Help 菜单的功能如表 11-9 所示。

表 11-9　Visual C++的 Help 菜单功能

菜 单 命 令	快捷键	功 能 说 明
Contents		显示所有帮助的内容列表
Search		利用在线查询获得帮助信息
Index		显示在线文件索引
Use Extension Help		开启或关闭 Extension Help
Keyboad Map		显示所有键盘命令
Tip of the Day		显示 Tip of the Day 对话框
Technical Support		显示 Developer Studio 的支持信息
Microsoft on the Web		打开 Microsoft 在线帮助页面
About Visual C++		显示本版本的有关信息

11.1.3　Visual C++的工具栏

尽管菜单命令可以用来完成各种操作,而且其加速键提高了操作的效率,但是,使用菜单命令进行操作有时并不方便,且加速键需要用户记忆,因此,Visual C++ 6.0 的开发环境提供了工具栏操作界面。工具栏具有直观、快捷等特点,可以大大提高操作效率。

工具栏是许多与菜单命令相对应的按钮的组合,它给用户提供了一种执行常用命令的快捷方法。Visual C++ 6.0 默认显示的工具栏有 3 个,分别是标准工具栏(Standard)、类向导(WizardBar)和小型编链工具栏(Build MiniBar)。Visual C++ 6.0 拥有的工具栏非常齐全,用户可根据不同的需要选择打开或隐藏相应的工具栏,并可对工具栏的按钮及命令进行定制。显示或隐藏工具栏可以使用 Customize 对话框方式或菜单方式进行。

1. Customize 对话框方式

使用 Customize 对话框方式显示或隐藏工具栏的操作步骤如下：

（1）单击 Tools 菜单中的 Customize 菜单命令。

（2）弹出 Customize 对话框,单击 Toolbars 标签,在 Toolbars 选项卡中显示所有的工具栏名称,凡是带有选中标记(√)的都是显示在开发环境上的工具栏。

（3）若要显示某工具栏,单击该工具栏名称,则对应的复选框中会出现选中标记。同样的操作再重复一次,可删除选中标记,这样开发环境中将不再显示该工具栏。

2. 菜单方式

显示或隐藏工具栏的另一种方法是右击工具栏,这时将弹出一个包含工具栏名称的快捷菜单,该菜单中的命令及功能如表 11-10 所示,在该菜单中选择所需的工具栏即可。

表 11-10　工具栏快捷菜单命令及其功能描述

菜 单 命 令	功 能 描 述
Output	显示/隐藏输出窗口
Workspace	显示/隐藏项目工作区窗口
Standard	显示/隐藏标准工具栏
Build	显示/隐藏编链工具栏
Build MiniBar	显示/隐藏小型编链工具栏
ATL	显示/隐藏 ATL 工具栏
Resourse	显示/隐藏创建资源的工具栏
Edit	显示/隐藏编辑工具栏,它提供了书签、缩进调整、显示或隐藏空白字符等功能
Debug	显示/隐藏调试工具栏
Browse	显示/隐藏项目信息浏览工具栏
Database	显示/隐藏数据库工具栏
WizardBar	显示/隐藏向导工具栏
Customize	弹出 Customize 对话框

11.1.4　项目和项目工作区

项目(Project)也被称为工程,而是 Visual C++ 6.0 提供给用户进行编程和资源管理的重要手段。使用项目可以实现以下功能：

（1）组织管理包括源程序文件在内的所有应用程序文件。对于简单的应用程序开发,其源程序文件可以只有一个,对于较复杂的应用程序,其源程序一般不止一个,通常包括源程序文件(Source Files)、头文件(Header Files)和资源文件(Resource Files)等,这时使用项目可以帮助开发人员有效地维护这些文件。

（2）记录应用程序开发者预先设定的应用程序所使用的编译和链接选项。例如,记录把哪些库链接到可执行程序中,是否有预编译头文件等。

项目工作区是 Visual C++ 6.0 中的一个十分重要的工具,Visual C++ 以项目工作区的形式来组织项目和项目配置,例如类、资源及各种文件等。项目工作区文件(.dsw)含有工作区的定义和项目中所包含文件的所有信息。在 Visual C++ 中,项目中的各种源文件都采用文件夹的方式进行管理,并将项目作为文件夹名,在该文件夹下包含了和 Visual C++ 6.0 相关的所有文件。Visual C++ 6.0 中不同扩展名所表示的文件类型及含义如表 11-11 所示。

表 11-11　Visual C++ 6.0 中的所有相关文件

扩展名	文 件 类 型
.cpp	源程序文件
.h	头文件
.dsp	项目文件
.dsw	项目工作区文件
.opt	关于开发环境的参数文件
.aps	二进制格式的资源辅助文件
.clw	Class Wizard 信息文件
.plg	编译信息文件
.hpj	帮助文件项目
.mdp	旧版本项目文件
.bsc	浏览信息文件
.map	执行文件的映像信息记录文件
.pch	预编译文件,可以加快编译速度
.pdb	记录与程序有关的一些数据和调试信息
.exp	记录 DLL 文件中的一些信息,在编译 DLL 时生成
.ncb	无编译浏览文件

Visual C++ 6.0 的项目工作区位于主窗口的左边,主要有 ClassView、FileView 和 ResourceView 3 个标签,用于显示 ClassView 选项卡、ResourceView 选项卡和 FileView 选项卡。其中,ClassView 选项卡用于显示项目中所有关于类的信息,如类的定义、类的数据成员和类的成员函数等;ResourceView 选项卡用于显示项目中的各种资源及其层次关系;FileView 选项卡用于显示项目的所有文件。

11.2　Windows 编程概述

目前,基于 Windows 风格的软件开发方法已经成为应用程序开发中的一种具有代表性的方法。Windows 操作系统是在 DOS 系统的基础上发展而来的,与 DOS 相比,Windows 编程模式的主要特点是多任务、多线程、事件驱动、先进的内存管理机制、图形用户界面及基于资源的程序设计。

11.2.1　多任务和多线程

Windows 操作系统是一个多任务的操作系统,它具有一次运行多个应用程序的能力。Windows 操作系统的早期版本(如 Windows 3.x)是一种基于进程的多任务 16 位操作系统,而 Windows 95 及 XP 等版本的操作系统则是一种多任务、多线程的 32 位操作系统。

　　Windows 3.x是借助于各应用程序的消息循环机制实现多任务管理的,属于有限的非抢先式多任务方式,各应用程序取得消息和响应消息是平等和无优先级选择的,是一种基于进程的多任务操作系统。

　　从Windows 95开始,Windows操作系统是一种抢先式多任务、多线程操作系统。在抢先式多任务操作系统中,系统在所有运行的线程之间对CPU时间共享,以保证每个线程都可以即时访问处理器,并保证指令的连续执行。例如,用户在使用IE浏览器上网的同时,还可以进行文件复制,还可以进行打开Office文件等操作。在操作过程中,用户可以随时在以上多种操作方式之间进行切换,例如在进行Word文件操作时,可以随时查看网站登录进程或文件复制的进度等,系统不仅能随时响应,而且能保持较好的灵活性和响应。因此,Windows 95及以后版本的多任务模式是一种基于线程原理的多任务操作系统。调入内存准备执行的应用程序称为进程,每个进程可以有多个线程。一个线程包含有一组指令、相关的CPU寄存器值和一个堆栈。

11.2.2　事件驱动原理

　　Windows应用程序采用基于消息的事件驱动运行机制。事件是系统产生的动作或用户运行应用程序产生的动作,事件通过消息进行描述和标识。例如鼠标键或键盘键被按下时,系统将产生相应的特定消息,标识鼠标按键或键盘按键事件的发生。

　　Windows系统在调用应用程序时,系统首先调用WinMain()函数,如同C++程序的main()函数一样,每一个Windows应用程序都有一个WinMain()函数,该函数的主要功能是创建应用程序的主窗口,在应用程序的主窗口中必须包含用于处理Windows系统所发送的消息代码。

　　在Windows系统中,程序的执行顺序完全取决于事件的发生顺序。Windows基于消息的事件驱动程序的运行原理如图11-3所示。当操作系统开始执行一个Windows应用程序时,Windows为该应用程序创建一个消息队列,例如用户从键盘输入一个字符,或者单击鼠标、移动窗口等,在Windows系统获取该事件以后将事件转换为一个消息,并将消息放入相应的应用程序消息队列中,之后应用程序从消息队列中检索这些消息,并向应用程序主窗口发送相应的消息,应用程序主窗口中的消息处理代码根据请求对消息进行相应的处理,完成消息的响应,这个过程一直持续到程序运行结束。

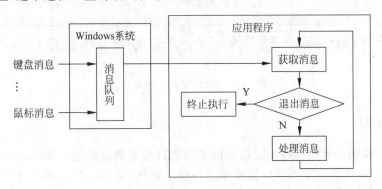

图11-3　基于消息机制的事件驱动原理

11.2.3　Windows 编程的基本概念

Windows 编程所涉及的基本概念包括窗口、消息机制、对象句柄和动态链接等。

1. 窗口

窗口是应用程序创建的一个用于接受用户输入的信息,并显示输出信息的矩形区域,该窗口由"非客户区"和"客户区"组成。其中,非客户区包括菜单栏、工具栏、状态栏、"最大化"按钮、"最小化"按钮等;客户区用于输出信息和接受用户输入的相关信息。窗口是 Windows 应用程序的基本单元,也是用户应用程序之间交互的接口,开发 Windows 应用程序必须首先创建一个或多个窗口,在此基础上,应用程序的运行过程就是窗口与系统之间、窗口与窗口之间、窗口内部进行数据处理与数据交换的过程。典型的应用程序(Word)的窗口如图 11-4 所示。

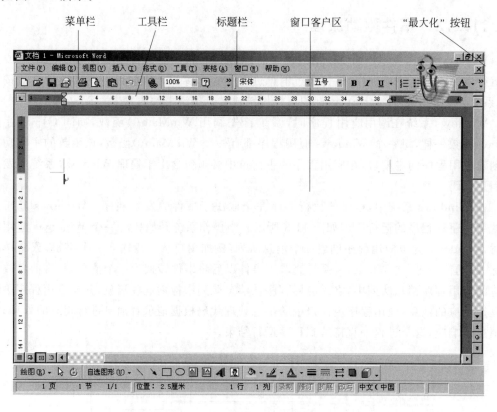

图 11-4　Word 应用程序窗口

2. 消息机制

Windows 编程与其他编程方式最大的不同之处就是消息机制。Windows 应用程序通过消息与 Windows 系统及其他应用程序进行信息交换,在 Windows 中发生的一切都可以使用消息来表示。Windows 的消息由消息号、字参数和长参数三部分组成。消息号是预先定义的消息名标识符,字参数和长参数可提供一些附加信息,它们是与消息号相关的值。

消息可分为 Windows 系统定义消息和用户自定义消息。系统定义消息是指 Windows 预定义的消息，专门用于描述各种系统预定义的事件。用户自定义消息是指程序员根据软件开发的需要定义的消息。在 Windows 中，所有消息都是通过消息名进行访问的，在系统内通过 #define 语句将不同消息名与特定的数值相联系。而且，Windows 对系统所定义的不同消息采用不同的前缀，例如，WM 前缀表示窗口消息，BM 表示按钮控制消息，LB 表示列表框控制消息。常用 Windows 窗口消息如表 11-12 所示。

表 11-12 常用 Windows 窗口消息

消　　息	含　　义
WM_ACTIVATE	将窗口变为活动或不活动时发送消息
WM_CHAR	应用程序运行时的非系统按键消息
WM_CLOSE	关闭窗口时发送消息
WM_COMMAND	用户执行操作时产生的消息
WM_KEYDOWN	按下非系统键时产生的消息
WM_KEYUP	释放非系统键时产生的消息
WM_LBUTTONDOWN	在窗口客户区中按下鼠标左键
WM_LBUTTONUP	在窗口客户区中释放鼠标左键
WM_LBUTTONDBLCLK	在窗口客户区中双击鼠标左键
WM_MOUSEMOVE	响应用户移动鼠标时的消息
WM_MOVE	移动窗口时产生的消息
WM_PAINT	用户重新绘制应用程序窗口或其一部分时发送消息
WM_QUIT	终止应用程序请求时的消息
WM_RBUTTONDOWN	在窗口客户区中按下鼠标右键
WM_RBUTTONDBLCLK	在窗口客户区中双击鼠标右键
WM_RBUTTONUP	在窗口客户区中释放鼠标右键
WM_SIZE	在窗口大小被改变时发送消息

在使用 Visual C++ 6.0 提供的 AppWizard 建立应用程序时，程序员只需确定需要响应的消息，并为这些消息直接调用消息处理函数或编写消息处理函数即可，而无须考虑消息和处理函数之间是怎样联系的，因为 AppWizard 应用程序框架会自动处理这些问题。

3. 对象句柄

Windows 系统的句柄(Handle)是一个 4 个字节长的整数值，用于标识应用程序中的不同对象和同类对象中的不同实例，例如一个菜单、窗口、图标、控件、内存块、输出设备或文件等。

Windows 系统的各种资源都是通过句柄来访问的。采用句柄标识对象符合 Windows 应用程序开发的特点，在 Windows 系统中，对象句柄并非对象所在的内存地址，而是系统内部索引值。例如，Windows 中的一个窗口被打开以后，对应内存中的一段内存块，在应用程序运行过程中，该内存块地址将由操作系统动态调整，但该窗口对象的句柄不会变化。因此，通过窗口对象句柄对该窗口进行访问使问题变得更加简单。

在 Windows 应用程序中，句柄的使用非常频繁，常用对象句柄如表 11-13 所示(表中句柄的类型为 void * 型，它是一个 32 位指针)。

表 11-13　Windows 常用句柄类型

类　型	含　义	类　型	含　义
HANDLE	32 位通用对象句柄	HICON	图标句柄
HBRUSH	刷子句柄	HINSTANCE	实例句柄
HCURSOR	光标句柄	HMENU	菜单句柄
HDC	设备描述表句柄	HPEN	画笔句柄
HFILE	文件句柄	HWND	窗口对象句柄

4. 动态链接

动态链接是指有关文件可以在程序运行时才被装入和链接起来,动态链接时多个应用程序可以共享同一个动态链接文件,从而使系统节约大量的内存和磁盘空间。动态链接库(DLL 文件)可以单独编译和调试,增强了程序调试的灵活性。

动态链接是与静态链接相对而言的,在 MS-DOS 操作系统中,所有应用程序的目标模块在创建过程中都被静态地链接起来,在 Windows 系统中,既支持静态链接也支持动态链接。动态链接使大型软件的开发变得非常方便,Visual C++的 MFC 类库已经将应用程序框架的所有类组合到了几个已经编译、调试好的动态链接库中。

11.2.4　GDI 简介

MS-DOS 应用程序在实现输出时,一般直接向视频存储区端口、打印机或其他输出设备端口输送数据,这种方法的缺点主要是需要为各种不同的输出设备编写不同的程序。因此,在 DOS 环境下开发应用程序时,输出功能的实现是非常复杂和困难的。

基于 Windows 的应用程序改变了这一状况,Windows 提供了一个抽象的图形界面接口,即图形设备界面,简称 GDI(Graphic Device Interface)。Windows 操作系统提供了各种显示卡、打印机、视频设备的驱动程序供用户配置使用。因此,用户在进行程序设计时只需通过图形设备接口的 GDI 函数和设备"打交道",而不必考虑与当前设备相连的显示卡、打印机或绘图仪等具体设备。无论基础硬件如何,GDI 函数都能自动匹配当前设备环境的数据结构,并自动将相应的设备环境数据结构映射到对应的硬件设备,以适应所安装的不同硬件,从而为各种硬件提供合理的图形操作结果,即在任何情况下 GDI 函数都能够产生相同输出的结果。

设备环境(Device Context,DC)是 GDI 函数中定义的一个数据结构,它包含了输出设备的绘图特征。用户通过调用 GDI 绘图函数,可以随时更改和获取 DC 中的绘图特征。例如调用 GetTextColor 函数,可以获取当前文本具有的颜色,而调用 SetTextColor 函数,可以设置文本的输出颜色。

不同硬件设备具有不同的设备环境,在利用输出设备进行输出时,必须先获得硬件的设备环境。例如要在屏幕上显示图形,Windows 程序必须获得该显示器的 DC,若通过打印机进行输出,同时还需要一个专为打印机创建的 DC。

在默认情况下,Windows 系统使用一种基于像素点的坐标系统,并以一种与设备无关的方式使用像素点,使程序与硬件分开。在这一体系中,文本被视为图形方式,这种处理方式虽然使文本输出时变得较为复杂,但可以使文本环境中的一些非常复杂的功能实现起来很容易,例如字体大小的设置和字体效果的选择变得更加灵活和方便。

11.2.5 Windows 资源

在 MS-DOS 环境下,应用程序开发需要的资源通常为数据。相对于 DOS 环境的单一数据资源需求,Windows 应用程序开发所需要的资源比较多,例如菜单、光标、位图、对话框和字符串等都是进行应用程序开发需要的资源。

资源即数据,Windows 操作系统为各种不同的资源定义了不同的数据格式,资源在资源描述文件中定义。资源描述文件是以. rc 为扩展名的 ASCII 码文件。资源描述文件既可以包含用 ASCII 码表示的资源,也可以引用其他资源描述文件(二进制文件或 ASCII 文件)。

Windows 环境下的资源主要包括菜单、工具栏、光标、对话框、图标、加速键、字符串等。在应用 Visual C++ 6.0 进行程序开发时,一般通过文本编辑器编辑源程序文件,而对于各种资源则采用可视化编辑方式,即通过各种"所见即所得"的资源编辑器进行编辑。Visual C++ 6.0 为对话框、菜单、工具栏等各种类型的资源均提供了资源编辑器进行可视化编程。

11.2.6 常用的数据类型和数据结构

Windows 应用程序的资源包含了种类繁多的数据类型,为方便用户进行 Windows 应用程序的开发,Windows. h 文件是用户调用系统的关键,它定义了 Windows 系统使用的数据类型,其中包括许多常用的数据类型和数据结构。

1. 常用的数据类型

Windows 常用的部分基本数据类型如表 11-14 所示。

表 11-14　Windows 常用的部分基本数据类型

Windows 的数据类型	对应的基本数据类型	说　　明
BOOL	Bool	布尔值
BYTE	Unsigned char	8 位无符号整数
COLORREF	Unsigned long	用作颜色值的 32 位值
LONG	Long	32 位带符号整数
LPCSTR	Const char *	指向字符串常量的 32 位指针
LPSTR	Char *	指向字符串的 32 位指针
UINT	Unsigned int	32 位无符号整数
WORD	Unsigned short	16 位带符号整数

2. 常用的数据结构

以常用的基本数据类型为基础,MFC 还定义了一些常用的 Windows 数据结构,例如 MSG、WNDCLASS、POINT 等。Windows 常用的数据结构如表 11-15 所示。

表 11-15　Windows 常用的数据结构

数 据 结 构	作　　用
MSG	应用程序消息结构
WNDCLASS	定义窗口类结构
PAINTSTRUCT	窗口用户域的绘制消息
RECT	定义矩形的左上角、右下角坐标
POINT	定义点结构
SIZE	定义矩形的尺寸(长、宽)

(1) MSG。MSG 是常用的消息数据结构,它包含了一个消息中的所有信息,既是消息发送的格式,也是 Windows 应用程序设计中最基本的数据结构之一。其定义形式如下:

```
typedef struct tagMSG
{
    HWND hwnd;                    //用于检索消息的窗口句柄
    UINT message;                 //表示消息的消息号
    WPARAM wParam;                //消息的字参数
    LPARAM lParam;                //消息的长参数
    DWORD time;                   //消息入消息队列时间
    POINT pt;                     //消息发送时的光标位置坐标
} MSG;
```

(2) WNDCLASS。WNDCLASS 结构包含了 Windows 应用程序中的一个窗口类的所有信息,也是 Windows 应用程序设计中经常使用的基本数据结构之一。Windows 应用程序通过定义窗口类确定窗口的属性,其定义形式如下:

```
typedef struct tagWNDCLASS
{
    UINT style;                   //窗口类样式,一般设置为 0
    WNDPROC lpfWndProc;           //指向窗口函数的指针
    int cbClsExtra;               //分配在窗口类结构后的字节数
    int cbWndExtra;               //分配在窗口实例后的字节数
    HINSTANCE hInstance;          //定义窗口类的应用程序的实例句柄
    HICON hIcon;                  //窗口类的图标
    HCURSUR hCursur;              //窗口类的光标
    BRUSH hbrBackground;          //窗口类的背景刷
    LPCSTR lpszMenuName;          //窗口类的菜单资源名
    LPCSTR lpszClassName;         //窗口类名
} WNDCLASS;
```

(3) POINT。POINT 结构以坐标形式定义了二维屏幕上或窗口中的一个点的 x 坐标和 y 坐标。POINT 结构同样是 Windows 应用程序设计中常用的基本结构之一,其定义形式如下:

```
typedef struct tagPOINT
{
    LONG x,y;                     //点的横坐标 x 和纵坐标 y
}
```

(4) SIZE。SIZE 结构定义了一个矩形的长度和宽度,其定义形式如下:

```
typedef struct tagSIZE
```

```
{
    int cx;                                //长度
    int cy;                                //宽度
} SIZE;
```

（5）RECT 结构。RECT 结构定义了一个矩形的区域，其中包括该矩形区域的左上角和右下角两点的横坐标 x 和纵坐标 y，其定义形式如下：

```
typedef struct tagRECT
{
    LONG left;                             //矩形区域左上角的横坐标 x
    LONG top;                              //矩形区域左上角的纵坐标 y
    LONG right;                            //矩形区域左下角的横坐标 x
    LONG bottom;                           //矩形区域左下角的纵坐标 y
}RECT;
```

11.2.7　Windows 标识符的命名方法

Windows 程序一般比较大，无论是 MFC 类库还是程序员自己开发的应用程序都应采用 Windows 标识符命名方法。Windows 程序开发采用匈牙利表示法，该表示方法由匈牙利籍的 Microsoft 著名程序员 Clarles Simonyi 提出。匈牙利表示法由以下规则组成：

（1）标识符前缀由一个或多个表示数据类型的小写字母开头，如表 11-16 所示。

表 11-16　匈牙利表示法表

前缀	数 据 类 型	前缀	数 据 类 型
a	数组	m	类的数据成员
b	布尔值	n	短整型或整型
by	无符号字符（字节）	np	短指针
c	字符（字节）	p	指针
cb	用于定义对象（一般为结构）大小的整数	l	长整型
cr	颜色的引用值	lp	长指针
cx、cy	短整数	s	字符串
dw	无符号长整数	sz	以'\0'结束的字符串
fn	函数	tm	正文大小
h	句柄	w	无符号整型
i	整型（int）	x、y	无符号整型（表示 X、Y 坐标）

（2）在标识符内，前缀之后是一个或多个单词，这些单词的第一个字母大写，表示源代码内该对象的作用。例如，lpszMyString 表示指向以 '\0' 为结束符，其名字为 MyString 的字符串长指针。

11.3　使用 MFC 向导创建 Windows 应用程序

MFC 是一个庞大的基础类库，是 Visual C++开发应用程序的重要工具。MFC 是 C++类结构的扩展，利用 MFC 应用程序设计框架可以大大减轻程序员开发 Windows 应用程序的负担。MFC 类库提供了一个被称为文档/视图结构的应用程序开发模型,即 Doc/View 模型。文档/视图模型是一种将应用程序的数据与用户界面元素分离的应用程序开发方法,它允许这两部分程序独立存在,当程序员对其中一部分进行修改的时候,不会显著地影响另一部分。

11.3.1　MFC 类库简介

虽然 API 函数为 Windows 应用程序的开发提供了统一的编程接口,但窗口的创建及消息处理等图形用户界面都需要通过手工编写程序代码才能实现,在开发 Windows 应用程序时,如果采用调用 API 函数的编程模式,应用程序的开发将非常费时、费力。为此,许多应用程序开发工具都提供了基于面向对象方法建立的类库,使程序员在可视化环境中开发图形用户界面,实现应用程序的快速开发。Microsoft 公司的 MFC 和 Borland 公司的 OWL 是两种具有代表性的应用程序开发工具,两种工具各有优/缺点,但由于微软产品线的优势及 MFC 自身的功能,MFC 已经成为 Windows 应用程序开发的重要工具。

MFC 基础类库是按照 C++ 类的结构层次进行组织的,它封装了绝大多数 Windows API 函数、数据结构和宏,并提供了 Windows 应用程序常规任务的默认处理代码。MFC 的基类提供了应用程序中的一般功能,由基类产生的派生类实现各种具体的功能。程序员无须记忆大量的 API 函数,只需将 MFC 的有关基类或派生类进行实例化并调用其成员函数就可以实现各种复杂的应用程序设计。

MFC 类库将所有图形用户界面元素以类的方式封装起来,其文档/视图模型较好地实现了数据与显示的分离。文档类用于维护和管理数据,包括数据的读取、存储与修改;视图类用于接受及显示数据,并将这些数据交给文档类进行相应的处理。

MFC 类库具有消息的自动处理功能,MFC 的框架结构通过消息映射机制将 Windows 消息直接映射到类的相应成员函数进行处理,简化了消息处理方式。

MFC 应用程序向导(AppWizard)可以方便地为用户自动生成应用程序框架,并为用户生成 MFC 派生类的消息映射及相应的消息处理成员函数的重载,简化了应用程序设计方法,开发人员只需编写少量的代码就可以实现具有强大功能的各种应用程序。

MFC 现已发展成为一个稳定和覆盖广泛的 C++ 类库,由 CObject 类作为基类,其他类大多从该基类派生而来。MFC 采用 Windows 标准的标识符命名规则及编码格式,并与面向对象技术同步发展,已经被广大 C++ 语言程序员所使用。

11.3.2　MFC 类库的层次结构

MFC 类库是一个功能强大的庞大类库,MFC 类库可以分为两大类,即 CObject 派生类和非 CObject 派生类,其中大部分类由 CObject 类派生而来。

在 MFC 类体系中,包括应用程序框架结构类、窗口类、图形设备接口类、文件和数据库类、对象输入/输出类、对象链接和嵌入类、集合类和异常类等。MFC 类库有 200 多种基类及派生类,部分 CObject 类的层次结构如图 11-5 所示。本节介绍一些常用的类,对于 MFC 类库的详细信息读者可参考 Visual C++ 6.0 的联机文档。

图 11-5　MFC 类层次结构

1. 应用程序框架结构类

MFC 应用程序结构类(Application Architecture Classes)用于构造一个应用程序的框架,它提供了应用程序开发几乎所有的通用功能。程序员通过这些类及其派生类添加新成员函数或重载已有成员函数实现各种所需要的功能。表 11-17 为部分应用程序结构类的功能。

表 11-17　部分应用程序结构类

类　别	类　名	功　能
应用和线程支持类	CWinThread	所有线程类的基类,封装了操作系统的线程功能
	CWinApp	应用程序类,提供管理整个应用程序及初始化应用程序等功能
	CSyncObject	所有同步对象类的基类
命令发送类	CCmdTarget	封装了 MFC 的消息映射机制,是所有接受和响应消息类的基类
	CCmdUI	为菜单项和控制条按钮的允许或禁止提供支持
文档类	CDocument	文档类,提供保存应用程序的数据和磁盘文件操作
	CWinApp	应用程序类,提供管理整个程序及初始化程序等功能
文档模板类	CDocTemplate	一个抽象基类,为文档模板封装了基本功能

2. 窗口类

窗口类(CWnd)是所有窗口的基类,窗口是 Windows 应用程序开发中的常用概念之一,MFC 提供了多种不同的窗口类,这些类可以被划分为框架窗口类、视图类、对话框类、控件类和控件条类。这些类都封装了一个窗口句柄(HWND),代表某一类型的窗口,并具有不同的功能,如表 11-18 所示。框架窗口通常可以包括视图窗口、工具条和状态条等,视图窗口又可以包括文档等。因此,框架窗口被称为文档/视图结构应用程序中的"容器窗口"。

表 11-18　框架窗口类

类　别	类　名	说　明
框架窗口类	CWnd	通用窗口类,提供 MFC 窗口的通用特性
	CFrameWnd	单文档应用程序的主框架窗口
	CMDIFrameWnd	多文档应用程序的主框架窗口
	CMDIChildWnd	多文档应用程序的子窗口
	CSplitterWnd	支持分割窗口
视图类	CView	文档/视图应用程序的基本视图
	CFormView	包含控件的视图
	CEditView	具有编辑功能的视图类
对话框类	CDialog	对话框基类,是所有对话框类的基类
	CFileDialog	文件选择对话框
	CFindReplaceDialog	具有查找和替换功能的对话框
控件类	Static	静态文本类
	Button	按钮类
	CEdit	文本编辑框类
	CListBox	封装了单选或多选列表框
	CScrollBar	水平或垂直滚动条

3. 图形设备接口类

图形设备接口类是 MFC 中非常重要的类,在 Windows 环境下,所有图形输出都需要通过设备环境(DC)进行,该类可以分为设备环境(CDC)类和图形工具(CGdiObject)类两个子类。CDC 类是所有设备环境类的基类,实现了对 Windows 中设备环境的封装,用于支持各种不同的设备环境。CDC 类提供了许多成员函数,用于设置颜色与调色板、字体、绘制图形、文本输出以及设备坐标和逻辑坐标转换等。图形工具是用于绘图操作的一个对象,CGdiObject 类是图形工具类的基类,不能直接使用,它提供了多个派生类,用于选择画刷、画笔及字体等。部分图形类如表 11-19 所示。

表 11-19 部分图形类

类 别	类 名	功 能
设备环境类	CDC	封装了 Windows 中的设备环境,并提供成员函数操作设备环境
	CClientDC	构造与窗口中客户区域相关的设备环境
	CPaintDC	构造响应 WM PAINT 消息使用的设备环境
图形工具类	CBrush	实现对 Windows GDI 中画刷的封装
	Cpen	实现对 Windows GDI 中画笔的封装
	CFont	实现对 Windows GDI 中字体的封装

4. 文件和数据库类

文件和数据库类(File and Database Classes)支持数据库应用或数据库与磁盘文件之间的存取操作,该类包括文件输入/输出类、DAO 类和 ODBC 类。文件输入/输出类为传统的磁盘文件、内存文件、ActiveX 控件和 Windows Sockets 提供界面。DAO 类用于支持 DAO 数据库,使用 DAO 数据库的程序至少要有一个 CDaoDatabase 和一个 CRecordset 对象。ODBC 类支持 ODBC 数据库,使用 ODBC 类的应用至少要有一个 CDatabase 和一个 CRecordset 对象。部分文件和数据库类如表 11-20 所示。

表 11-20 部分文件和数据库类

类 别	类 名	功 能
文件输入/输出类	CFile	封装了二进制文件的数据及操作
	CMenuFile	封装了内存二进制文件的数据及操作
ODBC 类	CDataBase	封装了应用程序与 ODBC 数据库之间的链接关系
	CRecordset	封装了从 ODBC 数据库中选择的记录集合
DAO 类	CDaoWorkspace	支持一个可命名、有密码保护的工作台
	CDaoDatabase	封装了应用程序与 DAO 数据库之间的链接关系
	CDaoRecordset	封装了从 DAO 数据库中选择的记录集合

5. OLE 派生类

OLE 类可以为程序开发人员提供功能强大的 ActiveX 控件,OLE 散布于各层结构中,以便于支持 OLE 各种各样的特性。OLE 类与其他应用框架一起作用可以使用户对

ActiveX 控件的访问更方便,使程序更容易提供 ActiveX 控件功能。部分 OLE 派生类如表 11-21 所示。

表 11-21　部分 OLE 派生类

类　别	类　名	功　能
OLE 容器类	COleDocument	允许 OLE 应用程序使用文档视图结构
	CDocItem	COleClientItem 和 COleServerItem 的抽象基类
OLE 侍者类	COleServerDoc	侍者应用程序文档类的基类
	COleServerItem	封装了 COleServerDoc 项的 OLE 界面
	COleIPFrameWnd	嵌入对象的定位编辑窗口类的基类
OLE 公用对话框类	COleDialog	OLE 公用对话框类的基类
	COleInsertDialog	封装了编辑插入的 OLE 控件的对话框
OLE 控制类	COleControlModule	扩展了专用于 OLE 的窗口功能
	COlePropertyPage	以图形界面显示 OLE 控制属性

6. 部分非 CObject 派生类

在 MFC 类库中绝大多数都是 CObject 的派生类,非 CObject 的派生类很少,但非 CObject 的派生类也具有很重要的作用,它们主要用于对 MFC 类库的特定属性提供支持或用于封装 Windows 的常用数据结构等。部分常用的非 CObject 派生类如表 11-22 所示。

表 11-22　部分非 CObject 派生类

类　名	功　能
CCmdUI	为菜单项或控制条按钮的允许或禁止提供支持
Cpoint	为 Windows 系统的 POINT 结构提供封装
CRunTimeClass	定义一个静态数据结构以便存放类的属性细节(类型、诊断等)
CSize	对 Windows 系统的 SIZE 结构提供封装
CString	支持动态字符集

11.3.3　Windows 应用程序类型

从应用的角度看,通过 Visual C++创建的 MFC 应用程序可以分为单文档应用程序、多文档应用程序和对话框应用程序 3 种基本类型。实际上,大多数实际的单文档和多文档应用程序一般都具有对话框功能。

1. 单文档应用程序

所谓单文档应用程序是指应用程序每次只能打开和处理一个文档,例如 Windows 系统提供的记事本就属于典型的单文档应用程序。单文档应用程序的功能比较简单,相对于 Word 等字处理软件,其复杂度较低,虽然每次只能处理一个文档,但已能满足一般应用程序的需要。

2. 多文档应用程序

多文档应用程序是相对于单文档应用程序而言的,指一次能同时打开和处理多个文档,例如 Word 字处理软件属于典型的多文档应用程序。多文档应用程序比单文档应用程序增加了许多实用的功能,例如多文档应用程序需要跟踪多个已打开的文档路径,以及多个窗口的显示和更新等。因此,创建一个具有应用价值的多文档应用程序比创建单文档应用程序的源代码编程工作要多。

3. 对话框应用程序

对话框应用程序没有菜单、工具栏及状态栏,也不能处理文档。对话框实际上是窗口的特例,它由 CWnd 类派生,创建对话框应用程序简单、方便、代码少,为用户提供了一种比一般窗口更加标准的数据处理方法。

11.3.4 使用 AppWizard 向导创建 MFC 应用程序

Visual C++ 6.0 提供了各种向导和工具帮助用户实现所需要的功能,使用应用程序向导 AppWizard 可以创建基于 MFC 的各种应用程序框架,用户可以根据需要使用。

【例 11-1】 使用 AppWizard 向导生成单文档应用程序 MyWinP。

其实现方法如下:

(1) 进入 Visual C++ 6.0 环境,单击 File 菜单中的 New 命令,弹出如图 11-6 所示的对话框。

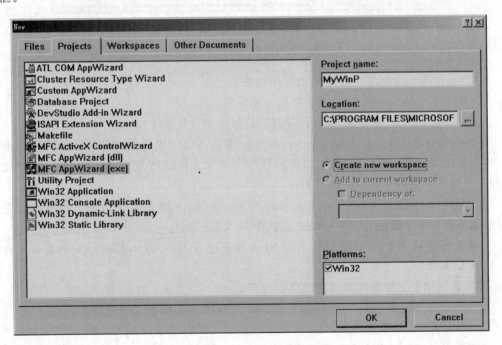

图 11-6　New 对话框

（2）在 Projects 选项卡中选择 MFC AppWizard[exe]，在 Location 文本框中输入保存文件的目录位置，或单击"..."按钮选择已有的目录。该选项卡中有两个单选按钮，其中，Create new workspace 表示创建一个新工作区，并将新项目添加到这个工作区；Add to current workspace 表示将项目添加到当前工作区。然后在 Project name 文本框中输入应用程序的名称 MyWinP，这时 OK 按钮变亮，单击 OK 按钮，进入如图 11-7 所示的 MFC AppWizard-Step 1 对话框。

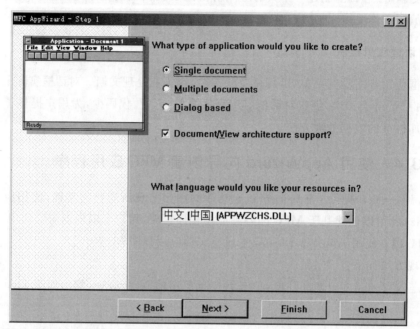

图 11-7　MFC AppWizard-Step 1 对话框

MFC AppWizzard-Step 1 对话框的主要功能如下。

① Single document：生成单文档应用程序。

② Multiple documents：生成多文档应用程序。

③ Dialog based：生成基于对话框的应用程序（如计算器等）。

④ Document/View architecture support?：是否需要生成文档/视图结构支持，如果需要，则选择该复选框；如果不需要，则应用程序中关于文件的打开、关闭、保存及文档/视图的相互作用等功能需要程序员自己实现。

⑤ What language would you like your resources in?：选择生成何种语言界面的应用程序，如果需要中文界面，则选择图 11-7 中的"中文[中国]"。

（3）选择生成单文档应用程序，单击 Next 按钮进入 MFC AppWizard-Step 2 of 6 对话框，如图 11-8 所示。

该对话框用于支持数据库功能选项的选择。

① What database support would you like to include? 中有 4 个选项。

• None：不支持数据库。

• Header files only：只生成头文件。

• Database view without file support：没有文件支持的数据库视图。

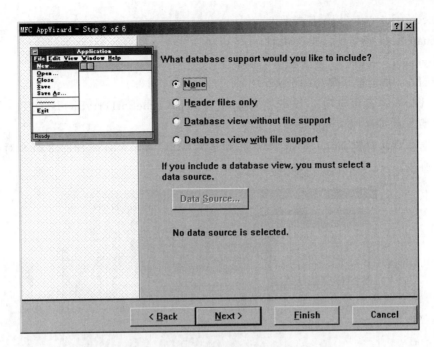

图 11-8 MFC AppWizard-Step 2 of 6 对话框

• Database view with file support：有文件支持的数据库视图。

② If you include a database view，you must select a data source：若选择有数据库视图，则必须选择一个数据源。

③ Data Source：单击 Data Source 按钮，则弹出如图 11-9 所示的 Database Options 对话框。

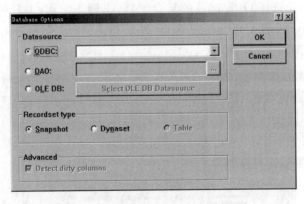

图 11-9 Database Options 对话框

该对话框用于进行数据库方面的选择。

① Datasource(数据源)。

• ODBC：指定数据源是 ODBC 数据库。

• DAO：指定数据源是 DAO 数据库。

• OLE DB：指定应用与 OLE DB 数据源连接。

② Recordset type（记录集类型）。

- Snapshot：指定记录集为快照。
- Dynaset：指定记录集为动态记录集。
- Table：指定记录集为一个表。

③ Advanced（高级选项）：该选项指定 m_bCheckCacheForDirtyFields 为 True，为数据创建一个数据缓冲区以检测数据。

（4）选择默认设置 None，单击 Next 按钮进入 MFC AppWizard-Step 3 of 6 对话框，如图 11-10 所示。

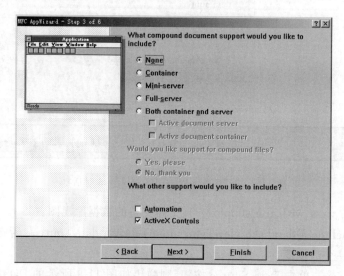

图 11-10　MFC AppWizard-Step 3 of 6 对话框

（5）该对话框用于选择 OLE 选项的复合文档，本例不使用 OLE 特性，采用默认设置 None，并取消选择 ActiveX Controls 复选框，然后单击 Next 按钮进入 MFC AppWizard-Step 3 of 6 对话框，如图 11-11 所示。

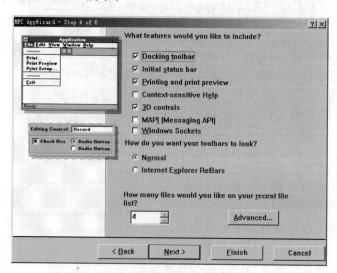

图 11-11　MFC AppWizard-Step 4 of 6 对话框

该对话框用于选择应用程序图形界面的外观,如工具栏、状态栏、打印预览功能、使用3D 控制外观、在线帮助等,各选项的功能如下。

- Docking toolbar:为应用程序创建工具栏。
- Initial status bar:为应用程序创建状态栏。
- Printing and print preview:使应用程序具有打印与预览功能。
- Context-sensitive Help:支持上下文帮助的帮助文件。
- 3D controls:使应用程序具有三维效果。
- MAPI[Messaging API]:使应用程序能够创建、操作、传输和存储邮件信息。
- Windows Sockets:支持基于 TCP/IP 的网络通信。
- Normal:普通外观。
- Internet Explorer ReBars:与 IE 相似的外观。

（6）本例采用默认设置,单击 Next 按钮进入 MFC AppWizard-Step 5 of 6 对话框,如图 11-12 所示。

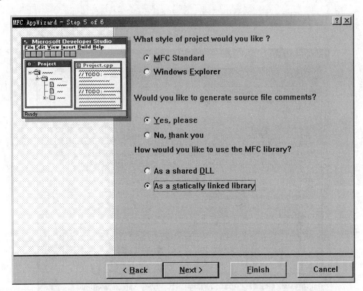

图 11-12　MFC AppWizard-Step 5 of 6 对话框

该对话框用于设置以下 3 个方面的内容:

① 应用程序的主窗口是 MFC 风格还是窗口左边具有切分窗口的浏览器风格。

② 在源文件中是否加入注释以帮助用户编写程序代码。

③ 使用动态链接库还是静态链接库。

（7）本例选择 As a statically linked library 单选按钮,其他采用默认设置,然后单击 Next 按钮进入 MFC AppWizard-Step 6 of 6 对话框,如图 11-13 所示。

（8）该对话框用于对默认类名、基类名、各源文件名进行修改。如果选择 CEditView 类作为基类,这样生成的视图类将自动与文档类相互配合,其功能可以与 Notepad 相比。本例采用默认设置,单击 Finish 按钮,弹出如图 11-14 所示的 New Project Information 对话框。

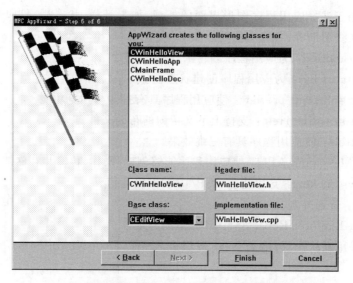

图 11-13　MFC AppWizard-Step 6 of 6 对话框

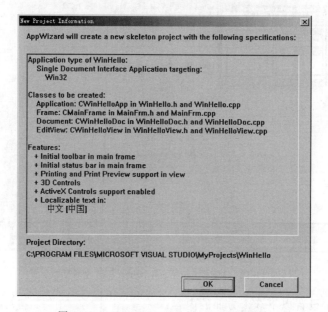

图 11-14　New Project Information 对话框

（9）New Project Information 对话框中列出了将要创建的应用程序的相关信息，单击 OK 按钮，完成应用程序的创建。若不满意，单击 Cancel 按钮，返回前面的步骤进行修改。

（10）完成应用程序的创建以后，单击 Build 菜单中的 BuildMyWinP.exe，系统即对 MyWinP 进行编译、连接，如图 11-15 所示，当出现"MyWinP.exe-0 errors(s)，0 warning(s)"编译信息时，表示已经正确生成了 MyWinP 应用程序。在 Built 菜单中单击 Execute MyWinP.exe 或按 Ctrl+F5 组合键，即可运行 MyWinP 应用程序。

因此，利用 AppWizard 向导可以方便地创建基于 MFC 的应用程序框架，第 12 章将介绍怎样在 MyWinP 框架的基础上添加源代码实现各种应用需求。

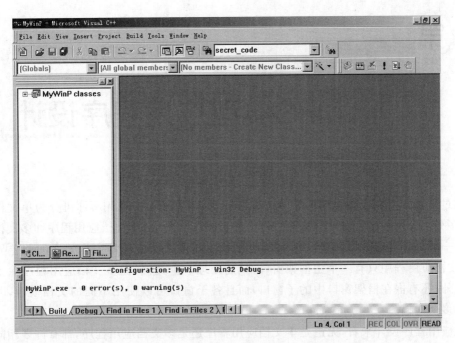

图 11-15　利用 AppWizard 生成 MFC 应用程序编译信息

11.4　本章小结

本章简要介绍了 Visual C++ 6.0 的开发环境,并在此基础上介绍了 Windows 应用程序的多任务、多线程、基于消息机制的事件驱动等基本概念以及 MFC 类库的功能和层次结构,同时介绍了利用 Visual C++ 6.0 的 AppWizard 向导创建应用程序框架的方法。利用向导生成的应用程序仅仅是一个框架,用户可以根据实际问题的需要添加适当的代码,定义消息和消息响应函数、建立消息映射表等,完成各种应用程序设计。

11.5　思考与练习题

1. 简述 Windows 应用程序的事件驱动机制原理。

2. 简要叙述 Windows 图形设备接口(GDI)的作用。

3. 什么是动态链接? 利用动态链接生成的 Windows 应用程序具有哪些特点?

4. 利用 Visual C++的 AppWizard 应用程序向导创建应用程序框架分为几步? 它能生成哪些类型的文件?

5. Windows 应用程序一般包括哪几种类型?

6. 简要介绍 MFC 类库的层次结构关系。

第12章 MFC典型应用程序设计

通过 Visual C++应用程序向导 AppWizard 创建 Windows 应用程序可分为单文档应用程序、多文档应用程序和对话框应用程序 3 种类型。实际上,单文档应用程序和多文档应用程序中一般都包含对话框功能。单文档应用程序与多文档应用程序框架之间的差异并不大,单文档应用程序只有一个主框架窗口,只能处理一个文档,而多文档应用程序除主框架窗口之外,还有嵌在框架窗口中的子窗口,而且各子窗口可以使用不同的文档模板,因而可以处理多个文档。

从应用程序设计来看,无论是单文档应用程序还是多文档应用程序,都有许多相同的元素,例如都包含输入/输出、用户界面设计、对话框、控件设计等。本章将首先介绍 Windows 应用程序的消息处理机制,然后介绍输入/输出(文本的输入/输出及绘图)、菜单、工具栏、状态栏、对话框、控件等应用程序设计,最后介绍数据库应用程序设计方法。

12.1 消息处理机制

Windows 程序与其他程序最大的不同之处在于使用消息机制,在 Windows 程序中所发生的一切都可以用消息表示,消息用于告诉操作系统所发生的事情,例如按键操作、鼠标操作等。MFC 应用程序也使用基于消息的事件驱动机制,而且 MFC 提供的消息处理机制使得用户可以更加方便、简易地处理消息。

在 Windows 中,所有消息都是通过消息名进行访问的,但不同类型的消息由应用程序的不同部分进行处理。

12.1.1 MFC 消息种类

消息机制是 Windows 应用程序的核心,MFC 中的消息可以分为 Windows 消息、控件通知消息、定时消息和命令消息等。

1. Windows 消息

Windows 消息通常指以 WM 开头的消息,但 WM_COMMAND 除外。键盘消息和鼠标消息都属于 Windows 消息,Windows 消息由窗口和视图进行处理。Windows 消息通常带有若干个参数传递给消息处理函数,这些参数为消息处理函数正确地处理消息提供了充分的信息。

2．控件通知消息

控件通知消息是指当控件的状态发生改变时，控件向其父窗口发送的消息。MFC 对控件通知消息的传递方式与其他以 WM 开头的 Windows 消息一样，但 BN_CLICKED 例外，该消息的传递方式与命令消息的传递机制相同。对于 Windows 消息和控件通知消息，MFC 将消息传递给相应的窗口处理。

3．定时消息

定时消息也是 Windows 的一类重要消息，当用户需要应用程序每隔一个指定的时间间隔便执行某一特定操作时，就需要使用定时消息 WM_TIMER。在进行定时操作时，用户需要调用 SetTimer 函数创建一个定时器，并设置定时器的事件标志 nIDEvent 及时间间隔 nElapse，然后编写定时消息 WM_TIMER 的消息处理函数 OnTimer()，实现定时操作，该函数带有一个定时器标志 nIDEvent 参数，用于指定使用哪个定时器。在程序运行时，每隔 nElapse 毫秒发送一个 WM_TIMER 消息，由 OnTimer()函数进行处理。

4．命令消息

命令消息是来自于用户界面对象的 WM_COMMAND 消息，它是一种特殊类型的消息，这些用户界面包括菜单、工具栏按钮和加速键等。即每当用户选择一个菜单项、单击一个按钮或需要告诉操作系统应该执行什么操作时就发送一条 WM_COMMAND 命令消息。

WM_COMMAND 消息的消息映射宏为 OnCommand()。所有命令消息都包含有一个相同类型的参数，即该命令消息需要操作的资源 ID 值，由 ID 值映射消息处理函数。例如，单击 File 菜单中的 New 命令时，产生的命令消息中包含该菜单项的资源 ID 值 ID_FILE_NEW，因此执行 OnFileOpen 函数。

12.1.2 MFC 消息映射机制

消息映射是指将消息与处理函数相联系，即当系统产生一条消息时，它能找到处理该消息的函数。消息映射是 Windows 基于消息映射的事件驱动机制的重要内容之一。

Visual C++提供了多种消息映射宏用于消息映射，如表 12-1 所示。

表 12-1　Visual C++常用消息映射宏

消息映射宏	功　能
DECLARE_MESSAGE_MAP	在头文件中使用，用于声明在源文件中存在消息映射
BEGIN_MESSAGE_MAP	表示消息映射的开始，用于源代码文件中
END_MESSAGE_MAP	表示消息映射的结束，用于源代码文件中
ON_COMMAND	将特定的命令消息映射到类的成员函数，即使用该成员函数处理消息
ON_COMMAND_RANGE	将一组特定的命令消息映射到类的成员函数

Visual C++的消息映射分为两个方面：一是在头文件.h 中处理；二是在实现文件.cpp 中处理。在此以第 11 章所创建的应用程序 MyWinP 为例，打开该应用程序的源代码，其中有以下关于消息映射的代码。

(1) 头文件 MyWinp.h 中的消息映射代码如下：

```
//{{AFX_MSG(CMyWinPApp)
afx_msg void OnAppAbout();
    //NOTE - the ClassWizard will add and remove member functions here.
    //DO NOT EDIT what you see in these blocks of generated code !
//}}AFX_MSG
DECLARE_MESSAGE_MAP()
```

(2) 实现文件 MyWinP.cpp 中的消息映射代码如下：

```
BEGIN_MESSAGE_MAP(CMyWinPApp,CWinApp)
    //{{AFX_MSG_MAP(CMyWinPApp)
    ON_COMMAND(ID_APP_ABOUT,OnAppAbout)
        //NOTE - the ClassWizard will add and remove mapping macros here.
        //DO NOT EDIT what you see in these blocks of generated code!
    //}}AFX_MSG_MAP
    //Standard file based document commands
    ON_COMMAND(ID_FILE_NEW,CWinApp::OnFileNew)
    ON_COMMAND(ID_FILE_OPEN,CWinApp::OnFileOpen)
    //Standard print setup command
    ON_COMMAND(ID_FILE_PRINT_SETUP,CWinApp::OnFilePrintSetup)
END_MESSAGE_MAP()
```

以上源代码共使用了 3 种消息映射宏，分别是 DECLARE_MESSAGE_MAP、BEGIN_MESSAGE_MAP、END_MESSAGE_MAP。其中，宏 DECLARE_MESSAGE_MAP 用于类声明文件的结束处，即.h 文件的结束处，而宏 BEGIN_MESSAGE_MAP 和 END_MESSAGE_MAP 用于在类的实现文件(.cpp)中实现消息映射，而且这两个宏必须配合使用。在 BEGIN_MESSAGE_MAP 与 END_MESSAGE_MAP 中间列出了消息映射的各个入口。例如，以下消息映射语句：

```
ON_COMMAND(ID_FILE_OPEN, CWinApp::OnFileOpen)
```

表示当用户单击 File 菜单中的 Open 命令时发送 WM_COMMAND 消息，如果该消息找到此语句，发现资源 ID 值与资源 ID_FILE_OPEN 匹配，则执行该语句中指定的成员函数 CWinApp::OnFileOpen ()。

12.2 应用程序分析

单文档应用程序是一类用户经常使用的 Windows 程序，它的构成比较简单，每次只能打开和处理一个文档。利用应用程序向导 AppWizard 生成的单文档应用程序一般包括 4 个基本类，分别是应用程序类、主框架窗口类、文档类和视图类，另外还包括一些其他相关文件。

12.2.1 使用 AppWizard 向导生成的类和文件

进入 Visual C++ 6.0,打开已经创建的单文档应用程序 MyWinP,如图 12-1 所示。单击项目工作区中的 ClassView 标签,显示 CMainFrame、CMyWinPApp、CMyWinPDoc 和 CMyWinPView 等,这是应用程序 MyWinP 的所有类,在利用 AppWizard 向导创建应用程序框架时,产生的各派生类将被创建为单独的源文件。单击某一类名(如 CMyWinPView)前的"+"号,则列出该类的成员函数,双击类名或成员函数名(如 GetDocument),则源代码编辑区中将显示出该类或该成员函数的实现代码。

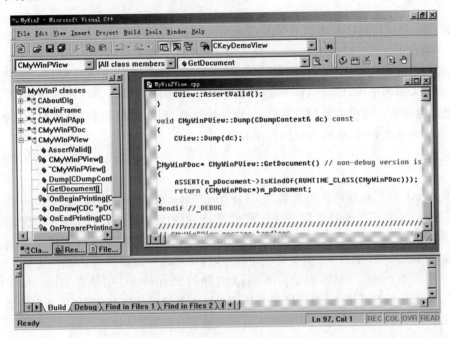

图 12-1 由 AppWizard 向导生成的 MyWinP 单文档应用程序

但该程序只是由 AppWizard 向导创建的单文档应用程序框架,具有新建、打开、保存、打印及程序版本信息等一般功能。如果需要应用程序具有其他功能,则需要编写相应代码才能实现。

1. 应用程序类

MyWinP 程序的应用程序类名是 CMyWinPApp,它由 CWinApp 类派生而来。该类的每一个对象代表一个应用程序,在程序中默认定义一个全局对象 theApp。CMyWinPApp 类的功能是管理整个应用程序,负责程序的启动、初始化,窗口的创建以及从 Windows 中获取消息并将消息分发到适当的目的地。CMyWinPApp 类的声明在头文件 MyWinPApp.h 中,类的实现在文件 CMyWinPApp.cpp 中。

在利用 AppWizard 自动生成的应用程序框架中,应用程序类、文档类和视图类的命名方式一般为字符"C"+项目标识符名+用途限定符。例如此应用程序类名为 CMyWinPApp,文档类名为 CMyWinDoc。

2. 主框架窗口类

CMyWinP 应用程序的主框架窗口类名为 CMainFrame,它由 CWnd 的一个子类派生而来,该子类即 CFrameWnd。CMainFrame 类的声明在头文件 MainFrame.h 中,类的实现在文件 MainFrame.cpp 中。CMainFrame 类是一个顶级、可重叠、可改变大小的窗口。CMainFrame 类管理主框架窗口,并拥有一些菜单、工具栏和状态栏等控件,同时,它还扮演着转发菜单和工具栏消息的角色。

3. 文档类

CMyWinP 应用程序的文档类名为 CMyWinPDoc,从 MFC 的 CDocument 类派生而来。其类的声明在头文件 CMyWinPDoc.h 中,类的实现在文件 CMyWinPDoc.cpp 中。文档类的主要作用是保存应用程序的数据,并提供磁盘文件操作。直接由 AppWizard 生成的文档类还不能做太多的工作,毕竟 AppWizard 创建的应用程序并不知道是字处理程序、绘图程序,还是其他程序。用户需要修改文档类,增加成员变量以存储应用程序的数据、增加成员函数以获得和修改数据,然后为应用程序服务。

4. 视图类

CMyWinP 应用程序的视图类名为 CMyWinPView,默认的视图类是 CView 的一个子类,而 CView 又是 CWnd 的子类。CMyWinPView 类的声明在头文件 MyWinPView.h 中,类的实现在文件 MyWinPView.cpp 中。视图类主要管理视图窗口,负责用户数据的输入和数据的输出显示。在创建一个单文档应用程序时,用户也可以选择将视图类从非 CView 类的其他子类派生出来。例如,在 AppWizard 向导的 Step 6 中,如果在 Base class 中选择 CEditView 作为基本视图类,则可以很方便地得到一个简易的字处理程序,具有类似于写字板应用程序的功能,而实现这些功能却无须用户编写任何源代码。

5. 其他文件

除以上介绍的主要类之外,AppWizard 还自动生成 Stdafx.cpp 和 stdafx.h 两个文件,这两个文件是每个基于 MFC 的程序所必需的,用于建立一个预编译头文件 *.pch 和一个预定义的类型文件 stdafx.obj。MFC 是一个功能强大的类库,包含很多头文件,如果每次都编译则比较费时,因此将 afxwin.h、afxext.h、afxcmn.h、afxdisp.h 都放在 stdafx.h 文件中,这样编译系统可以识别哪些文件已经编译过,因此,采用预编译头文件可以加速应用程序的编译过程。

12.2.2 应用程序的运行机制

在 DOS 下,程序的执行是从 main() 函数开始的,其他函数由 main() 函数调用。在 Windows 下,与 main() 函数对应的是 WinMain 函数,该函数的主要作用是建立应用程序的主窗口。但查找 MyWinP 程序的源代码,却并没有 WinMain 函数,这是因为利用 MFC 开发应用程序时大部分初始化工作都是标准化的,因而将 WinMain 函数隐藏在应用程序框架中,编译时系统自动将该函数链接到可执行文件中。在此以 MyWinP 程序为例,Windows 应用程序的执行过程如下:

(1)自动调用应用程序框架内的 WinMain 函数。WinMain 函数自动查找由 CWinApp 派生类构造函数创建的全局对象 theApp。

（2）WinMain 函数调用 InitInstance 成员函数，完成应用程序实例的初始化。

（3）WinMain 函数调用 Run 成员函数，进入消息循环。

（4）WinMain 函数退出，调用有关成员函数进行必要的清理工作，程序运行中止。

每一个应用程序都必须从 CWinApp 类派生出自己的应用程序类，并定义一个全局对象，该应用程序类封装了程序的初始化、运行和结束等功能。在此以 MyWinP 应用程序为例，该程序从 CWinApp 类中派生了一个应用程序类 CMyWinPApp，程序运行时其对象首先被初始化，它的构造函数如下：

```
CMyWinPApp::CMyWinPApp(){}
```

这种结构使编译系统调用 CWinApp 的默认构造函数。CWinApp 的构造函数主要完成两个任务：首先保证程序只声明了一个应用程序对象；其次存放 CMyWinPApp 对象地址，以便 MFC 代码能调用 CMyWinPApp 中的成员函数。

WinMain 函数由 MFC 生成，它是 Windows 应用程序的入口，在程序运行中，WinMain 函数调用应用程序对象 theApp 的 InitInstance 成员函数创建对象和窗口。在 InitInstance 函数中，创建的文档模板（Document Template）对象用于建立文档类、主框架窗口类和视图类之间的联系。当应用程序首次运行和生成新文档时，利用文档模板生成文档对象、视图对象和主框架窗口对象。对于单文档应用程序，使用单文档模板类 CSingleDocTemplate。在 InitInstance 函数中创建文档模板对象的代码如下：

```
CSingleDocTemplate * pDocTemplate;
pDocTemplate = new CsingleDocTemplate(
    IDR_MAINFRAME,
    RUNTIME_CLASS(CMyWinPDoc),
    RUNTIME_CLASS(CMainFrame),
    RUNTIME_CLASS(CMyWinPView));
AddDocTemplate(pDocTemplate);
```

以上 3 句源代码动态创建了一个新的 CSingleDocTemplate 对象。CSingleDocTemplate 的构造函数共有 4 个参数。第 1 个参数 IDR_MAINFRAME 是资源标识符，代表应用程序需要使用的菜单、图标、字符串、加速键等资源。第 2 个、第 3 个和第 4 个参数分别提供文档类、主框架窗口类和视图类的运行类（CRUNTIMECLASS）指针，均由宏 RUNTIME_CLASS() 获取。在建立文档模板之后，使用 AddDocTemplate 函数将其加入到应用对象的文档模板列表中，从而使文档打开时模板可用，如果有多个文档模板则重复上述过程。

然后，InitInstance 函数调用 ParseCommandLine 函数取出运行时传入的命令行参数，并调用 ProcessShell 函数处理这些参数，相应代码如下：

```
//Parse command line for standard shell commands,DDE,file open
CCommandLineInfo cmdlnfo;
ParseCommandLine(cmdlnfo);
//Dispatch commands specified On the command line
if(!ProcessShellCommand(cmdlnfo))
    return FALSE;
```

英文注释由 AppWizard 向导自动生成（以下同），用于阅读提示。如果命令行参数包含文件名，则 ProcessShellCommand 打开相应的文件；如果命令行参数为空，则 ProcessShellCommand 调用 CWinApp 的 OnFileNew 成员函数。OnFileNew 函数由 MFC 直接提供，它利用文档模板创建相应的对象和窗口。对于 MyWinP 程序，将依次创建 CMyWinPDoc 对象、CMainFrame 对象、主框架窗口、主框架窗口客户区、CMyWinPView 对象、视图窗口。这些对象和窗口由 MFC 自动生成，在 MyWinP 的源代码中不能直接看到这些函数的调用和对象的定义。

最后，InitlnstanceI 函数调用主框架窗口对象的 ShowWindow 和 UpdateWindows 成员函数，在屏幕上显示主框架窗口及主框架窗口客户区中的内容。

```
//The one and only window has been initialized,so show and update it.
m_pMainWnd->ShowWindow(SW_SHOW);
m_pMainWnd->UpdateWindow();
```

变量 m_pMainWnd 是 MFC 自动创建的 CMainFrame 对象指针，常量 SW_SHOW 表示激活窗口，并在当前位置以当前大小显示该窗口。

在初始化工作完成之后，WinMain 函数调用应用程序对象的 Run 成员函数进入消息循环状态，查询应用程序的消息队列中是否有需要处理的消息。若有消息，则进行相应的消息处理；若无消息，则调用 OnIdle 函数，程序进入空闲处理（如完成清理临时对象等工作）或进入睡眠状态，直到有消息需要处理。当遇到应用程序终止消息时，则 Run 函数调用 ExitInstance 函数，应用程序运行终止。

12.3　输入与输出处理程序

输入/输出处理是几乎所有 Windows 应用程序最基本的功能之一，Windows 应用程序通过对键盘消息和鼠标消息的响应完成对用户输入的处理，通过 GDI 提供的绘图函数在窗口的客户区中输出信息。

12.3.1　文本输出程序

文本输出是指在窗口客户区的特定位置输出用户指定的相关文本信息。在 MFC 中，CDC 类实现了对设备环境的封装，CDC 类有许多成员函数，用于完成各种与设备环境有关的操作。

1. DrawText 函数

DrawText 函数是 CDC 类用于文本输出的成员函数之一，它的作用是在指定的矩形区域内以当前字体、颜色等属性及指定的显示方式显示字符串。DrawText 函数的使用有以下两种形式。

形式一：

```
virtual int DrawText( LPCTSTR lpszString, int nCount, LPRECT lpRect, UINT nFormat );
```

形式二：

```
int DrawText(const CString&str, LPRECT lpRect, UINT nFormat );
```

参数 lpszString 是指向输出字符串的指针；参数 nCount 用于指定字符串的长度，如果为－1，则 lpszString 是一个指向以 null 结尾的字符串的长指针；参数 lpRect 是指向 RECT 结构的指针；参数 nFormat 用于指定输出格式，可以是 DT_BOTTOM、DT_CENTER、DT_VCENTER、DT_SINGLELINE 等近 20 种格式及其组合；str 表示存储字符串的 CString 对象。

2. TextOut 函数

TextOut 函数也是 CDC 类用于文本输出的成员函数，它的作用是在指定的起点坐标上以当前字体、颜色等属性显示字符串。TextOut 函数的使用有以下两种形式。

形式一：

```
virtual int TextOut(int x, int y, LPCTSTR lpszString, int nCount);
```

形式二：

```
BOOL TextOut(int x, int y, const CString&str);
```

其中，参数 x、y 表示要显示字符串的起点坐标；参数 lpszString 是指向要显示字符串的指针；参数 nCount 用于指定字符串的长度；str 表示存储字符串的 CString 对象。

3. OnDraw 函数

OnDraw 函数是视图类的一个重要的成员函数。成员函数 OnDraw 用于管理文档类成员变量的显示，即 OnDraw 函数主要用于更新视图窗口。OnDraw 函数可以由用户编写源代码在程序中调用，更多的情况是：当窗口首次生成、大小改变或被另一个窗口遮盖后重现时，OnDraw 函数由系统自动调用，实现窗口的重绘。OnDraw 函数的使用形式如下：

```
void OnDraw(CDC * pDC)
```

pDC 是一个指向 CDC 类的指针。当发生函数调用时，OnDraw 函数中的所有绘图命令的结果都输出在 pDC 指向的输出设备上。当 pDC 指向窗口客户区时，将在该窗口客户区中输出结果，当 pDC 指向打印机时，则将内容向打印机输出。因此，在屏幕显示、打印、打印预览等情况下均调用 OnDraw 函数，实现了与设备无关的显示。

4. GetDocument 函数

GetDocument 函数同样是视图类的一个重要的成员函数，该函数返回一个指向关联文档对象的指针。通过 GetDocument 函数返回的文档对象指针，视图对象可以调用文档类及其派生类的成员函数或直接读取文档对象的公有数据成员，获取应用程序的数据。GetDocument 函数的使用形式如下：

```
CDocument * GetDocument() const
```

【例 12-1】 实现向窗口客户区中输出指定大小的内容和字符,输出内容每隔一定的时间具有霓虹灯闪烁、变换多种颜色的效果。本例显示字符"中国梦,中国心!",闪烁间隔为 1 秒,闪烁颜色为红、绿、蓝和浅黄色 4 种。

实现方法如下:

(1) 进入 Visual C++ 6.0 环境,打开已经创建的单文档应用程序 MyWinP。

(2) 在项目工作区中选择 ClassView 选项卡,选中 CMyWinPView 选项,然后右击,在弹出的快捷菜单中选择 Add Member Variable 命令,添加如表 12-2 所示的 3 个成员变量。

表 12-2 例 12-1 添加成员变量表

Variable Type(变量类型)	Variable Name(变量名称)	Access(访问方式)
CFont	Myfont	protected
COLORREF	Color[4]	protected
int	i	protected

(3) 单击 CMyWinPView 类前面的加号"+",CMyWinPView 树被展开,显示出该类的所有数据成员和成员函数。双击 CMyWinPView 函数,则展开 MyWinPView.cpp 文件,同时将光标定位在函数 CMyWinPView 的起始处,添加以下代码:

```
CMyWinPView::CMyWinPView()
{
    //TODO: add construction code here
    i = 0;
    Myfont.CreatePointFont(600,"隶书",NULL);      //设定文本大小为 600,字体为隶书
    color[0] = RGB(255,0,0);                        //红色
    color[1] = RGB(0,255,0);                        //绿色
    color[2] = RGB(0,0,255);                        //蓝色
    color[3] = RGB(255,255,0);                      //浅黄色
}
```

在本章应用程序中,如无特别声明,由用户添加的源代码一般在"//TODO:注释行"或其他类似注释之后(以下相同,不再单独注明)。

(4) 按 Ctrl + W 组合键,或单击 View 菜单中的 ClassWizard 命令,弹出 MFC ClassWizard 对话框,在该对话框的 Class name 下拉列表中选择 CMyWinPView 选项,在 Object IDs 列表框中选择 CMyWinPView,在 Messages 列表框中选择 WM_TIMER 并双击,则在 Member functions 列表框中会出现 OnTimer 函数,如图 12-2 所示。

单击 Edit Code 按钮,将光标定位在 OnTimer 成员函数起始处,添加以下代码:

```
void CMyWinPView::OnTimer(UINT nIDEvent)
{
    //TODO: Add your message handler code here and/or call default
    CDC * pDC = GetDC();                              //获得当前设备指针
    CFont * oldfont = pDC->SelectObject(&Myfont);    //选中当前字体颜色
    if(i < 4)
    {
        pDC->SetTextColor(color[i]);                 //文本输出颜色
        pDC->TextOut(100,150,"中国梦,中国心!");      //在指定位置输出文本
        i++;
```

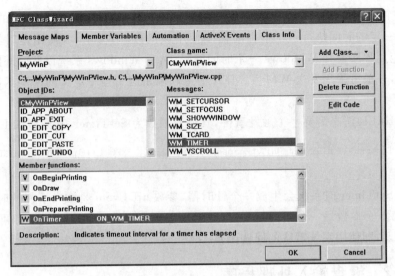

图 12-2　MFC ClassWizard 对话框

```
    }
    else
        i = 0;
    pDC - > SetTextColor(color[i]);                    //文本输出颜色
    CView::OnTimer(nIDEvent);
}
```

（5）同样的方法，对 OnDraw 成员函数添加以下代码：

```
//TODO: add draw code for native data here
SetTimer(1,1000,NULL);                                //设定 1000 毫秒间隔
```

（6）在代码添加完之后，运行该程序即可，其中颜色为红色闪烁时的截屏如图 12-3 所示。

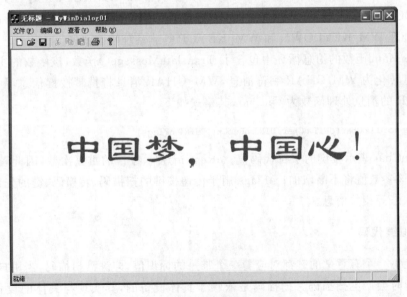

图 12-3　4 种闪烁颜色中的红色截屏

这是一个典型的 Windows 文本输出应用程序,SetTimer 是具有定时功能的函数,当系统需要每隔一定的时间执行一个事件时需要使用该函数。Windows 使用定时器的方法相对较简单,应用程序通知 Windows 一个时间间隔,然后 Windows 系统以此时间间隔周期性地触发程序,一般可采用发送 WM_TIMER 消息和调用应用程序定义的回调函数两种方法实现。

WM_TIMER 消息需要一个触发事件,其触发函数为 SetTimer,其原型如下:

```
UNIT SetTimer(UNIT nIDEvent,UNIT nElapse,void(CALLBACK EXPORT * lpfnTimer)(HWND,UNIT,YINT,
DWORD))
```

在使用 SetTimer 时系统会生成一个计时器,参数 nIDEvent 是触发事件的时间间隔,单位为毫秒,第 3 个参数是一个回调函数,在该函数中放入要完成的事件代码即可,也可将其设定为 NULL,即使用系统默认的回调函数 OnTimer。

12.3.2　键盘输入处理程序

键盘作为输入设备是 Windows 应用程序的一个非常重要的输入手段,当用户按下或释放一个按键时,键盘驱动程序 KEYBOARD. DRV 中的键盘中断程序将对按键进行编码,并由用户模块 USER. EXE 生成键盘消息,最终发送到消息队列中等待处理,而处理键盘消息则是由应用程序的窗口来具体完成的。在 Windows 系统下,键盘由所有运行的应用程序共享,但不管用户打开了多少个应用程序,在任何情况下都只有一个窗口能接受到按键消息。

在 Windows 环境下接受到按键消息的窗口称为"有输入焦点"的窗口。

1．键盘消息

在 Windows 应用程序运行时,若用户按下一个键会产生一个键盘消息,例如 WM_KEYDOWN、WM_KEYUP、WM_SYSKEYDOWN、WM_SYSKEYUP 等。其中,WM_SYSKEYDOWN、WM_SYSKEYUP 中的 SYS 表示系统按键消息,由 Windows 处理,应用程序只需处理 WM_KEYDOWN 和 WM_KEYUP 等非系统按键消息。

在 WinMain 函数的消息循环中包含了 TranslateMessage()函数,该函数的主要功能是将按键消息转化为 WM_CHAR 字符消息,WM_CHAR 消息将携带按键信息等有关参数。WM_CHAR 的消息处理函数为 OnChar,其格式如下:

```
afx_msg void OnChar(UNIT nChar,UINT nRepCnt, UINT nFlags)
```

其中,nChar 表示按键的字符代码值;nRepCnt 表示按键的重复次数,因此若用户按下某键不放,该参数值将不断增加;nFlags 用于传递按键的扫描码、转换码、键的先前状态、上一次按键状态等相关信息。

2．虚拟键代码

键盘上每一个有意义的键都对应着一个唯一的标识值,即键盘扫描码,当用户按下或释放一个按键时会产生扫描码。扫描码是依赖于具体设备的,其实现与具体的设备无关,在 Windows 应用程序中一般使用与具体设备无关的虚拟码。虚拟码是 Windows 系统内部定义的与设备无关的键盘标识，从而有效地避免了键盘对应用程序的影响，提高了应用程序的通用性。常用的虚拟键代码在 Windows.h 中定义，部分常用的虚拟键代码（即 Windows 标识符）如表 12-3 所示。

表 12-3　虚拟键代码

虚拟键代码	对应功能键	虚拟键代码	对应功能键
VK_INSERT	Insert 键	VK_DOWN	↓（向下箭头）
VK_LEFT	←（左箭头）	VK_NEXT	PageDown 键
VK_RIGHT	→（右箭头）	VK_BACK	BackSpace 键
VK_UP	↑（向上箭头）	VK_RETURN	Enter 键
VK_A~Z	字母 A~Z	VK_TAB	Tab 键

【例 12-2】　键盘输入字符的显示。通过应用程序向导创建应用程序框架，并编写源代码使应用程序能将键盘的输入信息在窗口客户区显示。

实现方法如下：

（1）利用 AppWizard 向导生成项目名为 MyWinKey 的应用程序框架。

（2）在应用程序框架中添加数据成员。文档类的主要功能是保存应用程序数据，并提供磁盘文件操作等，因此，数据成员应添加在文档类声明的头文件中，即在 CMyWinKeyDoc.h 文件中定义数据成员 m_MyText，用于保存字符数据。数据成员可以通过 Visual C++ 提供的菜单添加（也可以在找到相应文件以后手工添加），其添加方法如下：

① 切换到 ClassView 选项卡，选择需要添加数据成员的文档类 CMyWinKeyDoc，然后右击，弹出如图 12-4 所示的快捷菜单。

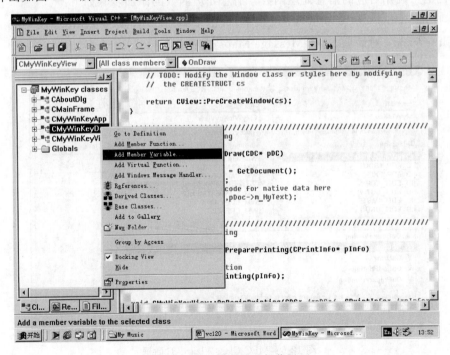

图 12-4　添加数据成员操作界面

② 在该快捷菜单中选择 Add Member Variable 命令,将弹出如图 12-5 所示的 Add Member Variable 对话框。

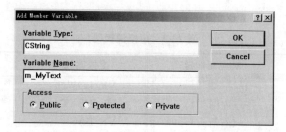

图 12-5 Add Member Variable 对话框

③ 在 Add Member Variable 对话框的 Variable Type(变量类型)文本框中输入数据类型 CString,在 Variable Name(变量名)文本框中输入变量标识符 m_MyText,在访问方式控制选项中选择 Public 方式。

④ 在以上内容确认正确之后,单击 OK 按钮,完成数据成员的添加。如果需要添加多个数据成员,重复上述过程即可。

(3) 在应用程序框架中添加消息处理函数。从键盘输入的字符消息是 Windows 消息,由视图窗口处理,因此需要在视图类中添加字符消息处理函数,并在该消息处理函数中添加具有字符显示功能的源代码。

消息处理函数可以利用 Visual C++ 6.0 的 ClassWizard 向导添加到所选择的类中作为成员函数,并建立消息映射。即将消息和消息处理函数联系起来,使 MFC 消息机制对每一个产生的消息调用对应的消息处理函数。消息处理函数的添加步骤如下:

① 打开 Visual C++ 6.0 的 View 菜单,单击 ClassWizard 命令,弹出如图 12-6 所示的 MFC ClassWizard 对话框,选择 Message Maps 选项卡。

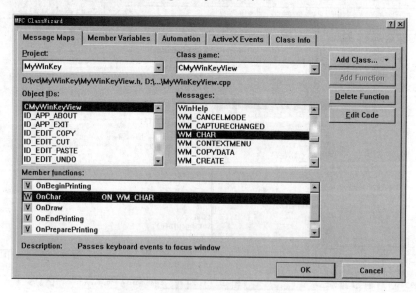

图 12-6 MFC ClassWizard 对话框

② 在 Project 下拉列表框中选择 MyWinKey,在 Class name 下拉列表框中选择 CMyWinKeyView。

③ 在 Object IDs 列表框中列出了当前所选对象的 ID 以及能产生消息的菜单项对话框控件等,其中的首项是当前类名。此处选择类名 CMyWinKeyView。

④ 在 Messages 列表框中列出了上一步所选对象能产生的各种消息及类的虚函数,在此选择 WM_CHAR 并单击 Add Function 按钮,接受系统默认的函数名,则在 Member functions 列表框中会列出 ClassWizard 向导所建立的消息处理函数 OnChar。

⑤ 单击 OK 按钮,完成消息处理函数的添加。

利用 ClassWizard 向导添加消息处理函数 OnChar 以后,在 MyWinKeyView.h 文件中,与消息处理函数有关的代码如下:

```
protected:
    //Generated message map functions
protected:
    //{{AFX_MSG(CMyWinKeyView)
    afx_msg void OnChar(UINT nChar, UINT nRepCnt,UINT nFlags);
    //}}AFX_MSG
    DECLARE_MESSAGE_MAP()
```

在 MyWinKeyView.cpp 文件中,与消息处理函数有关的代码如下:

```
BEGIN_MESSAGE_MAP(CMyWinKeyView,CView)
    //{{AFX_MSG_MAP(CMyWinKeyView)
    ON_WM_CHAR()
    //}}AFX_MSG_MAP
    //Standard printing commands
    ON_COMMAND(ID_FILE_PRINT,CView::OnFilePrint)
    ON_COMMAND(ID_FILE_PRINT_DIRECT,CView::OnFilePrint)
    ON_COMMAND(ID_FILE_PRINT_PREVIEW,CView::OnFilePrintPreview)
END_MESSAGE_MAP()
```

(4) 在消息处理函数 OnChar 中添加源代码,添加源代码的目的是为了在视图窗口中显示从键盘上输入的字符信息,因此必须首先获取设备环境。MFC 提供了 CClientDC 类获取窗口客户区设备环境,CClientDC 类的构造函数如下:

```
CClientDC(CWnd * pWnd)
```

在项目工作区选择 Class View 选项卡,单击 CMyWinKeyView 类前的"+"号,然后双击消息处理函数 OnChar,则消息处理函数显示在源代码编辑窗口中,在 OnChar 函数中添加如下代码:

```
//CMyWinKeyView message handlers
void CMyWinKeyView::OnChar(UINT nChar,UINT nRepCnt,UINT nFlags)
{
    //TODO:Add your message handler code here and/or call default
    if(nChar<32)
    {
        MessageBeep(MB_OK);                    //若 ASCII 码小于 32 发出蜂鸣声
```

```
        MessageBox("按键 ASCII 码不符合要求!");
        return;
    }
    CClientDC Dc(this);                        //获取窗口客户区设备环境
    CMyWinKeyDoc * pDoc = GetDocument();
    pDoc -> m_MyText += nChar;                  //保存输入字符
    Dc.SetTextColor(COLORREF RGB(0,0,255));     //蓝色字体
    Dc.TextOut(0,0,pDoc -> m_MyText);
    CView::OnChar(nChar,nRepCnt,nFlags);
}
```

在添加完以上代码之后,可以直接编译和运行该应用程序,这时在窗口客户区可以显示从键盘输入的信息,若窗口大小被改变或窗口被覆盖,窗口客户区中所显示的字符会消失,因此,该程序还应在 OnDraw 函数中添加以下代码:

```
//CMyWinKeyView drawing
void CMyWinKeyView::OnDraw(CDC * pDC)
{
    CMyWinKeyDoc * pDoc = GetDocument();
    ASSERT_VALID(pDoc);
    //TODO:add draw code for native data here
    pDC -> TextOut(0,0,pDoc -> m_MyText);       //当窗口大小改变或被覆盖时输出字符
}
```

(5) 完成以上代码以后,编译并运行应用程序 MyWinKey 即可将从键盘上输入的字符显示在窗口客户区中。

12.3.3　鼠标处理程序

鼠标是一种被广泛应用的定位输入设备,通过鼠标的单击、双击和拖动功能,用户可以方便地操作 Windows 的图形界面应用程序。在 Windows 应用程序中,键盘消息只能被带有输入焦点的窗口接受,但对于鼠标消息而言,则可以被任何窗口接受,只要将鼠标移动到该窗口并有鼠标按键消息,该窗口就可以接受到鼠标消息,而与该窗口是否是活动窗口或是否带有输入焦点没有关系。

1.　鼠标消息

Windows 操作系统通过鼠标驱动程序接受鼠标输入消息。鼠标驱动程序在启动 Windows 系统时装入并自动检测鼠标是否存在,如果鼠标已经存在,则鼠标设备驱动程序捕捉 Windows 的任何鼠标事件。当用户移动鼠标或释放鼠标按键时,将产生鼠标消息。鼠标消息可以分为客户区鼠标消息和非客户区鼠标消息。

鼠标在窗口客户区中移动时将产生 WM_MOUSEMOVE 消息,当客户区中有鼠标按键或释放鼠标按键时,产生的鼠标消息如表 12-4 中的第一列所示。鼠标在客户区中产生的消息由 Windows 应用程序处理,而在窗口边界、菜单、标题栏和滚动条等非客户区中产生的鼠标消息一般由 Windows 系统处理。

2. 消息处理函数

鼠标消息属于 Windows 消息，鼠标消息均可直接利用 Visual C++ 6.0 的 ClassWizard 向导添加鼠标消息处理函数，与鼠标消息对应的鼠标消息处理函数如表 12-4 所示。

表 12-4 客户区鼠标消息

鼠 标 消 息	鼠标消息处理函数	备 注
WM_MOUSEMOVE	void OnMouseMove(UINT nFlags,CPoint point)	鼠标移动
WM_LBUTTONDOWN	void OnLButtonDown(UINT nFlags,CPoint point)	单击鼠标左键
WM_MBUTTONDOWN	void OnMButtonDown(UINT nFlags,CPoint point)	单击鼠标中键
WM_RBUTTONDOWN	void OnRButtonDown(UINT nFlags,CPoint point)	单击鼠标右键
WM_LBUTTONUP	void OnLButtonUp(UINT nFlags, CPoint point)	鼠标左键释放
WM_MBUTTONUP	void OnMButtonUp(UINT nFlags, CPoint point)	鼠标中键释放
WM_RBUTTONUP	void OnRButtonUp(UINT nFlags, CPoint point)	鼠标右键释放
WM_LBUTTONDBLICK	void OnLButtonDblClk(UINT nFlags, CPoint point)	双击鼠标左键
WM_MBUTTONDBLICK	void OnMButtonDblClk(UINT nFlags, CPoint point)	双击鼠标中键
WM_RBUTTONDBLICK	void OnRButtonDblClk(UINT nFlags, CPoint point)	双击鼠标右键

其中，参数 nFlags 返回虚拟码，表示产生鼠标消息时鼠标按键及 Alt、Shift 和 Ctrl 等键盘特殊按键的状态，键是否被按下由 nFlags 的特定位表示，参数 point 表示光标的当前位置。

【例 12-3】 鼠标绘制直线程序。通过应用程序向导 AppWizard 创建名为 MyWinMouse 的应用程序框架，并编写源代码实现鼠标的绘线功能，即按下鼠标左键时开始画线（直线的起点），释放鼠标左键时完成画线（直线的终点）。

实现方法如下：

（1）利用 AppWizard 向导生成名为 MyWinMouse 的应用程序框架。

（2）添加数据成员。将数据成员添加到视图类的头文件 CMyWinMouseView.h 中：

```
Class CMyWinMouseView : public CView
{
//由用户添加的数据成员
protected:
    CPoint m_LineOrg;                                    //鼠标按键的起始位置
    CPoint m_LineEnd;                                    //鼠标按键的释放位置
    CPen * ptr_myPen, * ptr_myPrePen, * ptr_myDefPen;    //定义画笔类对象
    int m_MouseDown;                                     //表示鼠标左键是否按下
    //…   其他代码
}
```

（3）画笔的初始化与删除分别在视图类构造函数与析构函数中完成，代码如下：

```
CMyWinMouseView::CMyWinMouseView()
{
    //TODO:add construction code here
    ptr_myPrePen = new CPen(0,0,RGB(255,255,255));        //黑色线条
}
```

```
CMyWinMouseView::~CMyWinMouseView()
{
    delete ptr_myPrePen;                          //删除画笔
}
```

（4）添加消息处理函数，并在相应函数中添加源代码。与例 12-2 类似，利用 ClassWizard 向导在视图类 CMyWinMouseView 中添加消息处理函数 OnLButtonDown、OnMoseMove 和 OnLButtonUp，并在相关函数中添加绘制直线的源代码。

```
void CMyWinMouseView::OnMouseMove(UINT nFlags,CPoint point)
{
    //TODO:Add your message handler code here and/or call default
    if(m_MouseDown)
    {
        CClientDC DC(this);
        //将画笔选入设备环境并保存默认画笔
        ptr_myDefPen = DC.SelectObject(ptr_myPrePen);
        DC.SetROP2(R2_XORPEN);
        DC.MoveTo(m_LineOrg);
        DC.LineTo(m_LineEnd);
        m_LineEnd = point;
        DC.MoveTo(m_LineOrg);
        DC.LineTo(m_LineEnd);
    }
    CView::OnMouseMove(nFlags,point);
}


//CMyWinMouseView message handlers
void CMyWinMouseView::OnLButtonDown(UINT nFlags,CPoint point)
{
    //TODO:Add your message handler code here and/or call default
    m_LineEnd = m_LineOrg = point;
    m_MouseDown = 1;                              //鼠标左键已按下
    CView::OnLButtonDown(nFlags, point);
}


void CMyWinMouseView::OnLButtonUp(UINT nFlags, CPoint point)
{
    //TODO:Add your message handler code here and/or call default
    if(m_MouseDown)
    {
        CClientDC DC(this);
        ptr_myDefPen = DC.SelectObject(ptr_myPrePen);    //将画笔选入设备环境
        DC.SetROP2(R2_XORPEN);
        DC.MoveTo(m_LineOrg);
        DC.LineTo(m_LineEnd);
        m_LineEnd = point;
        DC.MoveTo(m_LineOrg);
        DC.LineTo(m_LineEnd);
        m_MouseDown = 0;                          //鼠标已释放初值 0
    }
```

```
        CView::OnLButtonUp(nFlags, point);
}
```

（5）编译并执行应用程序 MyWinMouse，其运行界面如图 12-7 所示。

图 12-7 鼠标绘线程序运行界面图

这是一个典型的鼠标绘图应用程序，MoveTo、LineTo、SelectObject 和 SetROP2 都是 CDC 类的成员函数。函数 MoveTo 的功能是将画笔移动到参数 m_LineOrg 所指定的位置，该函数的参数可以使用 MoveTo(int x, int y) 或 MoveTo(Point point) 两种形式中的任何一种。函数 LineTo 的功能是从画笔的当前位置（the current position）到参数 m_LineEnd 所指定位置画直线，与函数 MoveTo 一样，该函数也具有两种形式的参数。函数 SelectObject 的功能是将画笔选入设备环境。函数 SetROP2 的功能是指定绘图方式，其参数 R2_XORPEN 是系统定义的常量，表示采用画笔与屏幕像素异或的颜色绘图。该例还指出了画笔的使用方法，即先定义自己的画笔对象取代默认的画笔，然后将自定义画笔选入设备环境，用指针变量保存为默认的画笔，接着用设备环境中的画图工具绘图、删除自定义画笔、恢复设备环境的默认画笔。

12.4 菜单应用程序设计

一般情况下，Windows 应用程序都应具有良好的用户界面，因此创建友好的用户界面是开发应用程序的一项重要任务。菜单（Menu）是 Windows 应用程序不可缺少的重要组成部分，它是应用程序命令项的列表。菜单以可视方式提供了对应用程序功能的选择，是 Windows 应用程序用户界面的重要实现方法，是用户与应用程序进行交互的主要方式之一。

在非可视化程序设计中，开发一个良好的用户界面往往需要编写大量的程序代码，这是一件非常烦琐的工作。但 Visual C++ 改变了这一状况，用户只需进行必要的鼠标和键盘操作，并编写适当的源代码，就可以得到美观、实用、友好的用户界面。

12.4.1　菜单简介

菜单是 Windows 应用程序中图形用户界面的重要组成部分,是常用的重要界面设计元素。菜单主要包括下拉式和弹出式两种。弹出式菜单是为了响应右击操作所弹出的菜单,可以出现在屏幕的任何位置。下拉式菜单由上层水平列表项以及与其相连的弹出式菜单组成,当用户选择了上层中的某个列表项时,与之关联的弹出式菜单就会出现,而且可以形成级联菜单。

MFC 类库将菜单操作封装在 CMenu 类中,所有关于菜单的操作都可以通过 CMenu 类的成员函数实现。菜单的基本属性主要包括标识符(ID)、标题(Caption)和提示(Prompt)三大属性。标识符用来在程序中唯一地标识菜单项;标题是实际显示在菜单上的文字信息,用户在选择菜单时首先看到的就是标题;提示是用户在查看某个菜单时显示在窗口底端的文字信息。

在选择菜单后,Windows 会向应用程序发出一个 WM_COMMAND 消息,为了处理菜单发出的命令消息,MFC 消息传递机制会扫描应用程序的所有类来查找可以处理该命令消息的类。这种方法也称为命令子程序,它只适用于 WM_COMMAND 消息。在使用了命令子程序以后,WM_COMMAND 消息首先被发送到当前活动的视图,然后发送到该视图的文档,接着是主框架窗口对象,最后到达应用程序本身。

12.4.2　菜单资源编辑器

Windows 应用程序在.rc 文件中将菜单列为资源,用户可以在资源脚本中编辑菜单模板,但 Visual C++为用户提供了一个更为便捷的菜单编辑器(Menu Editor)。

当用户使用 AppWizard 创建单文档(SDI)或多文档(MDI)应用程序时,系统将为应用程序自动生成默认的菜单栏。用户需要做的工作仅仅是打开菜单编辑器进行必要的修改,再编写各菜单项相应的消息处理函数。当然,用户也可以在菜单编辑器中创建新的菜单,再将其与指定对象(如窗口)相连接。

菜单资源位于资源脚本文件中,该文件还包含有应用程序的其他资源。在项目工作区(Workspace)窗口中选择 ResourceView 选项卡,双击项目名,则应用程序所有的资源以树状形式显示出来。双击 Menu 文件夹,将列出所有菜单的标识符,对于单文档应用程序则只有唯一的菜单资源 IDR_MAINFRAME,双击该标识符,就打开了菜单编辑器。AppWizard 向导为单文档和多文档应用程序创建了预定义的菜单。MFC 为部分预定义菜单提供了默认处理,例如 File 菜单中的 New、Open、Close 等命令。菜单编辑器中的 MyWinMenu 菜单如图 12-8 所示。如果要创建新菜单,应单击 Insert 菜单中的 Resource 命令,并在弹出的 Insert Resource 对话框中选择 Menu 选项,再单击 OK 按钮,这样就可以启动新菜单资源的创建工作。

在菜单编辑器中显示出用户当前编辑的菜单栏,这个菜单栏与程序运行时所显示的完全相同,具有当前焦点的菜单条四周拥有一个灰色的边框,这就是用户正在编辑的菜单条。如果用户想在当前菜单条前添加一个新的菜单条,按 Insert 键,在该菜单条前将会出现一个新的空白菜单条,然后为其设置属性即可。

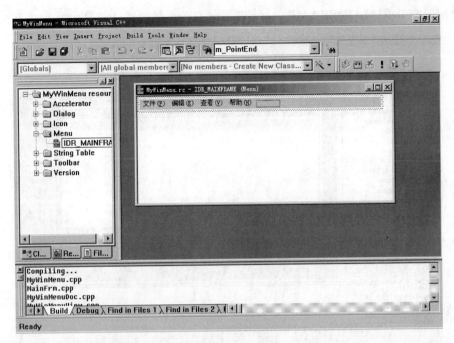

图 12-8 菜单编辑器

在删除菜单时,用户应将当前焦点移到该菜单处,然后使用 Delete 键进行删除操作。如果此菜单条是菜单选项,则系统直接将其删除;如果此菜单条是一个下拉菜单,系统会提示用户是否删除整个下拉菜单,若单击 Yes 按钮,系统则将该菜单条所包含的所有菜单项全部删除。

在 Windows 应用程序中,如果某一菜单项的首字母都带有下划线,表示该字母是一个快捷键(Shortcut Key),用户可以通过快捷键打开该菜单项,即按下 Alt 键和快捷键就可以选择该菜单项。对于 Windows 应用程序,除快捷键以外还可以应用加速键。所谓加速键,是指用户通过按一组组合键的方式直接执行该菜单命令,而不用先打开该菜单项。

由此可见,在 Windows 应用程序中加速键与快捷键的作用是不同的,快捷键的作用是打开菜单但并没有执行菜单命令,而加速键的作用是执行菜单命令(例如按 Ctrl+C 组合键直接执行复制功能)但却没有打开菜单项。

12.4.3 菜单应用实例

【例 12-4】 创建菜单界面程序。在 AppWizard 向导生成应用程序框架的基础上编写源代码实现菜单功能,该菜单为下拉式菜单,具有画直线、画矩形和画椭圆 3 个命令选项,并能执行相应的命令。

实现方法如下:

(1) 利用 AppWizard 向导生成名为 MyWinMenu 的应用程序框架。

(2) 创建菜单界面。

① 在项目工作区中选择 ResourceView 选项卡,单击 Memu 项前的"+"号(或双击 Menu),列出应用程序所有的菜单标识符。由于 MyWinMenu 为单文档应用程序,只有一

个菜单标识符 IDR_MAINFRAME。AppWizard 自动生成的默认菜单如图 12-9 所示。

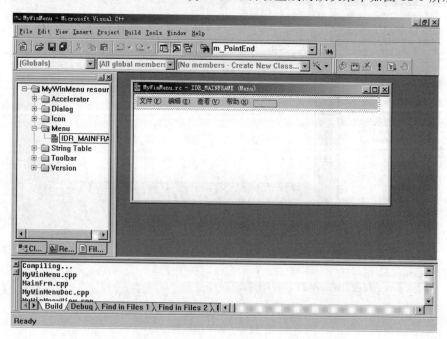

图 12-9　利用 AppWizard 向导自动生成的默认菜单

② 删除不需要的菜单项。例如,若不需要"帮助"菜单,选中"帮助"菜单项,按 Delete 键即可删除该菜单。

③ 增加"画图"菜单项。双击菜单栏右端的矩形空框,弹出如图 12-10 所示的 Menu Item Properties 对话框。

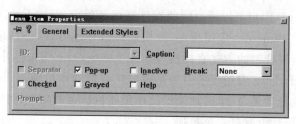

图 12-10　Menu Item Properties 对话框

④ 在 Menu Item Properties 对话框中,菜单标识符 ID 为虚框,这是由于"画图"是顶级菜单项,不用设置 ID。在 Caption 文本框中输入"画图",然后按 Enter 键完成"画图"顶级菜单项的设置。

⑤ 双击"画图"下面的矩形空框(若没有空框,单击"画图"菜单即出现空框),弹出 Menu Item Properties 对话框,设置"画图"菜单项的具体绘图功能。

⑥ 在菜单标识符 ID 中输入 ID_LINE,在 Caption 文本框中输入"直线\tCtrl+L"("\tCtrl+L"表示加速键提示信息),然后按 Enter 键完成"直线"菜单项的设置。

⑦ 重复⑤和⑥两个步骤,在"画图"菜单项中依次加入"矩形"和"椭圆"菜单项,在 ID 框中分别输入 ID_RECTANGLE 和 ID_ELLIPSE,在 Caption 文本框中分别输入"矩形

"（&R）"和"椭圆（&E）"。其中，"&"后的字符表示快捷键。

（3）设置"直线"菜单的加速键功能。

① 在项目工作区中选择 ResourceView 选项卡，单击 Accelerator 项前的"＋"号（或双击 Accelerator），然后双击 IDR_MAINFRAME，打开加速键编辑器，如图 12-11 所示。

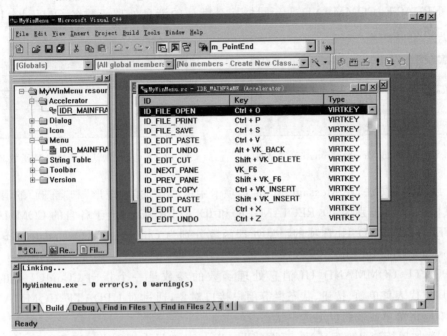

图 12-11　加速键编辑器

② 在图 12-11 中，所显示的是系统已定义的加速键，双击最下面的矩形空框，将弹出如图 12-12 所示的 Accel Properties（加速键属性）对话框。在 ID 框中输入 ID_LINE（"＝32771"由系统自动显示），即"直线"菜单项标识符，在 Key 框中输入加速键名 L，在 Modifiers 选项组中选择 Ctrl，然后按 Enter 键完成加速键的定义。

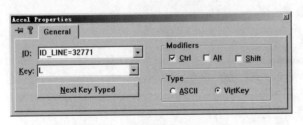

图 12-12　加速键属性对话框

（4）添加菜单项的消息处理函数。在创建了菜单界面及加速键或快捷键之后，接下来应添加消息处理函数，可以应用 ClassWizard 添加消息处理函数。菜单消息属于命令消息，而"画图"菜单项的作用是绘制各种不同的图形，由视图类处理。

① 打开 MFC ClassWizard 对话框的 Message Maps 选项卡，在 Project 下拉列表中选择 CMyWinMenu 选项，在 Class name 下拉列表中选择 CMyWinMenuView 类，在 Object IDs 列表框中将列出所有菜单项的标识符 ID。由于首先添加画"直线"消息处理函数，因此

在 Object IDs 中选择 ID_LINE,在 Messages 列表框中列出该菜单项所能产生的消息,选择 COMMAND,单击 Add Function 按钮,弹出如图 12-13 所示的对话框,接受默认的函数名 OnLine,单击 OK 按钮即可将消息处理函数 OnLine 添加到视图类 CMyWinMenuView 中。

为了使被选中的菜单项标记选中状态"√",需要在 Messages 列表框中给相应的消息再次选择 UPDATE_COMMAND_UI,同样接受默认的消息处理函数名 OnUpdateLine,如图 12-14 所示。

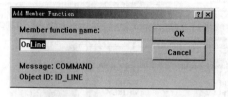

图 12-13 Add Member Function 对话框   图 12-14 接受默认的消息处理函数名

② 以同样的方法,在 Message Maps 选项卡中依次添加绘"矩形"和"椭圆"的消息处理函数,其标识符 ID 分别为 ID_RECTANGLE 和 ID_ELLIPSE,对应于各自的 COMMAND 和 UPDATE_COMMAND_UI 选项的消息处理函数分别为 OnRectangle、OnUpdateRectangle 和 OnEllipse、OnUpdateEllips。

UPDATE_COMMAND_UI 消息处理函数的参数是一个指向 CCmdUI 类的指针,CCmdUI 类代表菜单项、按钮、状态栏等用户接口对象,通过对 UPDATE_COMMAND_UI 消息的响应将菜单或按钮设定选中状态。

(5)添加鼠标消息处理函数。利用 ClassWizard 向导在视图类 CMyWinMenuView 中添加消息处理函数 OnLButtonDown、OnMoseMove 和 OnLButtonUp。

(6)添加"画图"菜单项各绘图功能的实现代码。

① 在 CmyWinMenuView.h 文件中添加以下数据成员:

```
class CMyWinMenuView:public CView
{
//由用户添加的数据成员
protected:
    int m_Shape;
        int m_MouseDown;
    CPen * ptr_myPen, * ptr_myPrePen, * ptr_myDefPen;
        CPoint m_LineEnd;
        CPoint m_LineOrg;
//…
}
```

② 在视图类构造函数与析构函数中完成画笔的初始化和删除,代码如下:

```
CMyWinMenuView::CMyWinMenuView()
{
    //TODO:add construction code here
    m_MouseDown = 0;
        m_Shape = 1;
ptr_myPrePen = new CPen(0,0,RGB(255,255,255));
```

```
}
CMyWinMenuView::~CMyWinMenuView()
{
    delete ptr_myPrePen;
}
```

③ 分别在 3 个菜单项消息处理函数中添加以下代码：

```
void CMyWinMenuView::OnLine()
{
    //TODO:Add your command handler code here
    m_Shape = 1;
}

void CMyWinMenuView::OnRectangle()
{
    //TODO:Add your command handler code here
    m_Shape = 2;
}

void CMyWinMenuView::OnEllipse()
{
    //TODO:Add your command handler code here
    m_Shape = 3;
}
```

④ 分别在各鼠标消息处理函数中添加以下代码：

```
void CMyWinMenuView::OnLButtonDown(UINT nFlags, CPoint point)
{
    //TODO:Add your message handler code here and/or call default
    m_LineEnd = m_LineOrg = point;
    m_MouseDown = 1;
CView::OnLButtonDown(nFlags, point);
}

void CMyWinMenuView::OnLButtonUp(UINT nFlags, CPoint point)
{
    //TODO:Add your message handler code here and/or call default
    m_MouseDown = 0;
CClientDC DC(this);
    ptr_myDefPen = DC.SelectObject(ptr_myPrePen);
    DC.SetROP2(R2_XORPEN);
    DC.MoveTo(m_LineOrg);
    switch(m_Shape)
switch(m_Shape)
    {
    case 1:
        DC.LineTo(m_LineEnd);
        DC.MoveTo(m_LineOrg);
        m_LineEnd = point;
        DC.LineTo(m_LineEnd);
```

```
                break;
        case 2:
            DC.SelectStockObject(HOLLOW_BRUSH);
                DC.Rectangle(m_LineOrg.x,m_LineOrg.y,m_LineEnd.x,m_LineEnd.y);
            DC.MoveTo(m_LineOrg);
                m_LineEnd = point;
                DC.Rectangle(m_LineOrg.x,m_LineOrg.y,m_LineEnd.x,m_LineEnd.y);
            break;
        case 3:
            DC.SelectStockObject(NULL_BRUSH);
                DC.Ellipse(m_LineOrg.x,m_LineOrg.y,m_LineEnd.x,m_LineEnd.y);
            DC.MoveTo(m_LineOrg);
            m_LineEnd = point;
            DC.Ellipse(m_LineOrg.x,m_LineOrg.y,m_LineEnd.x,m_LineEnd.y);
            break;
            }
            CView::OnLButtonUp(nFlags, point);
    }


void CMyWinMenuView::OnMouseMove(UINT nFlags, CPoint point)
{
    //TODO:Add your message handler code here and/or call default
    if(m_MouseDown)
    {
        CClientDC DC(this);
ptr_myDefPen = DC.SelectObject(ptr_myPrePen);
        DC.SetROP2(R2_XORPEN);
        DC.MoveTo(m_LineOrg);
        switch(m_Shape)
         {
        case 1:
        DC.LineTo(m_LineEnd);
        DC.MoveTo(m_LineOrg);
        m_LineEnd = point;
        DC.LineTo(m_LineEnd);
        break;
        case 2:
            DC.SelectStockObject(HOLLOW_BRUSH);
                DC.Rectangle(m_LineOrg.x,m_LineOrg.y,m_LineEnd.x,m_LineEnd.y);
            DC.MoveTo(m_LineOrg);
                m_LineEnd = point;
            DC.Rectangle(m_LineOrg.x,m_LineOrg.y,m_LineEnd.x,m_LineEnd.y);
            break;
        case 3:
            DC.SelectStockObject(NULL_BRUSH);
                DC.Ellipse(m_LineOrg.x,m_LineOrg.y,m_LineEnd.x,m_LineEnd.y);
            DC.MoveTo(m_LineOrg);
            m_LineEnd = point;
            DC.Ellipse(m_LineOrg.x,m_LineOrg.y,m_LineEnd.x,m_LineEnd.y);
            break;
            }
        }
    CView::OnMouseMove(nFlags, point);
    }
```

　　OnMouseMove 消息处理函数中使用了 CDC 类的成员函数 Rectangle 和 Ellipse,其功能分别是绘制矩形和椭圆。

　　Rectangle 和 Ellipse 函数均有两种形式的函数原型,分别如下。

形式一:

```
BOOL Rectangle(LPCRECT lpRect);
BOOL Ellipse(LPCRECT lpRect);
```

　　参数 lpRect 是指向 RECT 结构或 Crect 对象的指针,用于指定矩形区域或椭圆的外切矩形区域(对于 Ellipse 函数)的坐标。

形式二:

```
BOOL Rectangle(int x1,inty1,int x2,int y2);
BOOL Ellipse(int x1,inty1,int x2,int y2);
```

　　参数 $x1$、$y1$ 用于指定矩形区域左上角的坐标,参数 $x2$、$y2$ 用于指定矩形区域右下角的坐标。

```
void CMyWinMenuView::OnUpdateLine(CCmdUI * pCmdUI)
{
    //TODO:Add your command update UI handler code here
    pCmdUI -> SetCheck(m_Shape == 1?1:0);
}
void CMyWinMenuView::OnUpdateRectangle(CCmdUI * pCmdUI)
{
    //TODO:Add your command update UI handler code here
    pCmdUI -> SetCheck(m_Shape == 2?1:0);
}
void CMyWinMenuView::OnUpdateEllipse(CCmdUI * pCmdUI)
{
    //TODO:Add your command update UI handler code here
    pCmdUI -> SetCheck(m_Shape == 3?1:0);
}
```

(7) 编译并运行应用程序 MyWinMenu,结果如图 12-15 所示。

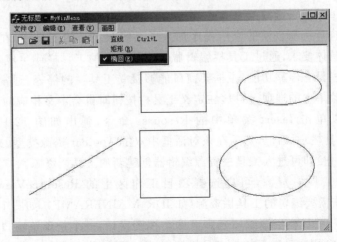

图 12-15　应用程序 MyWinMenu 绘图功能的运行结果

12.5   工具栏应用程序设计

在 Windows 应用程序中,为了方便用户使用,通常将常用的菜单项提取出来,例如将常用的文件菜单项(New、Open 等)、编辑菜单项(Copy、Cut、Paste 等)组成工具栏,工具栏也是 Windows 应用程序中常见的用户界面。如果说菜单是 Windows 程序常用的界面元素,那么在很多情况下,使用工具栏可以更快捷、更方便、更有效、更直观地进行某些操作。

12.5.1   工具栏简介

工具栏是应用程序中一组提供快捷操作的工具,通常将常用的命令放在工具栏中,工具栏由多个工具栏按钮组成,其中每一个按钮代表一个功能选项,这样对于常用的命令可以直接进行操作,而不用每次都打开菜单栏进行选择,从而可以方便用户操作。

工具栏按钮有命令按钮和复选按钮等形式,例如 Word 中的打开、保存、打印等命令都是命令按钮形式。对于复选按钮,第一次单击后保持选中状态,同时可以选择其他按钮来配合产生一定的效果,Word 中的加粗(**B**)、下划线(U)和倾斜(*I*)就是标准的复选按钮,当再次单击时按钮恢复初始状态。

一般情况下,单击工具栏按钮等价于从菜单中选择相应的菜单项。工具栏中所有按钮的图形都被存储在一个位图中,该位图被定义在应用程序的资源文件中,工具栏按钮是菜单中经常使用的命令的复制品。工具栏可以停靠在父窗口的顶部,也可以停靠在父窗口的任何靠边的位置,或者脱离父窗口,移动到自己的框架窗口内。与菜单相比,工具栏可以直接看到,因此,工具栏又被称为图形化的菜单,它是一种更快捷、更有效、更方便、更直观的命令输入方式。

12.5.2   使用资源编辑器创建工具栏

MFC 的 CToolBar 类封装了工具栏的功能,AppWizard 向导在创建的应用程序的主框架窗口类 CMainFrame 中添加一个 CToolBar 类的数据成员 m_wndToolBar,并在主框架窗口类 CMainFrame 的成员函数 OnCreate 中创建工具栏。

AppWizard 向导为所创建的应用程序加入了系统预定义的工具栏,在实际应用中,要根据应用程序的具体要求,通过工具栏编辑器修改预定义的工具栏或生成新的工具栏。系统预定义的工具栏具有停靠功能,主框架窗口能够接受工具栏的停靠,通常情况下,工具栏中的按钮对应于菜单中的选项,所以,在定义工具栏按钮时也会定义相应的菜单项。在创建新工具栏时,可以单击 Insert 菜单中的 Resource 命令,弹出如图 12-16 所示的 Insert Resource(添加工具栏)对话框,然后在该对话框中双击 Toolbar 资源类型(或选择 Toolbar,然后单击 New 按钮)即可进入工具栏资源编辑器创建新的工具栏资源。

编辑已有的工具栏资源,可以选择项目工作区中的 ResourceView 选项卡,单击 Toolbar,然后双击需要编辑的工具栏资源(如 IDR_MAINFRAME),如图 12-17 所示。

对于图 12-17,工具栏资源编辑器中有两个视图窗口,一个是预览窗口,其中显示正常大小的工具栏,包含用户已经添加的工具栏按钮,用户可以从这个窗口中预览当前工具栏的

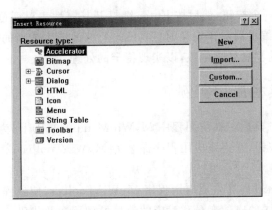

图 12-16　Insert Resource 对话框

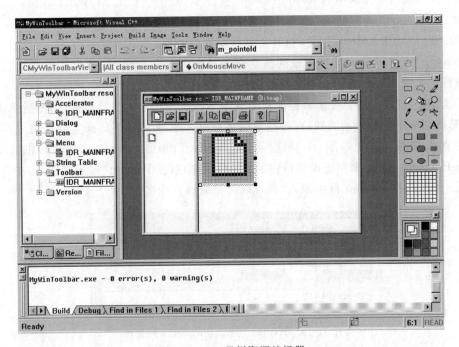

图 12-17　工具栏资源编辑器

外观,并且可以在其中选择当前编辑的工具栏按钮,当前编辑的工具栏按钮处于明显的凹陷状态;另一个视图窗口是编辑窗口,显示当前工具栏按钮的放大位图,用户可以利用资源编辑器中的 Graphics 图形工具栏来创建或编辑工具栏按钮的位图资源。

在用户创建一个工具栏按钮后,已有的按钮后将会出现一个新的空白按钮,用户可以按照顺序依次创建工具栏按钮。用户还可以轻松地改变工具栏上按钮的排列顺序,只需在预览窗口中选中第一个按钮,然后用鼠标将其拖放至另一个按钮处,即可交换这两个按钮的顺序。若需要更新某个按钮的位图,则需先选中此按钮,然后按 Delete 键刷新其位图资源。当需要删除按钮时,用户只需在预览窗口中选中该按钮,然后按下鼠标左键不放,将此按钮拖出预览窗口区域即可。

为了在程序中方便地操作工具栏,用户必须为每个按钮给定一个标识符名,即设置一个

ID 资源值。首先选中一个按钮，然后按 Enter 键打开其属性表对话框进行设置即可。在实际应用中，通过工具栏编辑器对预定义的工具栏进行修改或生成新的工具栏之后，还需要建立工具栏按钮（命令）的消息处理函数，以实现特定的处理。

12.5.3　工具栏应用实例

【例 12-5】　创建工具栏。在应用程序 MyWinMenu 的基础上，为"画图"菜单的各菜单项增加对应的工具栏按钮，并将该应用程序命名为 MyWinToolbar。

实现方法如下：

（1）利用 AppWizard 向导生成应用程序 MyWinToolbar，使该程序实现例 12-4 所具有的菜单功能，即添加相同的成员变量和对应的消息处理函数及代码。

（2）选择项目工作区中的 ResourceView 选项卡，双击项目名 MyWinToolbar。然后在资源树中双击 Toolbar 结点，此时会出现默认的工具栏标识符 IDR_MAINFRAME。接着双击 IDR MAINFRAME 标识符，打开工具栏资源编辑器（参见图 12-17）。

（3）修改 AppWizard 向导生成的预定义工具栏，创建与"画图"顶级菜单下的直线、矩形和椭圆 3 个菜单项对应的 3 个工具栏命令按钮。

① 创建画直线按钮。在工具栏面板中删除不需要的预定义工具栏按钮，然后单击空白按钮，选择图形工具栏中的直线，在按钮绘制区从左上角到右下角画直线。完成后，双击生成的直线按钮，弹出如图 12-18 所示的 Toolbar Button Properties 对话框，Toolbar Button Properties 对话框用于设置按钮的 ID（标识符）以及 Prompt（提示信息）。在 ID 框中输入 ID_LINE，在 Prompt 框中输入"画直线"，完成画直线按钮（命令）的定义。

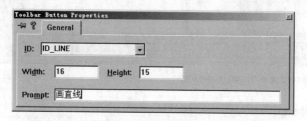

图 12-18　Toolbar Button Properties 对话框

② 编辑完画直线按钮之后，其右边将产生一个新的空白按钮，单击这个空白按钮，继续编辑画矩形按钮。选择图形工具栏中的矩形，在空白按钮中绘制出一个矩形，并设置该按钮的 ID 值为 ID_RECTANGLE。

③ 以同样的方法完成画椭圆按钮的创建，并设置该按钮的 ID 值为 ID_ELLIPSE。

（4）添加消息处理函数。工具栏按钮产生的消息和菜单消息一样都属于命令消息，工具栏按钮是对菜单常用命令的复制，即工具栏按钮与对应菜单项实际上是执行了同一条命令，因此，在 MyWinToolbar 应用程序中，按钮和对应的菜单项具有相同的标识符 ID，因而，菜单与对应的工具栏按钮也使用同一个消息处理函数。

由于在步骤（1）中已将菜单消息 ID_LINE、ID_RECTANGLE 和 ID_ELLIPSE 添加消息处理函数 OnLine、OnRectangle、OnEllipse，以及鼠标消息 WM_LBUTTONDOWN、WM_LBUTTONUP 和 WM_LBUTTONMOVE 的消息处理函数，因此，此处无须重复添加。

　　工具栏中的按钮也可以与菜单中的选项不相关联,这时需要为按钮定义区别于菜单项的标识符,并给每个按钮添加自己的消息处理函数。

　　(5)编译运行工具栏应用程序 MyWinToolbar,运行结果如图 12-19 所示。

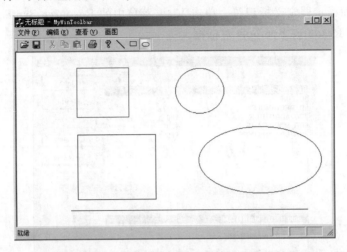

图 12-19　工具栏应用程序的运行结果

12.6　状态栏应用程序设计

　　状态栏的作用是在程序的控制下显示当前程序的执行状态或简要的说明信息,例如,当选取某工具或菜单项时,将会在状态栏中显示其说明文字。状态栏既不接受用户输入也不产生命令消息。状态栏可支持两种类型的文本窗口,分别是信息行窗口和状态指示器窗口。

12.6.1　状态栏的实现

　　一般情况下,状态栏位于 Windows 应用程序窗口的底部,通常由一系列的面板(Pane)组成,用于文本输出或指示器,其中常见的指示符有 Caps Lock、Num Lock、Scroll Lock 等。如果在 AppWizard 向导的 Step 4 对话框中选择了 Initial status bar 复选框,那么AppWizard 向导生成的应用程序就拥有一个默认的状态栏。

　　创建状态栏的目的是提供一个输出区域,定义提示信息,建立特定状态和提示信息的联系。MFC 类库中的 CStatusBar 类封装了状态栏的功能,在通过 AppWizard 向导创建应用程序时,该向导在应用程序的主框架窗口类 CMainFrame 中定义了一个 CStatusBar 类的数据成员 mwndStatusBar。另外,在主框架程序 MainFram.cpp 中定义状态栏指示器标识符数组 IndicatorIDs,在主框架窗口类的成员函数 OnCreate 中创建状态栏。

12.6.2　状态栏应用实例

　　【例 12-6】　创建状态栏。在应用程序 MyWinToolbar 的基础上,在状态栏中添加两个新的指示器用于显示鼠标在窗口中的坐标,并将该应用程序命名为 MyWinStatus。

　　实现方法如下:

(1) 利用 AppWizard 向导生成应用程序 MyWinStatus,使该程序实现例12-5所具有的功能,即添加相同的成员变量和对应的消息处理函数及代码。

(2) 添加应用程序的指示器。

① 给新添加指示器定义标识符。单击 View 菜单中的 Resource Symbols 命令,弹出如图12-20所示的 Resource Symbols 对话框。

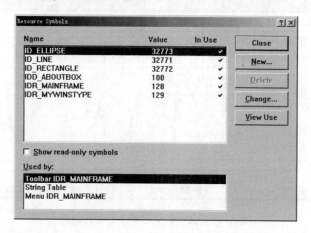

图 12-20　Resource Symbols 对话框

在该对话框中单击 New 按钮,弹出 New Symbol 对话框,如图12-21所示。其中,Name 文本框用于指定标识符,Value 文本框用于指定标识符的数值。因此,在 Name 文本框中输入 ID_X,并采用默认的 Value 值,然后单击 OK 按钮,完成 X 坐标指示器标识符的定义。用同样的方法建立 Y 坐标指示器标识符 ID_Y,并采用默认的 Value 值。在定义标识符时,用户完全可以自由指定标识符的数值(注意,标识符的数值要避免重复)。

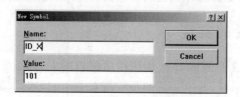

图 12-21　New Symbol 对话框

② 在项目工作区中选择 ResourceView 选项卡,单击项目名 MyWinStatus 前的"＋"号,选择 String Table,打开如图12-22所示的字符串资源编辑器。双击字符串资源编辑器中最后的空白行,弹出如图12-23所示的 String Properties 对话框,在 ID 框中输入 ID_X,在 Caption 列表框中输入"横坐标 X"。

③ 同样,给标识符 ID_Y 指定标题为"纵坐标 Y"。

(3) 在指示器标识符数组中添加标识符。将应用程序指示器标识符添加到状态栏指示器标识符数组中,该数组位于 MainFrm.cpp 文件的开始部分。对数组 indicator 的数组元素进行以下修改:

```
static UINT indicators[] =
{
```

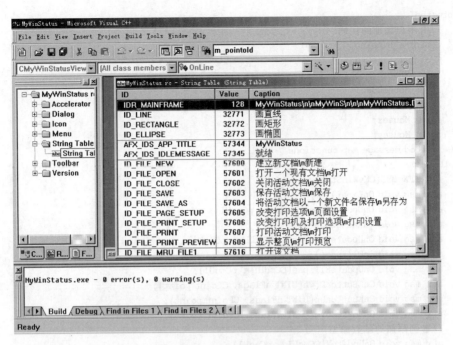

图 12-22 字符串资源编辑器

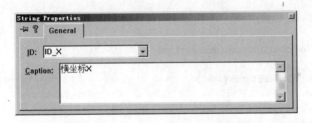

图 12-23 String Properties 对话框

```
    ID_SEPARATOR,                           //status line indicator
    ID_INDICATOR_CAPS,
    ID_INDICATOR_NUM,
    ID_INDICATOR_SCRL,
    //用户添加的代码
    ID_X,
    ID_Y
};
```

（4）添加消息处理函数。

首先在 MyWinStatusView 类的头文件 MyWinStatusView.h 中添加整型数据成员 m_Mousex 和 m_Mousey，用于保存鼠标的 X 坐标和 Y 坐标值，在视图类构造函数中将新添加的数据成员初始化为 0。同时，在头文件 MyWinStatusView.h 中手工增加函数原型的声明和消息映射宏。

代码如下：

```
    //…
```

```
protected:
    //由用户添加的代码
    CPoint m_LineEnd;
    CPoint m_LineOrg;
    int m_Shape;
    int m_MouseDown;
    //本例添加的数据成员
    int m_Mousex;
    int m_Mousey;
//Generated message map functions
protected:
    //{{AFX_MSG(CMyWinStatusView)
    afx_msg void OnLine();
    afx_msg void OnUpdateLine(CCmdUI * pCmdUI);
    afx_msg void OnRectangle();
    afx_msg void OnUpdateRectangle(CCmdUI * pCmdUI);
    afx_msg void OnEllipse();
    afx_msg void OnUpdateEllipse(CCmdUI * pCmdUI);
    afx_msg void OnLButtonDown(UINT nFlags, CPoint point);
    afx_msg void OnLButtonUp(UINT nFlags, CPoint point);
    afx_msg void OnMouseMove(UINT nFlags, CPoint point);
    //本例添加的函数原型声明
    afx_msg void OnUpdateX(CCmdUI * pCmdUI);
    afx_msg void OnUpdateY(CCmdUI * pCmdUI);
    //}}AFX_MSG
    DECLARE_MESSAGE_MAP()
};
//CMyWinStatusView construction/destruction

CMyWinStatusView::CMyWinStatusView()
{
    //TODO:add construction code here
    m_MouseDown = 0;
    m_Shape = 1;
    m_Mousex = 0;
    m_Mousey = 0;
}
```

在鼠标移动消息处理函数中给表示鼠标位置坐标的数据成员赋值,代码如下:

```
void CMyWinStatusView::OnMouseMove(UINT nFlags,CPoint point)
{
    //TODO:Add your message handler code here and/or call default
    m_Mousex = point.x;
    m_Mousey = point.y;
    CView::OnMouseMove(nFlags, point);
}
```

在类的实现文件 MyWinStatusView.cpp 中添加对应的消息映射和函数的实现:

```
IMPLEMENT_DYNCREATE(CMyWinStatusView,CView)
BEGIN_MESSAGE_MAP(CMyWinStatusView,CView)
    //{{AFX_MSG_MAP(CMyWinStatusView)
    ON_COMMAND(ID_LINE, OnLine)
    ON_UPDATE_COMMAND_UI(ID_LINE,OnUpdateLine)
```

```
    ON_COMMAND(ID_RECTANGLE,OnRectangle)
    ON_UPDATE_COMMAND_UI(ID_RECTANGLE,OnUpdateRectangle)
    ON_COMMAND(ID_ELLIPSE, OnEllipse)
    ON_UPDATE_COMMAND_UI(ID_ELLIPSE,OnUpdateEllipse)
    ON_WM_LBUTTONDOWN()
    ON_WM_LBUTTONUP()
    ON_WM_MOUSEMOVE()
    //}}AFX_MSG_MAP
    //Standard printing commands
    ON_COMMAND(ID_FILE_PRINT,CView::OnFilePrint)
    ON_COMMAND(ID_FILE_PRINT_DIRECT,CView::OnFilePrint)
    ON_COMMAND(ID_FILE_PRINT_PREVIEW, CView::OnFilePrintPreview)
    //本例添加的消息映射宏
    ON_UPDATE_COMMAND_UI(ID_X,OnUpdateX)
    ON_UPDATE_COMMAND_UI(ID_Y,OnUpdateY)
END_MESSAGE_MAP()

void CMyWinStatusView::OnUpdateX(CCmdUI * pCmdUI)
{
    //TODO:Add your command update UI handler code here
    CString prompt;
    pCmdUI->Enable();
    prompt.Format("X:% d",m_Mousex);
    pCmdUI->SetText(prompt);
}
void CMyWinStatusView::OnUpdateY(CCmdUI * pCmdUI)
{
    //TODO:Add your command update UI handler code here
    CString prompt;
    pCmdUI->Enable();
    prompt.Format("Y:% d",m_Mousey);
    pCmdUI->SetText(prompt);
}
```

（5）编译、运行 MyWinStatus 应用程序，运行结果如图 12-24 所示。

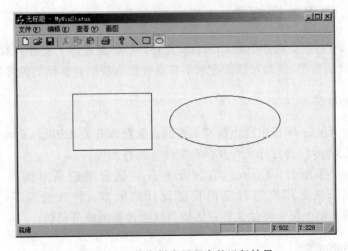

图 12-24　状态栏应用程序的运行结果

12.7 对话框应用程序设计

在 Windows 应用程序中,对话框常被用来作为程序和用户之间交互的工具。对话框在程序中的应用十分普及、无处不在,例如打开文件、查询以及进行其他数据交换时都需要使用对话框,从最简单的询问"是"与"否"的消息框到复杂的数据处理框都可以用对话框来完成。实际上,对话框是一个真正的窗口,它继承于 MFC 的 CWnd 类,具备了窗口的很多属性,不仅可以接受消息,可以移动和关闭,还可以在它的客户区中进行绘图操作,尤其方便的是,在设计对话框时可以把控件直接粘贴到对话框中,以实现各种操作。

12.7.1 对话框的分类

对话框按其动作模式可分为模式和无模式两大类。MFC 的对话框类(CDialog)既支持模式对话框也支持无模式对话框。对于模式对话框,例如 Open File 对话框,在同一个应用程序中,只有该对话框被关闭以后才能对程序的其他功能进行操作。这是因为,当模式对话框被打开之后,对话框就接管了父窗口的输入控制权,并掌握了控制权,只有在用户关闭了该对话框之后,对话框才会把控制权交给父窗口。而对于无模式对话框,对话框与父窗口共享控制权,用户可以在主窗口和对话框之间来回切换,在对话框仍保留在屏幕上时,用户还可以在应用程序的其他窗口中进行操作。

根据模式对话框和无模式对话框的特性,用户可以在程序中灵活地使用对话框,例如,用户可以在要求输入数据时使用模式对话框,在替换数据和查找数据时使用无模式对话框。

根据两类对话框的特点,模式对话框一般在输入数据时使用,例如常见的打开与存储文件对话框、显示程序信息的 MessageBox 等。而无模式对话框常用于进行一些功能选择,如工具箱和调色板等。模式对话框用对话框的 DoModal()函数来显示,而无模式对话框用对话框的 Create()函数显示。

12.7.2 常用对话框类

在 MFC 中,对话框类的基类是 CDialog,此外,MFC 还提供了文件存取对话框类、颜色对话框类、字型对话框类、打印对话框类和字符串查找与替换对话框类等常用对话框类。

1. CFileDialog 类

几乎所有的 Windows 应用程序都和文件的存取操作有关,CFileDialog 类是 MFC 中的文件存取对话框类,专门为打开文件及保存文件等操作而设计。

CFileDialog 类派生自 CDialog 类,因此具有对话框类的基本操作。一般情况下,CFileDialog 类可以满足用户进行应用程序设计的要求;特殊情况下,用户还可以在CFileDialog 类的基础上派生新的文件对话框类或添加新的成员函数。

2. CColorDialog 类

CColorDialog(颜色设定对话框)类是 MFC 类库为满足不同颜色爱好的用户开发

Windows 应用程序而专门设计的类。

　　颜色对话框允许用户在现有的颜色调色板中选取颜色,调配自己喜欢的颜色。在图形化应用程序设计中,一般都提供了颜色设定对话框以满足用户依据个人喜好调配不同的颜色。

3. CPrintDialog 类

　　CPrintDialog 类是 MFC 中专门用来进行打印设定的对话框类。在 Windows 应用程序设计中,应用 CPrintDialog 类可以方便地进行各种打印方式的设定。

4. CFindReplaceDialog 类

　　在进行文件或文本编辑时,经常需要使用字符串的查找或替换功能,尤其是在进行大容量文本操作时更是如此。CFindReplaceDialog 类是 MFC 类库中专门用于字符串查找与替换的对话框类。CFindReplaceDialog 类提供了目前最流行的标准字符串的查找与替换功能的对话框,字符串的查找与替换一般采用模式无对话框方式。

5. CFontDialog 类

　　CFontDialog 类是 MFC 的字型设定对话框类。在字型处理或文件排版时,由于不同文件的不同要求或个人喜好的不同,经常需要设定字体,CFontDialog 类可以帮助用户实现对不同文本类型、大小、颜色、字体的选择,以满足不同的效果。

12.7.3　对话框的常用函数

　　MFC 类库提供了许多管理对话框的成员函数,应用这些函数可以方便地存取对话框内部控制项内容和状态,充分发挥对话框的功能。表 12-5 是处理对话框的常用成员函数。

表 12-5　处理对话框的部分成员函数

函　　数	功　　能
Cdialog::Create	创建无模式对话框
CWnd::UpdateData	设定对话框控制项的数据或取得控制项数据
CWnd::GetDlgltem	获得子窗口或对话框内部控制项对象的指针
CWnd::GetDlgltemText	获得控制项的标题或字符串内容
CWnd::GetDlgltemInt	获得控制项的文本内容,并转换为整数
CWnd::SetDlgltemText	设定控件显示的文本内容
CWnd::SetDlgltemInt	将整数转换为文本并赋予控件
CWnd::DlgDirSelect	获得列表框当前选定项的字符串内容
CWnd::DlgDirList	将指定路径下符合文件属性和描述的所有文件添加到列表框中
CWnd::CheckDlgButton	设置/取消按钮的标记符或更改一个三态按钮的状态
CWnd::CheckRadioButton	标记指定的圆形按钮,同时删除同组中的其他圆形按钮的标记符
CWnd::GetCheckRadioButton	获得指定组群中标记了的圆形按钮的代码
CscrollBar::SetScrollRange	设定滚动条的范围(最大/最小位置值)
CscrollBar::SetScrollPos	设定滚动条的位置
CscrollBar::GetScrollRange	获得滚动条的滚动范围
CscrollBar::GetScrollPos	获得滚动条的当前位置

12.7.4　对话框应用实例

对话框的创建一般可以按以下步骤进行：对话框界面设计、生成管理对话框的新类、定义数据成员、定义消息及消息处理函数以及对话框显示的其他工作。

【例 12-7】　对话框应用举例。建立一个模式对话框，该对话框能实现在窗口客户区中显示指定文本，显示文本的起点位置(坐标)通过对话框指定。

实现方法如下：

(1) 在应用程序框架中添加数据成员。利用 AppWizard 生成应用程序 MyWinDialog，并在文档类中添加以下变量。

```
public:
    CString m_Text;                      //存储在视图中所显示的文本
    int m_StringPosx;                    //所显示文本的起点坐标 x
    int m_StringPosy;                    //所显示文本的起点坐标 y
```

(2) 编辑对话框。

① 在 Visual C++中，对话框也是一种资源，和菜单界面设计一样，对话框的编辑也在资源编辑器中进行。打开 MyWinDialog 项目文件以后，在项目工作区中选择 ResourceView 选项卡，并选择 Dialog，然后右击，在弹出的快捷菜单中选择 Insert Dialog(或单击 Insert 菜单中的 Resource 命令，然后单击 New 按钮)，单击对话框，打开如图 12-25 所示的对话框编辑器。其中，右边为控件工具栏，本例需要使用静态文本和编辑框两个控件。

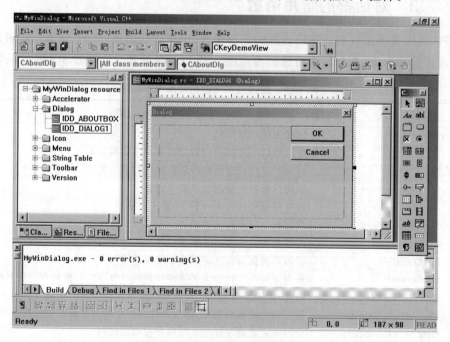

图 12-25　对话框编辑器

② 单击静态文本控件，然后在对话框中单击，则所选择的静态文本控件出现在鼠标位置，控件的位置和大小可由鼠标控制，如图 12-26 所示。在控件上右击，在弹出的快捷菜单

中选择 Properties 命令,弹出如图 12-27 所示的 Text Properties 对话框。

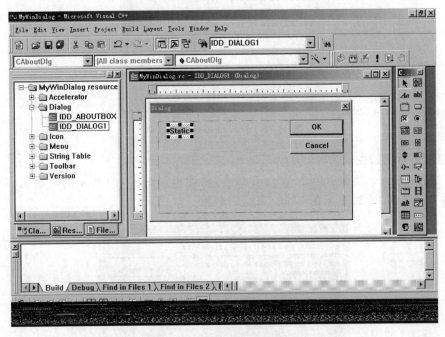

图 12-26　对话框编辑示意图

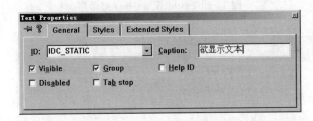

图 12-27　Text Properties 对话框

　　③ 控件属性设置。在 ID 框中输入控件标识符 ID,在 Caption 中输入控件本身所显示的字符。本例需设置 3 个静态文本控件和 3 个编辑框控件,各控件的属性设置如表 12-6 所示。

表 12-6　对话框控件的属性设置表

控　　件	标识符 ID	标题 Caption
静态文本控件	IDC_STATIC	欲显示文本
静态文本控件	IDC_STATIC	位置坐标 x
静态文本控件	IDC_STATIC	位置坐标 y
编辑框控件	IDC_EDIT1	不用设置
编辑框控件	IDC_EDIT2	不用设置
编辑框控件	IDC_EDIT3	不用设置

　　设置完成以后,可以按 Ctrl＋T 组合键测试所编辑的对话框,该对话框如图 12-28 所示。

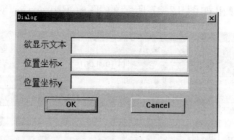

图 12-28 已完成编辑的对话框

（3）对话框类的生成。

① 这时在 View 菜单中单击 Wizard 命令，将弹出如图 12-29 所示的对话框，单击 OK 按钮，将弹出如图 12-30 所示的 New Class 对话框。

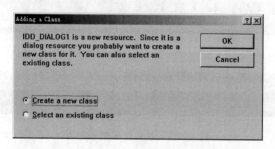

图 12-29 Adding a Class 对话框

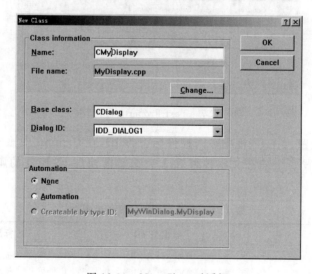

图 12-30 New Class 对话框

② 在 Name 文本框中输入管理对话框的类名 CMyDisplay，单击 OK 按钮，将弹出如图 12-31 所示的对话框。然后单击 OK 按钮，即完成了新类 CMyDisplay 的创建。

（4）创建菜单。

① 编辑菜单。打开菜单编辑器，如图 12-32 所示，在 AppWizard 生成的默认菜单的基础上创建新的菜单项，将顶层菜单 Caption 设置为文本显示，将子菜单项标识符 ID 设置为

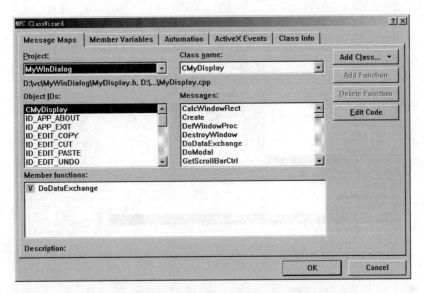

图 12-31 生成新类后的 MFC ClassWizard 对话框

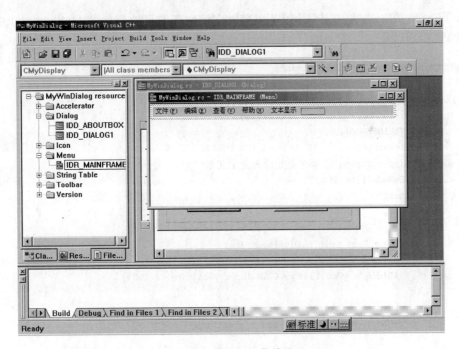

图 12-32 添加新的菜单界面

ID_SHOWTEXT,将 Caption 设置为字符显示。

②添加消息处理函数。在 View 菜单中单击 ClassWizard 命令,弹出如图 12-33 所示的 MFC ClassWizard 对话框,在 Object IDs 框中选择 ID_SHOWTEXT,在 Messages 框中选择 COMMAND,单击 Add Function 按钮,采用默认的函数名 OnShowtext,然后单击 OK 按钮完成消息处理函数的添加。

③在消息处理函数中添加代码。在项目工作区中选择 FileView 选项卡,然后单击

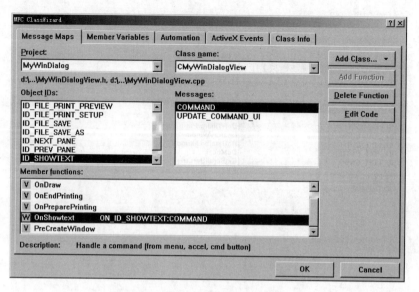

图 12-33　添加消息处理函数

Source Files 前的"＋"号,双击 CMyWinDialogView,在消息处理函数 OnShowtext 中添加以下代码:

```
void CMyWinDialogView::OnShowtext()
{
    //TODO:Add your command handler code here
    CMyWinDialogDoc * pDoc = GetDocument();
    ASSERT_VALID(pDoc);
    CMyDisplay dlg;
    dlg.m_DisplayString = "请在此处输入显示文本!";
    if(dlg.DoModal()!= IDOK)
        return;
    else
    {
        pDoc -> m_Text = dlg.m_DisplayString;
        if((dlg.m_xPosition > = 0 && dlg.m_xPosition < = 200)
            &&(dlg.m_yPosition > = 0 && dlg.m_yPosition < = 200))
        {
            pDoc -> m_StringPosx = dlg.m_xPosition;
            pDoc -> m_StringPosy = dlg.m_yPosition;
        }
        Invalidate();
    }
}
```

(5)定义对话框类的数据成员。MFC 通过数据映射机制将控件和对话框的数据成员进行关联,数据成员的值反映了控件的状态或控件的内容。对话框具有 3 个数据成员,分别是 m_DisplayString、m_xPosition 和 m_yPosition,它们都是用来进行数据交换的。

单击 View 菜单中的 ClassWizard 命令,弹出如图 12-34 所示的 MFC ClassWizard 对话框,选择 Member Variables 选项卡,然后在 Control IDs 中选择 IDC_EDIT1,单击 Add

Variable 按钮，弹出如图 12-35 所示的 Add Member Variable 对话框。

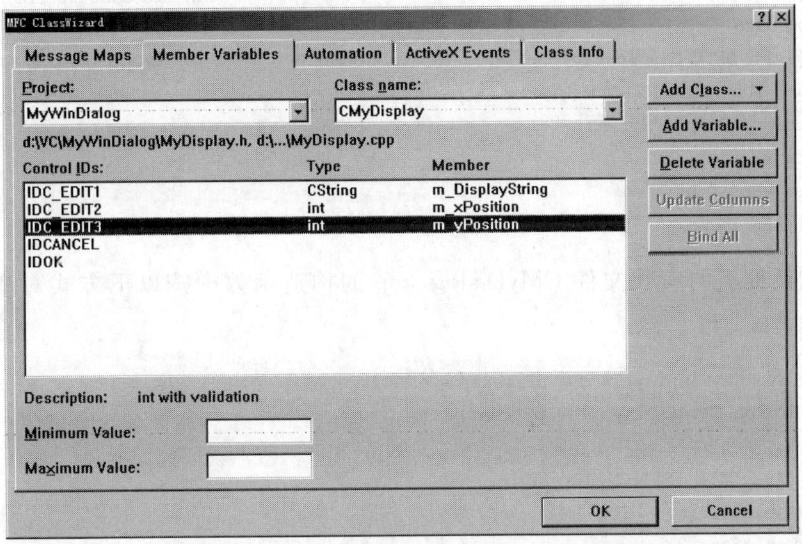

图 12-34　Member Variables 选项卡

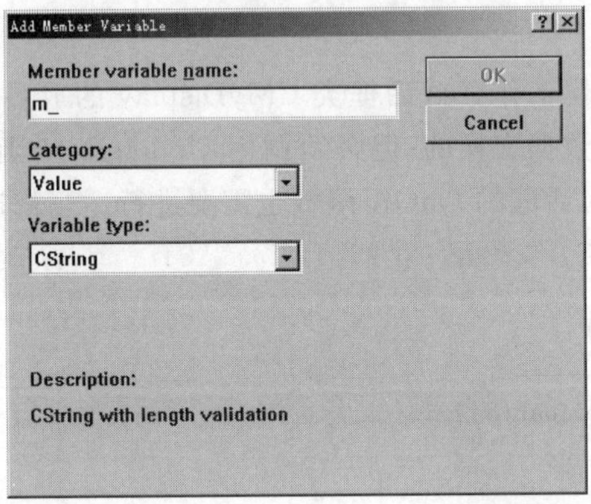

图 12-35　Add Member Variable 对话框

按表 12-7 设置对话框成员变量的属性。

表 12-7　对话框的控件 ID 与成员变量属性表

对话框控件 ID	类　型	对话框数据成员
IDC_EDIT1	CString	m_DisplayString
IDC_EDIT2	int	m_xPosition
IDC_EDIT3	int	m_yPosition

设置完成之后，向导自动在对话框类的头文件 CMyDialog. h 中对变量进行声明：

```
//CMyDisplay dialog
class CMyDisplay : public CDialog
{
//Construction
```

```
public:
    CMyDisplay(CWnd * pParent = NULL);                    //standard constructor
//Dialog Data
    //{{AFX_DATA(CMyDisplay)
    enum{ IDD = IDD_DIALOG1 };
    CStringm_DisplayString;
    intm_xPosition;
    intm_yPosition;
    //}}AFX_DATA
```

并在对话框类的实现文件 CMyDialog.cpp 的构造函数中按以下方式对变量进行初始化：

```
CMyDisplay::CMyDisplay(CWnd * pParent/ * = NULL * /)
    : CDialog(CMyDisplay::IDD,pParent)
{
    //{{AFX_DATA_INIT(CMyDisplay)
    m_DisplayString = _T("");
    m_xPosition = 0;
    m_yPosition = 0;
    //}}AFX_DATA_INIT
}
```

(6) 对话框显示的其他工作。对话框类 CMyDisplay 的成员函数 DoDataExchange 是用于对话框成员变量进行数据交换的,但必须调用 UpdateData 函数进行数据成员的更新。为了使关联变量被更新,对话框的 OnOK 函数也需要进行适当修改,双击 OK 按钮,添加以下代码：

```
void CMyDisplay::OnOK()
{
    //TODO:Add extra validation here
    UpdateData(TRUE);

    CDialog::OnOK();
}
```

为了在主框架窗口中显示文本,为 OnDraw 函数添加以下代码：

```
void CMyWinDialogView::OnDraw(CDC * pDC)
{
    CMyWinDialogDoc * pDoc = GetDocument();
    ASSERT_VALID(pDoc);
    //TODO:add draw code for native data here
    pDC - > TextOut(pDoc - > m_StringPosx,pDoc - > m_StringPosy,pDoc - > m_Text);
}
```

由于在 MyWinDialog 应用程序框架中添加了管理对话框的新类 CMyDisplay,因此,在视图类的实现文件 MyWinDialogView.cpp 中添加以下文件包含语句：

```
# include "MyDisplay.h"
```

（7）编译并运行 MyWinDisplay 应用程序，运行结果如图 12-36～图 12-38 所示。

图 12-36 运行过程中的输入对话框   图 12-37 在对话框中输入显示文本和坐标

图 12-38 对话框应用程序的运行结果

这是一个典型的对话框程序，较好地说明了如何使对话框的控件与一个变量关联，并说明了如何将输入对话框中的数据传送到与该控件相关联的变量中，以及在应用程序中如何使用对话框传送数据。

12.8 控件应用程序设计

在 Windows 应用程序中，控件（Control）的应用随处可见，虽然菜单是实现用户与程序进行交互的最基本的途径，但仅仅使用菜单来完成这种交互往往很不方便，有时甚至是难以实现的。任意打开一个窗口或对话框，一般都具有各种各样的控件，如命令按钮、静态文本、编辑框、列表框等。控件是一种子窗口，应用程序用它与其他窗口一起完成简单的输入/输出操作。可以说，在 Windows 应用程序中窗口和对话框是框架或容器，控件是"灵魂"。

12.8.1 控件简介

Windows 的一个重要的特性就是图形化用户界面，控件是一种特殊的对象，是 Windows 应用程序和用户进行交互的重要手段，控件的使用很好地体现了 Windows 系统面向对象的特点。控件通常可以出现在对话框或工具栏中，也可以出现在窗口中。Visual C++ 6.0 提供了各种控件来实现直观、方便、快捷的交互。在 12.7 节的对话框应用程序中就使用了静态文本、编辑框及按钮等控件。

在 Visual C++中,控件可以分为 Windows 常用控件、ActiveX 控件和其他 MFC 类库所支持的控件。

1．Windows 常用控件

Windows 常用控件包括使用频率最高的标准控件和用户自定义控件,例如静态文本、命令按钮、编辑框、列表框、复选框、组合框、滚动条等控件。

2．ActiveX 控件

ActiveX 控件又称为 OLE 控件,常用于 Windows 应用程序的对话框中,或用于 WWW 的网页中。

3．其他 MFC 类库所支持的控件

除 Windows 常用控件和 ActiveX 控件以外,MFC 类库还支持 CBitmapButton、CCheckListBox、CDragListBox、CProgressCtr、CStatusBar 等控件类。

12.8.2 常用控件类

控件是 Windows 图形用户界面的主要组成部分之一,用户通过控件对象完成与应用程序的交互。Windows 应用程序设计中常用的控件及其用途如表 12-8 所示。

表 12-8　常用的控件

控　　件	MFC 类	简　要　说　明
静态文本控件	CStatic	用于为其他控件显示文本标签
图形控件	CStatic	用于显示图标
编辑框控件	CEdit	用于文本输入
组合框控件	CComboBox	将列表框和编辑框控件有机地组合
按钮控件	CButton	用于执行命令
单选按钮控件	CButton	用于对互相排斥的选项进行选择
复选框控件	CButton	用于选择多个独立的选项
水平滚动条控件	CScrollBar	提供水平滚动功能
垂直滚动条控件	CScrollBar	提供垂直滚动功能
列表框控件	CListBox	以列表的方式给用户提供选择

12.8.3 创建控件

在 Visual C++中可以利用对话框资源编辑器和手工添加两种方法创建控件。利用对话框资源编辑器创建控件非常方便,在 12.7 节的对话框应用程序中已经使用该方法。利用手工添加控件相对比较麻烦,需要用户自己编写较多的源代码才能完成添加工作。

一般情况下,利用 Visual C++资源编辑器创建控件的步骤如下:

(1) 打开资源编辑器,利用控件工具栏可视化地向对话框或窗口添加所需要的控件。

(2) 构造对话框对象。

(3) 调用该对象的成员函数 Create()或 DoModal,系统自动创建相应控件并将其放入对话框窗口中。

12.8.4 控件应用实例

【例 12-8】 计算器程序设计。利用控件设计计算器应用程序,要求计算器具有"加"、"减"、"乘"、"除"功能,数据由计数器数字键盘输入,运算结果用 10 位有效数字表示,并显示在指定位置,计算器面板如图 12-39 所示。

图 12-39 计算器面板结构图

实现方法如下:

(1) 利用 AppWizard 向导创建基于对话框的应用程序 MyCalculator。在 MFC AppWizard-Step 1 对话框中选择 Dialog based 单选按钮,其他采用默认设置,即创建一个对话框项目(工程)。创建对话框项目由 4 步完成,在 Step2~Step4 中采用默认设置,然后编译并运行对话框程序,出现如图 12-40 所示的对话框框架窗口。

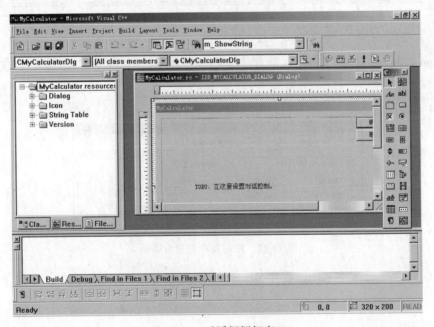

图 12-40 对话框框架窗口

（2）设计计算器面板。根据图 12-39 所示的计算器面板结构图,利用资源编辑器向对话框中添加按钮控件、编辑框控件、列表框控件和静态文本控件。其中,按钮控件用于实现数字键 0～9、小数点和等号按键;编辑框控件用于实现输出结果;列表框控件用于实现运算法则的选择;静态文本控件用于文字显示(如计算器面板上方的运算结果等)。

① 删除"TODO:在这里设置对话控制。"用鼠标选中,然后按 Delete 键即可删除该控件。

② 将数字键、小数点及等号用按钮实现。在资源编辑器中单击控件工具栏第 2 列第 3 行的控件,然后在对话框中单击,则一个按钮出现在对话框中,如图 12-41 所示,这时右击该按钮,在弹出的快捷菜单中选择 Properties 命令,将弹出如图 12-42 所示的按钮属性设置对话框。

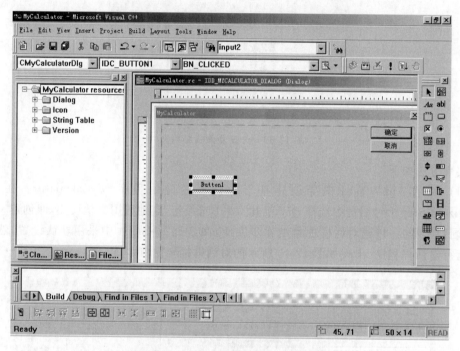

图 12-41　在对话框中添加按钮

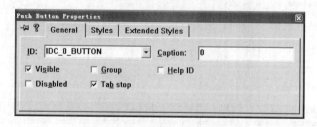

图 12-42　按钮属性设置对话框

③ 按表 12-9 设置各按钮(数字 0～9、小数点和等号)的 ID 标识和按钮上显示的字符。

表 12-9　计数器面板按钮属性表

按钮	ID 标识符	说　明	按钮	ID 标识符	说　明
0	IDC_0_BUTTON	数字键 0	6	IDC_6_BUTTON	数字键 6
1	IDC_1_BUTTON	数字键 1	7	IDC_7_BUTTON	数字键 7
2	IDC_2_BUTTON	数字键 2	8	IDC_8_BUTTON	数字键 8
3	IDC_3_BUTTON	数字键 3	9	IDC_9_BUTTON	数字键 9
4	IDC_4_BUTTON	数字键 4	.	IDC_DECIMAL_BUTTON	小数点
5	IDC_5_BUTTON	数字键 5	=	IDC_EQUAL_BUTTON	等号

④ 将输出结果用编辑框控件实现。在控件工具栏中选择编辑框,在对话框中添加编辑框用于输出运算结果,并将编辑框的 ID 标识符设置为 IDC_SHOW_RESULT_EDIT。然后在编辑框上方添加静态文本框控件,其 ID 标识符为 IDC_STATIC,设置 Caption 为“运算结果”。默认情况下,运算结果将显示在编辑框左边,为了使运算结果显示在编辑框的右边,在编辑框属性对话框的 Styles 选项卡的 Align text 下拉列表框中应选择 Right,如图 12-43 所示。

⑤ 运算法则包括“加”、“减”、“乘”、“除”,因此采用列表框控件,其 ID 标识符设置为 IDC_OPERATOR_LIST。然后在列表框上方添加静态文本框控件,设置其 ID 标识符为 IDC_STATIC、Caption 为“运算法则”。

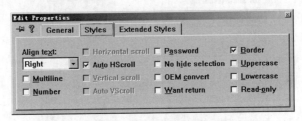

图 12-43　Styles 选项卡

(3) 建立控件与变量的关联。由于按钮只需添加消息处理函数,而无须变量,因此仅需要给编辑框和列表框添加变量即可。用鼠标单击编辑框,然后右击,在弹出的快捷菜单中选择 ClassWizard 命令,弹出如图 12-44 所示的对话框。选择 Member Variables 选项卡。在 Control IDs 列表框中选择 IDC_SHOW_RESULT_EDIT,单击 Add Variable 按钮,弹出如图 12-45 所示的对话框,设置变量名为 m_ShowResultEdit、类型为 CString,单击 OK 按钮完成编辑框控件变量的添加。接下来以同样的方法给列表框添加关联变量,并设置变量名为 m_OperatorBox、类型为 CListBox。

(4) 初始化列表框。初始化列表框的作用是使列表框在程序运行时具有“加”、“减”、“乘”、“除”可选择功能,其初始化工作由 CMyCalculatorDlg 类的初始化函数 OnInitDialog 完成。在项目工作区中选择 ClassView 选项卡,单击 CMyCalculatorDlg 类前的“＋”号,然后双击函数名 OnInitDialog,在该函数中添加以下代码:

```
//TODO:Add extra initialization here
m_OperatorBox.AddString(" + ");
m_OperatorBox.AddString(" - ");
m_OperatorBox.AddString(" * ");
```

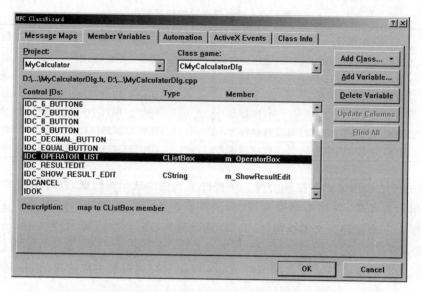

图 12-44　MFC ClassWizard 对话框

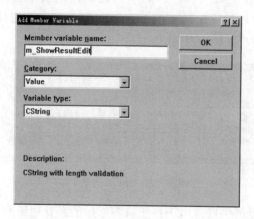

图 12-45　Add Member Variable 对话框

```
m_OperatorBox.AddString("/");
//…
```

（5）添加全局变量。运算数据由键盘输入，为正确地获取键盘输入，需定义以下全局变量供所有按钮函数使用。

```
int calculator_type_i;                      //存放运算类型序号
double count = 10, value = 0;
double Input_data_int = 0, Input_data_dec = 0;   //输入数据的整数与小数部分
double Inputdata1 = 0, Inputdata2 = 0;
char datatostr_buffer[10];                  //存放由数字转换的字符串
bool decimal = FALSE;
```

（6）为按钮及列表框添加消息处理函数。

① 在资源编辑器中单击数字键按钮 1，在弹出的菜单中选择 ClassWizard 命令，弹出如图 12-46 所示的对话框。选择 Message Maps 选项卡，在 Class name 中选择 CMyCalculateDlg

类,在 Object IDs 框中选择 IDC_1_BUTTON,在 Messages 框中选择 BN_CLICKED。然后单击 Add Function 按钮,并采用系统默认的函数名。

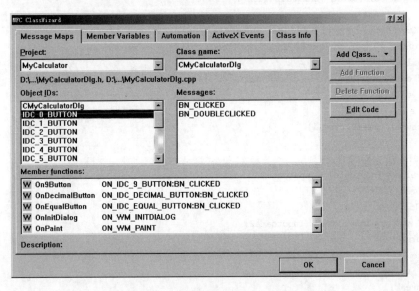

图 12-46　MFC ClassWizard 对话框

② 单击 Edit Code 按钮,给数字键 1 的消息处理函数 On1Button 添加以下代码:

```
void CMyCalculatorDlg::On1Button()
{
//TODO:Add your control notification handler code here
if(decimal)
{
    Input_data_dec = Input_data_dec + 1/count;          //若数字键为 x,则改为 x/count
    count = 10 * count;
}
else Input_data_int = 10 * Input_data_int + 1;          //若数字键为 x,则改为 + x
value = Input_data_int + Input_data_dec;
_gcvt(value,10,datatostr_buffer);
m_Show_Result_Edit = (LPCTSTR)datatostr_buffer;
UpdateData(FALSE);
}
```

③ 以同样的方法,重复以上两步,给其他数字键按钮、小数点按钮以及等号按钮添加消息处理函数及代码。其中,其他数字键的消息处理函数代码与数字键 1 的处理函数代码类似,仅需要对两个注释处进行简单的修改即可。

- 为小数点按钮消息处理函数添加以下代码:

```
void CMyCalculatorDlg::OnDecimalButton()
{
    //TODO:Add your control notification handler code here
    decimal = TRUE;
}
```

- 为等号按钮消息处理函数添加以下代码：

```
void CMyCalculatorDlg::OnEqualButton()
{
//TODO:Add your control notification handler code here
Inputdata2 = Input_data_int + Input_data_dec;
decimal = FALSE;
Input_data_int = 0;
Input_data_dec = 0;
count = 10;
switch(calculator_type_i)
{
case 0:
    value = Inputdata1 + Inputdata2;
    break;
case 1:
     value = Inputdata1 - Inputdata2;
    break;
  case 2:
     value = Inputdata1 * Inputdata2;
    break;
  case 3:
    if(Inputdata2 = = 0)
    {
        MessageBox("除数不能为 0!");
        break;
    }
    else
    {
        value = Inputdata1/Inputdata2;
        break;
    }
}
_gcvt(value,10,datatostr_buffer);
m_Show_Result_Edit = (LPCTSTR)datatostr_buffer;
UpdateData(FALSE);
}
```

④ 用与按钮控件同样的方法给列表框控件添加消息处理函数及代码。在 MFC ClassWizard 对话框的 Message Maps 选项卡的 Object IDs 框中选择 IDC_OPERATOR_ LIST，在 Messages 框中选择 LBN_SELCHANGE 消息，单击 Add Function 按钮，并采用默认的函数名。然后单击 Edit Code 按钮，在消息处理函数 OnSelchangeOperatorList 中添加以下代码：

```
void CMyCalculatorDlg::OnSelchangeOperatorList()
{
    //TODO:Add your control notification handler code here
    Inputdata1 = Input_data_int + Input_data_dec;
    decimal = FALSE;
    Input_data_int = 0;
```

```
        Input_data_dec = 0;
        count = 10;
        calculator_type_i = m_OperatorBox.GetCurSel();
}
```

（7）编译、连接并运行 MyCalculator 计数器程序，例如计算 2/3，其运行结果如图 12-47 所示。

图 12-47　计数器应用程序的运行结果示意图

该程序使用了静态文本、编辑框、列表框及按钮 4 种常用的控件，在控件程序设计中具有一定的代表性。在该程序代码中应用了 GetCurSel、AddString、_gcvt 3 个函数，其中，函数 GetCurSel 的作用是获取鼠标在列表框中进行选项操作的序号，序号从 0 开始，分别为 1、2、3、4。AddString 函数的原型如下：

```
int AddString(LPCTSTR lpszItem);
```

该函数的功能是在列表框中添加一个选项，参数 lpszItem 表示添加到列表框中的选项。

_gcvt 函数的原型如下：

```
char * _gcvt(double, int, char);
```

该函数的作用是将数据转换为字符串。其中，参数 double 表示被转换的数据，int 表示数字字符串的长度，char 表示转换之后的字符串。

12.9　数据库应用程序设计

由于信息技术的迅速发展和应用的日益普及，数据库技术已经渗透到了社会经济与生活的各个领域，应用数据管理人们日常生活中的大量信息已显得越来越重要，因此涌现出 Access、SQL、Oracle、Sybase 等多种数据库管理系统。数据库技术是当今较为流行的计算机应用技术之一，尽管使用数据库管理系统能较好地对数据库进行管理，但它们都不能用于开发各种功能强大的 Windows 应用程序，而 Visual C++能将面向对象编程和数据技术有机地结合起来，同时具有数据库管理和应用程序开发的强大功能。

数据库是一个与特定主题或目的相关联的数据集合，这个数据集合又可进一步组成各种"表"，表用列和行给出特定项目的信息。Visual C++ 提供了 ODBC、DAO 和 ADO 等多种数据库访问方式。其中，ADO 是 Microsoft 公司为数据库应用程序开发推出的一种新的数据库访问技术，它得到了越来越广泛的应用。ADO 应用简单，并拥有较灵活的对象模型。

12.9.1　ADO 技术

ADO(Active Data Object)即活动数据对象，它是 Microsoft 公司为数据库应用程序开发推出的一种新的数据库访问技术，得到了越来越广泛的应用。ADO 实际上是一种基于组件对象模型的自动化接口(IDispatch)技术，它以对象连接和嵌入的数据库(OLE DB)为基础，利用它可以快速地创建数据库应用程序。ADO 提供了一组非常简单、将一般通用的数据访问细节进行封装的对象。

由于 ADO 应用简单，并拥有较灵活的对象模型，目前正得到越来越广泛的应用。利用 ADO 技术访问数据库，不需要首先在 Windows 的 ODBC 数据管理器中注册数据源，在程序设计过程中就可以完成与数据库的连接工作。

12.9.2　ODBC 技术

ODBC(Open DataBase Connectivity)即开放数据库连接，它作为 Windows 开放性结构的一个重要组成部分已经被很多 Windows 程序员所熟悉。ODBC 为各种类型的数据库管理系统提供了统一的编程接口，可以使用与 DBMS(数据库管理系统)类型无关的方式访问不同的数据库，用户可以轻松自如地在应用程序中进行跨数据库的操作，而不用再担心种类繁多的数据库接口。

基于 ODBC 的应用程序对数据库进行操作并不直接与 DBMS"打交道"，即不依赖于其他的 DBMS 系统。ODBC 通过应用数据库驱动程序使数据库应用产生独立性，所有的数据库操作均由相应 DBMS 的 ODBC 驱动程序(Driver)完成，无论是 FoxPro、Access、Excel、SQL，还是其他数据库，都可以用 ODBC API 进行访问。因此，ODBC 的重要优点是提供了统一的方式处理不同类型数据库的方法。也就是说，ODBC 提供了一个允许单一应用程序访问不同数据库系统的机制。

ODBC 结构是分层管理的，如图 12-48 所示。ODBC 包含了一组动态链接库(DLL)，拥有一个独特的 DLL 结构，因此 ODBC 系统完全实现了模块化，这些动态链接库提供了标准的数据库应用程序开发接口，通过它可以实现对所有含有 ODBC 驱动程序数据库的访问。

MFC 类库的 CRecordset 和 CDatabase 类封装了基于 ODBC 的数据库操作。Cdatabase 类主要用于与数据库进行连接，应用程序通过此连接访问数据源。Crecordset 类主要用于与数据库进行交互，在该类中封装了对数据库记录的添加、删除、修改、更新等各种处理。ODBC 是基于 SQL 结构化查询语言开发的，并且还定义了 C/C++语言与 SQL 数据库之间的接口。通过 ODBC 技术，用户在编程时不用关心数据库的类型以及数据的存储格式，用同样的 ODBC 数据库访问函数就可以对各种数据库进行操作。

如果用户需要在程序中访问实际数据，首先需要建立一个 ODBC 数据源，然后再通过 ODBC 接口对数据进行访问。

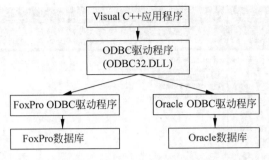

图 12-48 ODBC 层次结构关系

12.9.3 数据库应用程序实例

【例 12-9】 利用 ODBC 技术实现对数据库的访问。建立一个中小型企业的基础人事信息管理系统，实现对人员基本信息的浏览、添加、删除和修改功能。

实现方法如下：

1. 数据库及表的建立

首先用 Microsoft Access 建立一个单位人力资源基本信息数据库 MyWinDb，然后在该数据库中建立一张员工表 mystuff。

（1）进入 Microsoft Access 应用程序，单击"文件"菜单中的"新建"命令，然后在弹出的"新建文件"对话框中单击"空数据库"选项，弹出如图 12-49 所示的"文件新建数据库"对话框。

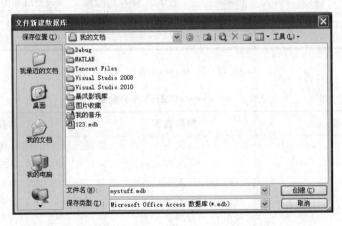

图 12-49 "文件新建数据库"对话框

（2）在"文件名"框中输入数据库名 MyWinDb，然后单击"创建"按钮，打开如图 12-50 所示的数据库创建界面。

（3）单击"设计"按钮，弹出"表 1：表"对话框，建立如图 12-51 所示的数据表，并将数据表 1 保存为 mystuff。

数据表 mystuff 中各字段的属性如表 12-10 所示。

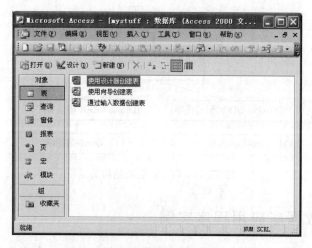

图 12-50 数据库创建界面

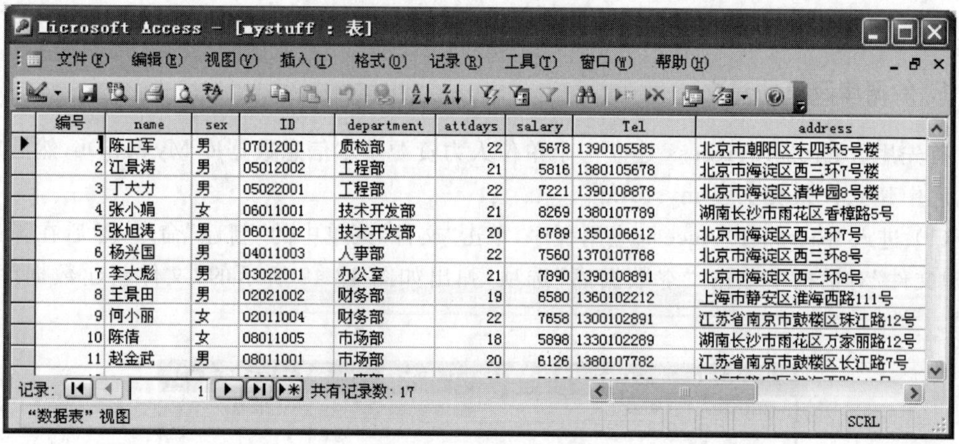

图 12-51 mystuff 表的内容

表 12-10 mystuff 表的各字段属性

字段名	数据类型	备注
name	文本	姓名
sex	文本	性别
ID	文本	工号
department	文本	部门
attdays	数字	考勤
salary	数字	工资
Tel	文本	电话
address	文本	住址

2. 添加 ODBC 数据库源

ODBC 应用程序是连接在 ODBC 数据库源上的,为 ODBC 数据源管理器添加 ODBC 数据库源的步骤如下：

（1）单击 Windows 桌面上的"开始"按钮，然后在弹出的菜单中依次单击"控制面板"、"管理工具"、"数据源（ODBC）"，弹出如图 12-52 所示的对话框。

（2）在该对话框中选择"用户 DSN"选项卡，在中心区域的选项框中的"名称"正下方选择 MS Access Database，然后单击"添加"按钮，弹出如图 12-53 所示的对话框。

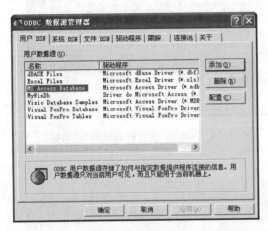

图 12-52　"ODBC 数据源管理器"对话框

图 12-53　"创建新数据源"对话框

（3）选择驱动程序为"Driver do Microsoft Access（＊.mdb）"，单击"完成"按钮，弹出如图 12-54 所示的对话框。

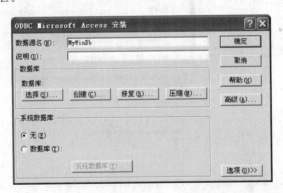

图 12-54　"ODBC Microsoft Access 安装"对话框

（4）在"数据源名"文本框中输入所创建的数据库 MyWinDb，然后单击该对话框中部"数据库"下方的"选择"按钮，弹出如图 12-55 所示的"选择数据库"对话框。

（5）在"选择数据库"对话框中根据所创建的 MyWinDb 数据库的保存位置选择数据库文件的具体保存路径，路径选择完成之后，在对话框左边的列表框中将出现新创建的数据库名 MyWinDb.mdb。双击 MyWinDb.mdb，然后单击"确定"按钮，系统返回到如图 12-56 所示的对话框。接着选择"用户 DSN"选项卡中的 MyWinDb，单击"确定"按钮，完成数据源的连接。

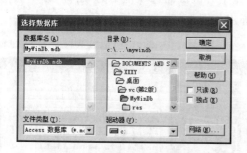

图 12-55　"选择数据库"对话框

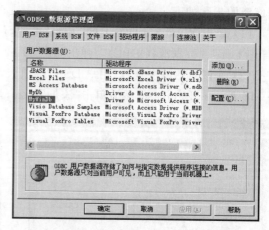

图 12-56　"ODBC 数据源管理器"对话框

3. 建立具有数据库功能的 Visual C++ 文件

（1）利用 MFC AppWizard 向导生成文件名为 MyWinDb 的单文档应用程序框架，在进行向导的 Step 2 时，按图 12-57 所示进行选择。

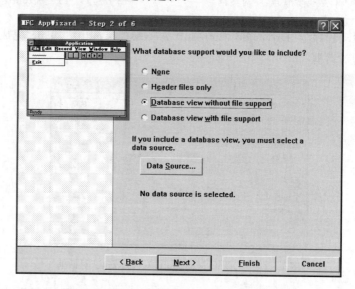

图 12-57　MFC AppWizard-Step 2 of 6 对话框

（2）单击 Data Source 按钮，弹出如图 12-58 所示的对话框。

（3）在该对话框的 ODBC 的右方选择刚创建的 MyWinDb 数据库，然后单击 OK 按钮，弹出如图 12-59 所示的对话框。

（4）在该对话框的列表框中选择 mystuff 数据表，单击 OK 按钮，然后根据向导提示，依次单击"下一步"或者"完成"按钮，完成数据库应用程序的创建。这时，Visual C++ 已自动生成了一个名为 MyWinDb 的工程文件，对该文件进行编译、连接、运行，结果如图 12-60 所示。

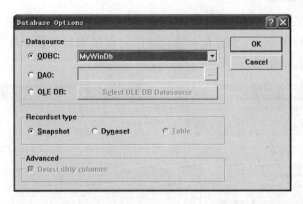

图 12-58　Database Options 对话框

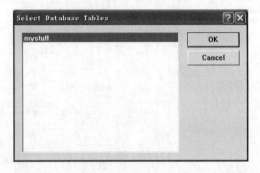

图 12-59　Select Database Tables 对话框

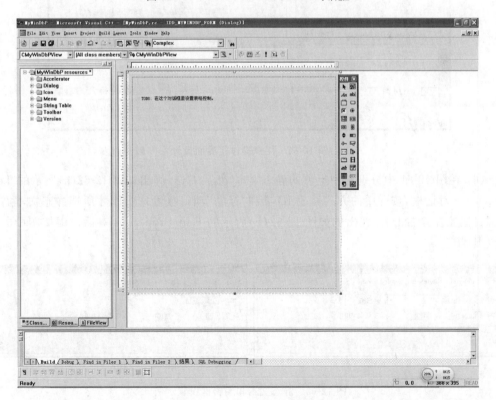

图 12-60　MFC 框架程序的运行结果

（5）单击项目工作区中的 ResourceView 选项卡，展开 Dialog 项，选择其中的 IDD_MYWINDBP_FORM 并双击，然后在右方出现的对话框编辑区域中应用编辑框、静态文本和按钮 3 种控件设计如图 12-61 所示的用户操作主界面。

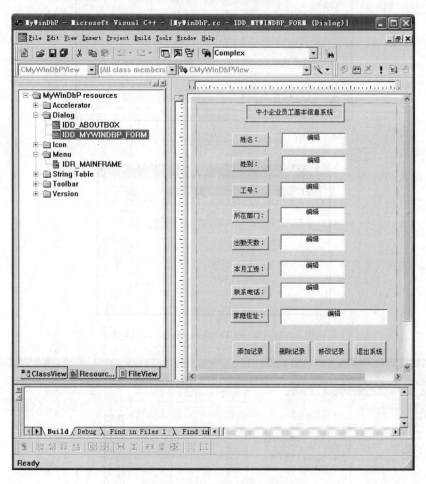

图 12-61　用户操作主界面设计

（6）在图 12-61 中分别选中上方的静态文本，然后右击，弹出如图 12-62(a)所示的 Text Properties 对话框，按图中的方式修改 ID 项和"标题"项。接着选中刚才所选静态文本右边的编辑框控件并右击，在弹出的如图 12-62(b)所示的 Edit Properties 对话框中按图中方式修改 ID 项。

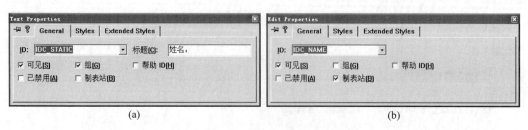

图 12-62　静态文本和编辑框设置示例

对于其他静态文本和编辑框控件根据表12-11进行修改。

表 12-11　各控件特性说明

控件名	ID	备　注	控件名	ID	备　注
Static Text	IDC_STATIC	标题：姓名	Edit Box	IDC_NAME	显示姓名
Static Text	IDC_STATIC	标题：性别	Edit Box	IDC_SEX	显示性别
Static Text	IDC_STATIC	标题：工号	Edit Box	IDC_ID	显示工号
Static Text	IDC_STATIC	标题：部门	Edit Box	IDC_DEPARTMENT	显示部门
Static Text	IDC_STATIC	标题：考勤	Edit Box	IDC_ATTDAYS	显示考勤
Static Text	IDC_STATIC	标题：工资	Edit Box	IDC_SALARY	显示工资
Static Text	IDC_STATIC	标题：电话	Edit Box	IDC_TEL	显示电话
Static Text	IDC_STATIC	标题：住址	Edit Box	IDC_ADDRESS	显示住址
BUTTON	IDC_ADD	添加记录	BUTTON	IDC_DELETE	删除记录
BUTTON	IDC_MODIFY	修改记录	BUTTON	IDC_EXIT	退出系统

（7）Visual C++自动生成的工程文件 MyWinDb 中已经包含 5 个功能菜单，如图 12-63 所示，其中，"记录"菜单为下拉菜单，具有"第一个记录"、"前一个记录"、"下一个记录"和"最后一个记录"4 个菜单命令，对应的 ID 分别为 ID_RECORD_FIRST、ID_RECORD_PREV、ID_RECORD_NEXT、ID_RECORD_LAST。

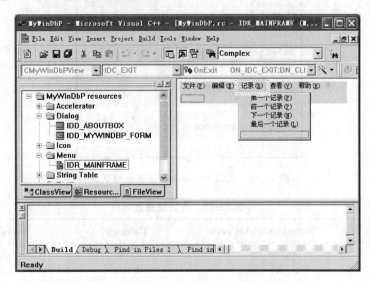

图 12-63　MyWinDb 工程文件菜单示例

（8）在图 12-63 中单击 View 菜单中的 ClassWizard 命令，弹出如图 12-64 所示的对话框。

（9）在该对话框中选择 Member Variables 选项卡，在 Class name 下方选择 CMyWinDbPView 选项，在 Control IDs 下方的列表框中选择 IDC_NAME，然后单击 Add Variable 按钮，弹出如图 12-65 所示的对话框。

在该对话框中输入成员变量名 m_name，并选择变量类型为 CString，单击 OK 按钮，完成一个成员变量的添加。按同样的方法，完成其他各成员变量的添加，其他成员变量名的属性设置如表 12-12 所示。

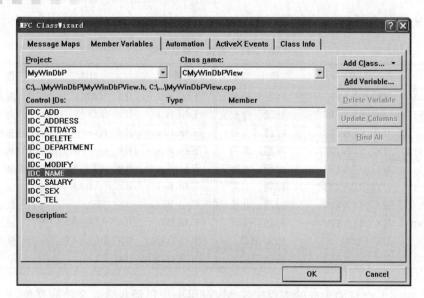

图 12-64　MFC ClassWizard 对话框

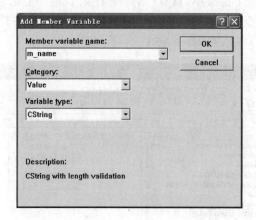

图 12-65　Add Member Variable 对话框

表 12-12　成员变量表

Control IDs	Member variable name	Category	Variable type
sex	m_sex	Value	CString
ID	m_ID	Value	CString
department	m_ department	Value	CString
attdays	m_ attdays	Value	Double
salary	m_ salary	Value	Double
Tel	m_ Tel	Value	CString
address	m_ address	Value	CString

(10) 单击 View 菜单中的 ClassWizard 命令,弹出如图 12-66 所示的对话框,在该对话框中选择 Message Maps 选项卡,在 Class name 下方选择 CMyWinDbPView 选项,在 Object IDs 下方的列表框中选择 ID_RECORD_FIRST,然后单击 ADD Function 按钮,弹出如图 12-67 所示的添加成员函数对话框,单击 OK 按钮,完成该函数的添加。

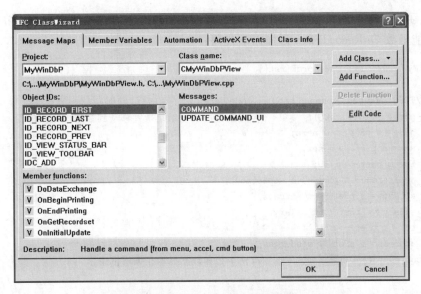

图 12-66 MFC ClassWizard 对话框

图 12-67 添加成员函数对话框

(11) 用同样的方法,在 MFC ClassWizard 对话框的 Message Maps 选项卡中分别完成对应于 ID_RECORD_PREV、ID_RECORD_NEXT、ID_RECORD_LAST 的成员函数添加,完成之后的 MFC ClassWizard 对话框如图 12-68 所示。

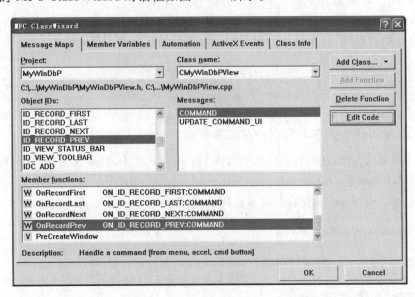

图 12-68 添加 4 个菜单函数后的 MFC ClassWizard 对话框

（12）函数代码的添加。在项目工作区中选择 FileViews 选项卡,然后选择 MyWinDbViews,对菜单功能函数 OnRecordFirst 添加以下代码:

```
void CMyWinDbPView::OnRecordFirst()
{
    //TODO: Add your command handler code here
    m_pSet -> MoveFirst();              //将数据库表记录集指针移动到数据库起始位置
    m_name = m_pSet -> m_name;
    m_sex = m_pSet -> m_sex;
    m_ID = m_pSet -> m_ID;
    m_department = m_pSet -> m_department;
    m_attdays = m_pSet -> m_attdays;
    m_salary = m_pSet -> m_salary;
    m_tel = m_pSet -> m_tel;
    m_address = m_pSet -> m_address;
    UpdateData(FALSE);                  //使字符和数据显示在编辑框中
}
```

MoveFirst 函数是 CRecordset 类的成员函数,使用该函数可以将数据库表的记录集指针移动到数据库的起始位置,其原型如下:

```
Void MoveFirst();
```

UpdateData 函数可带 TRUE 和 FALSE 两个不同的参数,UpdateData(TRUE)和 UpdateData(FALSE)的区别在于,在使用 ClassWizard 建立了控件和变量之间的联系后,当用户修改了变量的值而希望对话框控件更新显示时,应该在修改变量后调用 UpdateData(FALSE)。若想知道用户在对话框中输入的数据,应在访问变量前调用 UpdateData(TRUE)。

在 OnRecordFirst 函数中还使用了 m_pSet 指针,该指针是 CRecordset 类中 MyWinDbSet 的对象指针,用于对数据库表中的内容进行操作。m_pSet->m_name、m_pSet->m_sex、m_pSet->m_ID 等分别对应于 mystuff 数据表中的 name、sex、ID 等字段当前数据库表记录集指针位置的数据项,应用该指针对数据库表进行操作非常方便,例如:

```
m_pSet -> MoveNext();              //用来移动到下一条记录
m_pSet -> IsEOF();                 //判断是否为记录尾
m_pSet -> MoveLast();              //移动游标到最后一条
m_pSet -> IsBOF();                 //游标是否为记录首
m_pSet -> SetFieldNull(NULL);      //清空数据区
```

（13）用类似的方法,在项目工作区中选择 FileView 选项卡,然后选择 MyWinDbViews,对其余 3 个菜单功能函数 OnRecordLast、OnRecordNext、OnRecordPrev 添加代码。

① 为 OnRecordLast 函数添加以下代码:

```
void CMyWinDbView::OnRecordLast()
{
    //TODO: Add your command handler code here
    m_pSet -> MoveLast();              //将数据库表记录集指针移动到数据库中的最后一个位置
    m_name = m_pSet -> m_name;
    m_sex = m_pSet -> m_sex;
```

```
    m_ID = m_pSet -> m_ID;
    m_department = m_pSet -> m_department;
    m_attdays = m_pSet -> m_attdays;
    m_salary = m_pSet -> m_salary;
    m_tel = m_pSet -> m_tel;
    m_address = m_pSet -> m_address;
    UpdateData(FALSE);
}
```

MoveLast 函数也是 CRecordset 类的成员函数，使用该函数可以将数据库表的记录集指针移动到数据库的最后一个位置，其原型如下：

```
Void MoveLast();
```

② 为 OnRecordNext 函数添加以下代码：

```
void CMyWinDbView::OnRecordNext()
{
    //TODO: Add your command handler code here
    m_pSet -> MoveNext();            //将数据库表记录集指针移动到数据库中下一个记录位置
    m_name = m_pSet -> m_name;
    m_sex = m_pSet -> m_sex;
    m_ID = m_pSet -> m_ID;
    m_department = m_pSet -> m_department;
    m_attdays = m_pSet -> m_attdays;
    m_salary = m_pSet -> m_salary;
    m_tel = m_pSet -> m_tel;
    m_address = m_pSet -> m_address;
    UpdateData(FALSE);
}
```

③ 为 OnRecordPrev 函数添加以下代码：

```
void CMyWinDbPView::OnRecordPrev()
{
    //TODO: Add your command handler code here
    m_pSet -> MovePrev();            //将数据库表记录集指针移动到数据库中前一个记录位置
    m_name = m_pSet -> m_name;
    m_sex = m_pSet -> m_sex;
    m_ID = m_pSet -> m_ID;
    m_department = m_pSet -> m_department;
    m_attdays = m_pSet -> m_attdays;
    m_salary = m_pSet -> m_salary;
    m_tel = m_pSet -> m_tel;
    m_address = m_pSet -> m_address;
    UpdateData(FALSE);
}
```

4. 退出系统

退出系统非常简单，但却十分必要，它是程序的一项常用功能，在函数体 OnExit() 中添

加以下代码即可:

```
void CMyWinDbPView::OnExit()
{
    //TODO: Add your control notification handler code here
    OnExit();
}
```

在完成代码的添加以后,就可以对 MyWinDb 工程文件进行编译、连接和执行了。在程序运行之后,若单击"记录"菜单中的"最后一个记录"命令,则程序的执行结果如图 12-69 所示。若单击"前一个记录"命令,则浏览前一个人员的基本信息。注意,在"记录"菜单正下方有前进、后退等 4 个箭头按钮,分别对应记录菜单中的 4 项功能,用户也可以利用这 4 个按钮实现信息浏览功能。

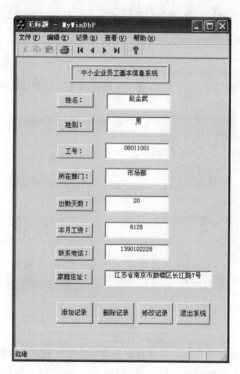

图 12-69　程序运行结果

至此,该程序已经具备了人员信息的基本功能,可以准确无误地浏览单位每一个人员的基本信息。

12.10　数据库应用程序功能扩展

数据库技术是信息技术的基础,信息技术的应用领域非常广泛。数据库的一个重要功能是实现人、财、物的信息管理、合理配置和优化使用。应用 Visual C++ 开发数据库应用程序,可以分工合作,逐步开发,接下来完成 12.9 节实例的添加记录、删除记录、修改记录功能。

12.10.1　添加记录

单击 View 菜单中的 ClassWizard 命令,弹出如图 12-70 所示的对话框。在该对话框中选择 Message Maps 选项卡,在 Class name 下方选择 CMyWinDbPView 选项,在 Object IDs 下方的列表框中选择 ID_ADD,在 Messages 下方的列表框中选择 BN_CLICKED,然后单击 ADD Function 按钮。

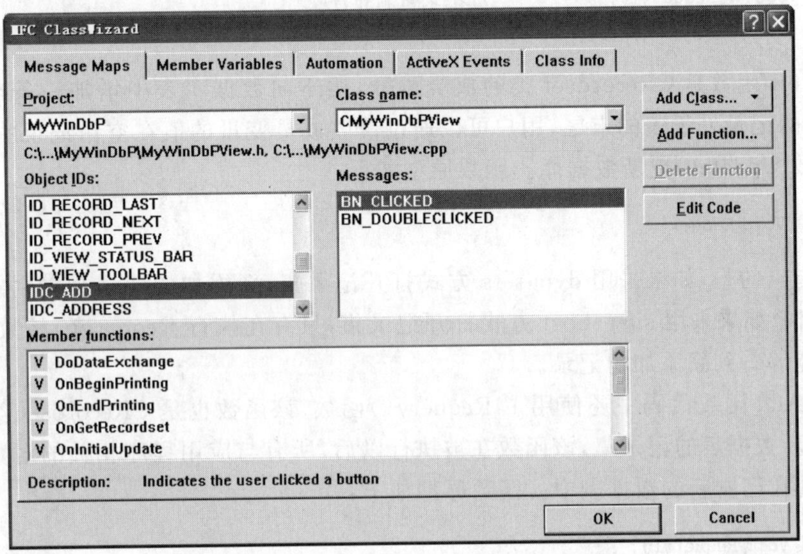

图 12-70　MFC ClassWizard 对话框

在弹出的如图 12-71 所示的 Add Member Function 对话框中单击 OK 按钮,完成相应函数的添加。这时系统自动生成了添加记录功能的成员函数 OnAdd(),但这只是一个函数体,并没有具体代码。

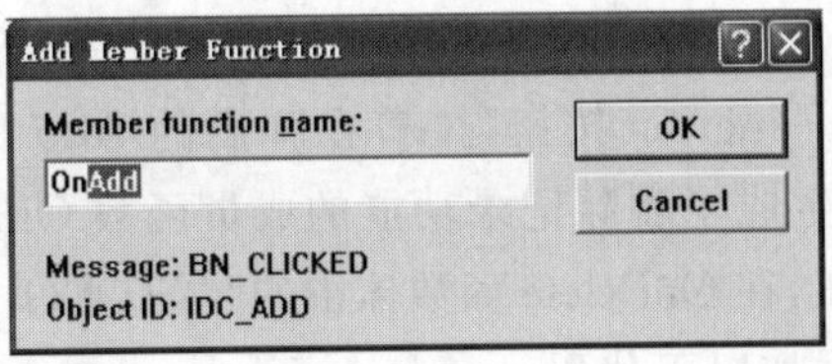

图 12-71　Add Member Function 对话框

单击 MFC ClassWizard 对话框右上方的 Edit Code 按钮,找到 OnAdd 函数,在"// TODO:Add your control notification handler code here"之后添加以下代码:

```
void CMyWinDbPView::OnAdd()
{
    //TODO: Add your control notification handler code here
    UpdateData(TRUE);              //保存编辑框中所输入的信息并保存到相应变量之中
    m_pSet->AddNew();              //记录当前指针位置并添加一个空记录
    m_pSet->m_name = m_name;
    m_sex = m_pSet->m_sex;
```

```
    m_ID = m_pSet -> m_ID;
    m_department = m_pSet -> m_department;
    m_attdays = m_pSet -> m_attdays;
    m_salary = m_pSet -> m_salary;
    m_tel = m_pSet -> m_tel;
    m_address = m_pSet -> m_address;
    m_pSet -> Update();                //更新记录
    m_pSet -> MoveLast();
    m_pSet -> Requery();               //记录重新排序
}
```

AddNew 函数是 CRecordset 类的成员函数,用于向数据库表中增加一条空白的新记录,新增加的记录处于表的末尾,用户可以通过修改成员变量的值在空白记录中写入数据,再调用函数 Update()更新数据库。函数原型如下:

```
Virtual Void AddNew();
```

需要指出的是,如果采用 dynasets 方式打开记录集,新添加的记录会立刻出现在原记录集的尾部;如果采用 snapshost 方式打开记录集,只有在执行 Requery()函数之后,在记录集中才能够看到新添加的记录。

在 OnAdd 函数代码中还使用了 Requery()函数,该函数也是 CRecordset 类的成员函数,用于刷新数据表的记录集,该函数在被执行以后,所有与应用程序相关的对数据库的修改都会体现在已刷新的数据表中。函数原型如下:

```
Virtual Void Requery();
```

12.10.2 删除记录

(1) 用同样的方法,在 View 菜单中单击 ClassWizard 命令,弹出 MFC ClassWizard 对话框,选择 Message Maps 选项卡,在 Class name 下方选择 CMyWinDbPView 选项,在 Object IDs 下方的列表框中选择 ID_Delete,在 Messages 下方的列表框中选择 BN_CLICKED,然后单击 ADD Function 按钮,接着在弹出的 Add Member Function 对话框中单击 OK 按钮,则系统自动生成了删除记录功能的成员函数 OnDelete()。

(2) 单击 Edit Code 按钮,在 OnDelete 函数体中的"//TODO: Add your control notification handler code here"行之后添加以下代码:

```
void CMyWinDbPView::OnDelete()
{
    //TODO: Add your control notification handler code here
    m_pSet -> Delete();
    m_pSet -> MoveNext();
    if(m_pSet -> IsEOF())
    {
        m_pSet -> MoveLast();
    }
    if(m_pSet -> IsBOF())
    {
```

```
            m_pSet->SetFieldNull(NULL);
        }
        m_pSet->Requery();
        UpdateData(FALSE);
        MessageBox("您已删除当前记录!");
}
```

Delete 函数是 CRecordset 类的成员函数,用于删除数据库表中的当前记录,此时记录集指针移到下一记录,该函数原型如下:

```
Virtual Void Delete();
```

IsEOF 和 IsBOF 函数都是 CRecordset 类的成员函数,分别用于判断当前记录集的指针是否指向记录集的最后一个记录或者指向记录集的起始位置。函数原型分别如下:

```
BOOL IsEOF();
BOOL IsBOF ();
```

12.10.3 修改记录

(1) 在 MFC ClassWizard 对话框的 Object IDs 下方的列表框中选择 ID_Modify,在 Messages 下方的列表框中选择 BN_CLICKED,然后单击 ADD Function 按钮。接着在弹出的 Add Member Function 对话框中单击 OK 按钮,则系统自动生成了修改记录功能的成员函数 OnModify()。

(2) 单击 Edit Code 按钮,在 OnModify 函数体中的"//TODO:Add your control notification handler code here"行之后添加以下代码:

```
void CMyWinDbPView::OnModify()
{
    //TODO: Add your control notification handler code here
    m_pSet->Edit();
    m_pSet->m_name = m_name;
    m_sex = m_pSet->m_sex;
    m_ID = m_pSet->m_ID;
    m_department = m_pSet->m_department;
    m_attdays = m_pSet->m_attdays;
    m_salary = m_pSet->m_salary;
    m_tel = m_pSet->m_tel;
    m_address = m_pSet->m_address;
    m_pSet->Update();
    m_pSet->Requery();
}
```

自此,该程序已经具备了人员信息浏览功能,可以为中小型企业提供基础信息管理,可以对单位所有人员的基本信息进行浏览,同时具备了添加记录、删除记录、修改记录和退出系统的功能,当单位出现人员变化时及时增加、删除或者修改人员的相关记录项,实现中小企业对人员的信息管理。

在此基础上,读者还可以增加查询、排序、统计、数据分析等相关功能。C++面向对象程序设计语言是为开发大型程序而推出的,使用 Visual C++可以开发各种大型的应用程序,但任何大型应用程序的开发都不可能瞬间完成,而是在做好顶层设计之后,经过分工协作、由小变大逐步完成的。因此,有兴趣的读者可以在此基础上,对本程序根据需要逐步扩展其他功能。

12.11　本章小结

　　MFC 是 Visual C++提供的用于开发 Windows 应用程序的集成类库,它将各种类以层次结构方式进行组织,并封装了大部分 API 函数和 Windows 控件。利用 MFC 的应用程序向导 AppWizard 可以创建多种应用程序框架,用户只需在这个框架的基础上利用 Visual C++的可视化资源编辑器,就可以方便地创建菜单、工具栏、对话框、滚动条等用户界面。利用 ClassWizard 向导,可以快捷地为字符消息、鼠标消息、菜单消息、控件消息等建立消息映射和消息处理函数、数据处理函数或定义控件的属性,利用 MFC 类库及其成员函数,可以方便地给消息处理函数添加消息处理源代码,并将应用程序所要求的功能添加到类中,从而实现应用程序的各种不同功能。

12.12　思考与练习题

　　1. 简要阐述 MFC 应用程序是如何实现消息机制的。

　　2. 利用 MFC 应用程序向导生成 MFC 应用程序时,为什么源代码中没有 WinMain( )函数?

　　3. 简要阐述怎样给对话框应用程序创建一个管理对话框的新类。

　　4. 利用 MFC 应用程序向导,创建一个具有绘制实心矩形和空心矩形按钮的工具条程序。

　　5. 利用 MFC 应用程序向导输出指定字符"这是我的 Visual C++应用程序"。

　　6. 创建一个具有"时间"顶级菜单的应用程序,该时间菜单具有"日期"、"时间"和"万年历" 3 个菜单项,其中,"日期"菜单项具有显示日期的功能,"时间"菜单项具有显示时间的功能,"万年历"菜单项具有显示指定日期是周几的功能,例如,若日期为 2012 年 7 月 28 日,则显示"星期六"。

　　7. 在 Windows 应用程序设计中,怎样改变工具条的停靠风格?

　　8. 利用 MFC 应用程序向导创建对话框应用程序,利用控件实现"加"、"减"、"乘"、"除"和"平方根"运算。

　　9. 什么是控件? 在 Windows 应用程序设计中常用的控件有哪些?

　　10. 编辑框控件是怎样使用的? 编辑框控件是怎样响应消息的?

　　11. 利用 MFC 应用程序向导实现具有多行输入和显示功能的留言板应用程序。

附录 A

Visual C++程序的调试方法

在程序的开发过程中,程序调试具有重要的作用,程序调试的基本目的是修正语法错误、完善和优化程序设计。调试的基本内容包括修正语法错误、设置断点、启用调试器、控制程序的运行、查看和修改变量的值。下面分别介绍 Visual C++ 6.0 的以上调试方法。

1. 修正语法错误

程序调试最基本的任务是修正相关的语法错误,这些错误主要包括以下内容:

(1) 未定义或不合法的标识符,例如函数名、变量名或类名等。

(2) 数据类型、参数类型及数量的不匹配等。

上述语法错误在程序编译后,在输出窗口(Output 窗口)中会列出所有编译错误,而且每个错误都给出其所在的文件名、行号及错误编号。若用户将光标移动到 Output 窗口中的错误编号上,按 F1 键可以启动 MSDN 并显示错误信息,从而帮助用户理解产生错误的原因。

为了使用户快速地定位到错误产生的源代码位置,Visual C++ 6.0 提供了以下方法:

(1) 在 Output 窗口中双击某一错误,或将光标移动到该错误处按 Enter 键,则该错误被亮显,在状态栏上显示错误信息,并定位到相应的代码行中,且该代码行的最前面(左边)显示有蓝色的箭头标志。

(2) 按 F4 键可以显示下一个错误,并定位到相应的源代码行。

(3) 在 Output 窗口中选择某错误项,然后右击,在弹出的快捷菜单中选择 Go to Error/Tag 命令。

在语法错误完全排除以后,程序编译时在 Output 窗口中会显示"xxxx(文件标识符名).exe-0 errors,0 warnings",表明已修正语法错误,但这并不能保证程序运行的结果正确,程序可能还存在语法之外的其他错误,这时需要使用设置端点、查看变量值等综合调试方法。

2. 设置断点

对于程序运行过程中产生的错误,一般情况下需要通过设置断点、分步查找,并通过分析找出产生错误的原因。所谓断点,是指在程序调试过程中,为方便用户查看程序的状态、浏览和修改变量的值等,用户利用调试器在程序源代码中人为地设置的中断点,暂时中断程序的运行,以达到排除错误的目的。在 Visual C++ 6.0 中,用于调试的断点有以下几类。

- 位置断点:位置断点指示程序运行中断的代码行号。

- 数据断点：当某表达式的值为真或改变数值时中断程序的运行。
- 条件断点：条件断点是位置断点的扩展，在源代码中设置条件断点与设置位置断点的方式相同。当表达式为真或数值改变时，将在指定位置中断程序的运行。

在程序中设置和清除断点有两种方式，一种是使用快捷方式；另一种是使用 Breakpoints 对话框。

(1) 设置断点的快捷方式。用户只要打开 C++的源代码文件，就可以用下面的 3 种快捷方式之一设置断点：

① 按快捷键 F9。

② 在 Build 工具栏上单击 ✋ 按钮。

③ 在需要设置(或清除)断点的位置右击，然后在弹出的快捷菜单中选择 Insert/Remote Breakpoint 命令。

使用以上各方法重复操作，可取消断点。利用上述方式可以将位置断点设置在程序代码中用户所指定的行上，或者某函数的开始处，或者指定的内存地址上。一旦断点设置成功，则断点所在行的最前面的窗口页边上会显示一个深红色的实心原点，如图 A-1 所示。

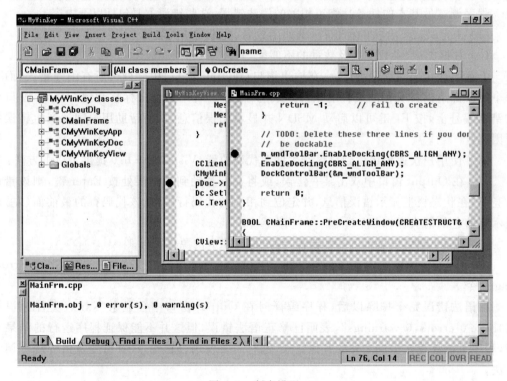

图 A-1　断点设置

(2) 使用 Breakpoints 对话框设置断点。对于快捷方式只能设置位置断点，若设置数据断点或条件断点，则需要使用 Breakpoints 对话框进行设置。单击 Edit 菜单中的 Breakpoints 命令(或按 Alt＋F9 组合键)，系统弹出 Breakpoints 对话框，如图 A-2 所示。它包含 Location、Data 和 Messages 3 个选项卡，分别对应设置位置断点、数据断点和消息断点。

在 Location 选项卡中，可以在 Break at 下面的文本框中输入断点的名称(例如源代码

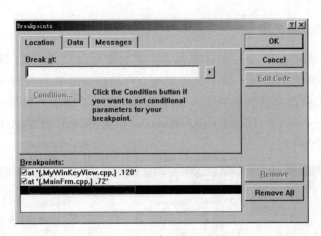

图 A-2   Breakpoints 对话框

行或函数名等)。单击 Edit Code 按钮,可以查看断点位置处的源代码或目标代码。通过单击 Condition 按钮可设置条件断点。在对话框的断点列表中,凡是可以使用的断点,其前面都有被选中的标记(√)。Remove 和 Remove All 按钮分别用来清除当前选中的断点、所有断点。

在 Data 选项卡中提供了一种设置数据断点的方法,在 Data 选项卡的最上面的文本框中,用户可以输入任何有效的 C++表达式,若变量的值有所改变或条件表达式为真,则程序在该断点处中断。

3. 启用调试器

当用户使用 Visual C++ 6.0 应用程序向导创建项目时,系统会自动为项目创建 Win32 Debug 版本的默认设置。在启用调试器之前,用户可以单击 Project 菜单中的 Setting 命令(或按 Alt+F7 组合键),在弹出的 Project Setting 对话框中改变调试版本的默认设置。需要注意的是,虽然在 Setting for 中可以选择 Release 版本,但在调试程序时必须使用 Debug 版本。

单击 Build 菜单中的 Start Debug 中的 Go(F5)、Step Into(F11)或 Run to Cursor(Ctrl+F10)命令可以启动调试器,这时,原来的 Build 菜单会变成 Debug 菜单,通过单击 Debug 菜单中的 Stop Debugging 命令(Shift+F5)可终止调试器。

4. 控制程序的运行

当程序在 Debug 状态下运行时会被中断,这时用户可以看到一个小箭头,它指向即将执行的代码。Debug 菜单中的 Step Into、StepOver、StepOut 和 Run to Cursor 4 条命令用于控制程序的运行,其功能如表 A-1 所示。

表 A-1   Debug 菜单中各菜单项的功能

菜单项	功　　能
Step Into	如果当前箭头指向的代码是一个函数的调用,则进入该函数进行单步执行
Step Over	运行当前箭头指向的代码(只运行一条代码)
Step Out	如果当前箭头指向的代码是一个函数内,则利用它使程序运行至函数返回处
Run to Cursor	使程序运行至光标所指的代码处

5. 查看和修改变量的值

为了方便用户调试程序,调试器还提供了一系列窗口,用于显示各种不同的调试信息。在用户启动调试器后,Visual C++ 6.0 开发环境会自动显示出 Watch 和 Variables 两个调试窗口,而且 Output 窗口自动切换到 Debug 页面,如图 A-3 所示。如果没有显示这两个窗口,用户可以在 View 菜单中单击 Debug Windows 中的 Watch 和 Variables 命令(Alt＋3/Alt＋4)显示这两个窗口。

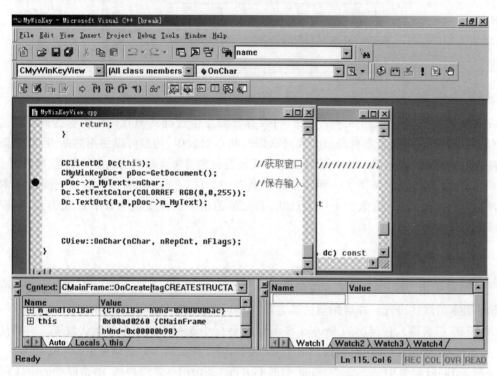

图 A-3 调试器启动后的默认调试界面

（1）Watch 窗口。在 Watch 窗口中有 Watch1、Watch2、Watch3 和 Watch4 4 个页面,每一个页面均有一系列用户要查看的变量或表达式,用户可以将一组变量或表达式的值显示在同一个页面中。在使用 Watch 窗口进行操作时,用户需要注意下面一些技巧:

① 添加新的变量或表达式。当用户需要查看或修改某个新的变量或表达式而向 Watch 窗口中添加时,可以首先选定窗口中的某个页面,然后在末尾的空框处单击左边的 Name 区域输入变量或表达式,按 Enter 键后,其值会自动出现在 Value 区域中,同时,会在末尾处出现新的空框。若用户要查看变量或表达式的类型,可选中该变量或表达式右击,并从弹出的快捷菜单中选择 Properties 命令。

② 修改新的变量或表达式的值。选中相应的变量或表达式,按 Tab 键或在列表项的 Value 区域中双击该值,然后输入新值并按 Enter 键。

③ 删除新的变量或表达式。按 Delete 键即可删除当前选定的变量或表达式。

（2）Variables 窗口。Variables 窗口能够帮助用户快速地访问程序当前环境中所使用的一些重要变量,它包括 3 个页面,即 Auto、Local 和 This 页面。

① Auto 页面。该页面显示当前语句和上一条语句使用的变量,还显示使用 Step Over 或 Step Out 命令后函数的返回值。

② Local 页面。该页面显示当前函数使用的局部变量。

③ This 页面。该页面显示 This 指针所指向的对象。

以上各页面均有 Name 和 Value 区域,调试器会自动填充它们。在 Variables 窗口中查看和修改变量值的方法和在 Watch 窗口中类似,在此不再赘述。

ASCII码字符集

字符	ASCII 码	字符	ASCII 码	字符	ASCII 码	字符	ASCII 码
NUL	0	Space	32	@	64	`	96
SOH	1	!	33	A	65	a	97
STX	2	"	34	B	66	b	98
ETX	3	#	35	C	67	c	99
EOT	4	$	36	D	68	d	100
ENQ	5	%	37	E	69	e	101
ACK	6	&.	38	F	70	f	102
BEL	7	'	39	G	71	g	103
BS	8	(	40	H	72	h	104
HT	9	)	41	I	73	i	105
LF	10	*	42	J	74	j	106
VT	11	+	43	K	75	k	107
FF	12	,	44	L	76	l	108
CR	13	—	45	M	77	m	109
SO	14	.	46	N	78	n	110
SI	15	/	47	O	79	o	111
DLE	16	0	48	P	80	p	112
DC1	17	1	49	Q	81	q	113
DC2	18	2	50	R	82	r	114
DC3	19	3	51	S	83	s	115
DC4	20	4	52	T	84	t	116
NAK	21	5	53	U	85	u	117
SYN	22	6	54	V	86	v	118
ETB	23	7	55	W	87	w	119
CAN	24	8	56	X	88	x	120
EM	25	9	57	Y	89	y	121
SUB	26	:	58	Z	90	z	122
ESC	27	;	59	[	91	{	123
FS	28	<	60	\	92	|	124
GS	29	=	61	]	93	}	125
RS	30	>	62	^	94	~	126
US	31	?	63	_	95	del	127

参 考 文 献

1. 谭浩强. C 程序设计. 2 版. 北京：清华大学出版社,2011.
2. 苏小红,陈惠鹏,孙志岗,等. C 语言大学实用教程. 北京：电子工业出版社,2012.
3. 郑莉,董渊. C++程序设计. 4 版. 北京：清华大学出版社,2010.
4. 冯博琴. Visual C++与面向对象程序设计教程. 北京：高等教育出版社,2012.
5. 郑阿齐. Visual C++实用教程. 2 版. 北京：电子工业出版社,2010.
6. 邵维忠,杨芙清. 面向对象的系统分析. 北京：清华大学出版社,2007.
7. 陈维兴,林小茶. C++面向对象程序设计教程. 北京：清华大学出版社,2009.
8. 周霭如,林伟键. C++程序设计基础. 北京：电子工业出版社,2012.
9. 皮德常,张凤林. C++程序设计教程. 北京：国防工业出版社,2010.
10. 朱战立,王魁生,王晓琼. 面向对象程序设计与 C++语言. 西安：西安电子科技大学出版社,2008.
11. 戴水贵. C++程序设计教程. 北京：清华大学出版社,2012.
12. 绍荣. C++程序设计. 北京：清华大学出版社,2013.
13. 唐文超. Visual C++ 6.0 网络编程. 北京：电子工业出版社,2012.
14. 张卫华,刘征,赵志刚. Visual C++程序设计实战训练. 北京：人民邮电出版社,2012.
15. 黄维通. Visual C++案例教程. 北京：清华大学出版社,2011.
16. 王华,叶爱亮,祁立学,等. Visual C++ 6.0 应用案例教程. 北京：电子工业出版社,2010.